最新
土木材料 第3版

西村 昭
藤井 学
湊　俊
森川 英典
加賀山 泰一　共著

森北出版株式会社

●本書のサポート情報を当社 Web サイトに掲載する場合があります．下記の URL にアクセスし，サポートの案内をご覧ください．

　　　　　　　　http://www.morikita.co.jp/support/

●本書の内容に関するご質問は，森北出版 出版部「(書名を明記)」係宛に書面にて，もしくは下記の e-mail アドレスまでお願いします．なお，電話でのご質問には応じかねますので，あらかじめご了承ください．

　　　　　　　　editor@morikita.co.jp

●本書により得られた情報の使用から生じるいかなる損害についても，当社および本書の著者は責任を負わないものとします．

■本書に記載している製品名，商標および登録商標は，各権利者に帰属します．

■本書を無断で複写複製（電子化を含む）することは，著作権法上での例外を除き，禁じられています．複写される場合は，そのつど事前に(社)出版者著作権管理機構（電話 03-3513-6969，FAX 03-3513-6979，e-mail：info@jcopy.or.jp）の許諾を得てください．また本書を代行業者等の第三者に依頼してスキャンやデジタル化することは，たとえ個人や家庭内での利用であっても一切認められておりません．

第3版のまえがき

「最新土木材料」は，1975年に初版を発行，1987年に改訂して第2版とした後，著者の西村昭先生，藤井学先生のご逝去により，永らく改訂されないまま今日に至っている．本書は，当初から神戸大学をはじめ，多くの大学および高専において授業のテキストとして使用され，現在もいくつかで継続使用されている．また，本テキストで学習した多くの卒業生が，社会人としての実務において，慣れ親しんだ参考書として利用していると聞いている．このような状況に鑑み，西村昭先生，藤井学先生が残された本書を，今後も継続的に利用してもらえるべく改訂することは，社会的に求められるところであると考え，この度の改訂作業を行った．改訂の趣旨として，内容やまとめ方については，基本的に旧版を踏襲するものとし，1987年から今日に至るまでの新たな知見を盛り込み，充実を図ることとした．旧著同様に，大学・高専学生向けの初級から中級水準の教科書・参考書とし，また社会人技術者にも実務の参考書として利用してもらうことを念頭においている．また，初級者においては，本書と併せて，別途，各種入門書を参考書として学習してもらえれば，効果は増すものと考える．

改訂内容についてはなお不備の点も多々あることと思われるが，旧著同様にご教示を賜われば，幸甚である．

本書の改訂に際し，多大なご理解とご尽力を賜った二宮惇氏をはじめとする森北出版株式会社の各位に厚く御礼申し上げる．また，阪神高速技術 杉井謙一氏，阪神高速道路 杉山裕樹氏には，とくに第2章について，多大なるご助言を賜った．ここに厚く御礼申し上げる．

2014年3月

森川　英典
加賀山泰一

第2版のまえがき

　旧著「最新土木材料」は，1975年に初版を発行して以来，すでに12年を経過し，その間，土木材料学の教科書または参考書として各方面でご利用いただき，その上貴重なご意見を賜わったことは深謝にたえないところである．

　今さら言うまでもなく，最近の材料に関する研究開発や技術の進歩は誠に目覚しく，土木材料に関しても例外ではなく，新材料・新工法の出現が相次いで止まるところを知らず，土木工学の分野に多大の成果をもたらしている．それらの成果を反映すべく，土木学会の，「コンクリート標準示方書」が，昭和61年に全面的に改訂された．このような状況下にあって，旧著を全面的に見直し，内容の斬新さと密度の濃さとを改めて目標として，新知識の追加と整備充実を行ったのが今回の改訂版である．さらに特筆すべきは，土木技術者として高分子材料に精通する数少ない人材の一人である湊　俊氏を新たに著者に加え，内容の一層の充実と的確さを図ったことである．

　改訂内容についてはなお不備の点も多々あることと思われるが，旧著同様に読者諸賢の一層のご教示とご叱正を賜われば誠に幸甚である．

1987年12月

西村　昭

藤井　学

まえがき

　土木技術の歴史において，土木材料がその歴史の流れを大きく左右した例をいくつか見出すことができる．とくに，19世紀前半におけるポルトランドセメントの発明，同後半における近代製鋼法の確立は，土木技術の発展に計り知れない貢献をし，セメントおよび鉄鋼はその後現在に至るまで，土木材料の中で中心的役割を果たし続けている．また，土木材料は土木技術と表裏一体をなすものであり，新材料の開発は新しい土木技術を生み，一方土木技術の要求により新しい土木材料の開発が促進される．ことに最近は，材料工学の発達に支えられて後者の傾向が顕著である．このように，土木材料は土木技術の発展の上できわめて重要な背景をなしており，土木材料についての十分な知識と理解なしには，土木技術の進歩に追随することすら困難になりつつあるといえよう．

　構造物には予期しない破損，破壊が発生することがある．その原因を詳細に追及していくと，多くの場合に材料についての知識の不十分から，材料の使用が不適切であったり，理解の不足から設計上の過ちを犯している例が多く見られる．公共性がとくに重視される土木構造物においては，その安全性が極端なまでに要求されるため，たとえ微細なりともミスは許されないものである．

　土木材料は，土木工学的専門知識をとくに要求しないことから，土木工学の教科としては最初の方に置かれるのが一般である．したがって，それが実際とどんな関連を持つかについて問題意識を備えないままで勉強されることが多い．これが土木材料を無味乾燥なものとする一因を形成しているといえよう．しかしながら，初めて土木工学を学ぼうとする諸君は，上に述べたように土木材料が土木技術において果たす役割の重大さをよく認識され，その材料より成る構造物の姿を心に描きつつ，勉強に努められたい．

　本書は，大学・高専土木工学科の学生を対象とした土木材料学の教科書，あるいは参考書として編さんしたものである．多種多様にわたる土木材料のうちでとくに重要なものに焦点を合わせ，表面的な現象の説明だけにとどまらず，現象のよってくる原因についても，できるだけ留意して筆をとったつもりである．また，セメント・コンクリートの規定に関する事項については，主として土木学会コンクリート標準示方書，昭和49年度版に準拠して記述した．各章には多くの演習問題とその略解をかかげてあるから，本書を熟読の後，それらを独自に解答されれば，土木材料に対するいっそうの理解と愛着が深められるであろうことを確信する．

最後に，本書執筆にあたりご支援賜わった積水化学 (株) 研究部長 湊 俊氏，並びに参考にさせていただいた多数の著書・文献の著者諸賢に深甚の謝意を表するとともに，出版に際して御尽力をいただいた森北出版株式会社の方々に厚く御礼申し上げるしだいである．

1975 年 11 月

著　者

目　　次

第 1 章　総　論　　1
1.1　材料の分類　　1
1.2　材料に要求される性質　　2
1.3　材料の機械的性質　　2
　　1.3.1　弾性と塑性　　2
　　1.3.2　応力ひずみ曲線　　2
　　1.3.3　弾性定数　　5
　　1.3.4　各種の強さ　　6
1.4　材料の物理的性質　　9
　　1.4.1　質量に関する性質　　9
　　1.4.2　熱に対する性質　　9
　　1.4.3　電気に対する性質　　9
　　1.4.4　音に対する性質　　10
1.5　材料の化学的性質と耐久性　　10
1.6　規　格　　10
　　演習問題　　11

第 2 章　金属材料　　12
2.1　鉄金属　　12
　　2.1.1　銑　鉄　　13
　　2.1.2　鋼　　14
　　2.1.3　鋼材の種類　　22
　　2.1.4　合金鋼　　33
　　2.1.5　鋳鉄と鋳鋼　　33
　　2.1.6　高力ボルト　　38
　　2.1.7　鉄金属の諸性質　　38
2.2　非鉄金属　　43
　　2.2.1　銅および銅合金　　43
　　2.2.2　アルミニウムおよびアルミニウム合金　　45
　　2.2.3　ニッケルおよびニッケル合金　　46

vi　目　次

　　　2.2.4　すず・鉛・亜鉛および合金 …………………………………… 47
　演習問題 ………………………………………………………………………… 48

第3章　セメントおよび混和材料　50

3.1　セメント …………………………………………………………………… 50
　　3.1.1　セメントの種類 ………………………………………………… 50
　　3.1.2　ポルトランドセメント ………………………………………… 50
　　3.1.3　混合セメント …………………………………………………… 64
　　3.1.4　特殊セメント …………………………………………………… 66
3.2　混和材料 …………………………………………………………………… 70
　　3.2.1　混和材料の分類 ………………………………………………… 70
　　3.2.2　混和剤 …………………………………………………………… 71
　　3.2.3　混和材 …………………………………………………………… 74
　演習問題 ………………………………………………………………………… 75

第4章　骨材および水　77

4.1　概　説 ……………………………………………………………………… 77
4.2　石質，強さおよび耐久性 ………………………………………………… 78
　　4.2.1　石　質 …………………………………………………………… 78
　　4.2.2　強　さ …………………………………………………………… 78
　　4.2.3　耐久性 …………………………………………………………… 79
　　4.2.4　アルカリシリカ反応 …………………………………………… 79
4.3　比重，含水量および単位容積質量 ……………………………………… 80
　　4.3.1　比　重 …………………………………………………………… 80
　　4.3.2　含水量——表面水量および吸水量 …………………………… 81
　　4.3.3　単位容積質量，実積率および空隙率 ………………………… 82
4.4　最大寸法，粒形および粒度 ……………………………………………… 83
　　4.4.1　粗骨材の最大寸法 ……………………………………………… 83
　　4.4.2　粒　形 …………………………………………………………… 84
　　4.4.3　粒　度 …………………………………………………………… 85
4.5　有害物 ……………………………………………………………………… 86
　　4.5.1　微細物質 (粘土・シルト・雲母片など) …………………… 87
　　4.5.2　石炭・亜炭などで比重の小さいもの ………………………… 87
　　4.5.3　軟らかい石片 …………………………………………………… 88
　　4.5.4　有機不純物 ……………………………………………………… 88

4.5.5　塩　分 …………………………………………………………… 88
　　　4.5.6　有害鉱物 ………………………………………………………… 89
　4.6　砕　石 ……………………………………………………………………… 90
　4.7　人工軽量骨材 ………………………………………………………………… 91
　　　4.7.1　製　法 …………………………………………………………… 92
　　　4.7.2　比重・吸水率および単位容積質量 ………………………………… 92
　　　4.7.3　粒　度 …………………………………………………………… 93
　　　4.7.4　有害物および耐久性 ……………………………………………… 94
　4.8　副産物を利用した骨材 ……………………………………………………… 94
　　　4.8.1　高炉スラグ粗骨材 ………………………………………………… 94
　　　4.8.2　高炉スラグ細骨材 ………………………………………………… 94
　　　4.8.3　フェロニッケルスラグ細骨材 ……………………………………… 94
　　　4.8.4　銅スラグ細骨材 …………………………………………………… 95
　　　4.8.5　電気炉酸化スラグ骨材 …………………………………………… 95
　　　4.8.6　溶融スラグ骨材 …………………………………………………… 95
　4.9　再生骨材 ……………………………………………………………………… 95
　4.10　水 …………………………………………………………………………… 95
　演習問題 …………………………………………………………………………… 96

第5章　コンクリート　97

　5.1　概　説 ………………………………………………………………………… 97
　5.2　フレッシュコンクリートの性質 ……………………………………………… 99
　　　5.2.1　概　説 …………………………………………………………… 99
　　　5.2.2　ワーカビリティー ………………………………………………… 100
　　　5.2.3　材料の分離 ……………………………………………………… 104
　5.3　硬化コンクリートの性質 ……………………………………………………… 106
　　　5.3.1　圧縮強度 ………………………………………………………… 106
　　　5.3.2　圧縮強度以外の諸強度 …………………………………………… 115
　　　5.3.3　弾性および塑性 …………………………………………………… 121
　　　5.3.4　体積変化 ………………………………………………………… 124
　　　5.3.5　水密性 …………………………………………………………… 126
　　　5.3.6　耐久性 …………………………………………………………… 128
　　　5.3.7　ひび割れ ………………………………………………………… 130
　　　5.3.8　その他の性質 …………………………………………………… 138
　5.4　コンクリートの配合 ………………………………………………………… 139

	5.4.1	概　説	139
	5.4.2	配合の表し方	139
	5.4.3	配合設計の方法	140
	5.4.4	配合条件の設計	140
	5.4.5	配合設計例	148
5.5	コンクリートの品質管理および検査		150
	5.5.1	概　説	150
	5.5.2	品質管理の手順	151
	5.5.3	品質特性	151
	5.5.4	管理図	151
	5.5.5	品質検査	152
5.6	各種コンクリート		155
	5.6.1	高流動コンクリート	155
	5.6.2	水中不分離性コンクリート	155
	5.6.3	吹付けコンクリート	155
	5.6.4	繊維補強コンクリート	156
	5.6.5	超高強度繊維補強コンクリート	156
	5.6.6	プレパックドコンクリート	156
	5.6.7	レジンコンクリート，ポリマーセメントコンクリート	156
演習問題			156

第6章　歴青材料　　158

6.1	概　説		158
6.2	アスファルト		158
	6.2.1	概　説	158
	6.2.2	石油アスファルトの製造	159
	6.2.3	石油アスファルトの性質	160
	6.2.4	アスファルトの規格	163
	6.2.5	アスファルト混合物	164
6.3	タール		166
	6.3.1	概　説	166
	6.3.2	タールの製造	166
	6.3.3	舗装タール	166
6.4	歴青乳剤		167

			6.4.1	概　説 …………………………………………………………	167
			6.4.2	乳剤の構造 ……………………………………………………	168
			6.4.3	接着性と分解 …………………………………………………	168
			6.4.4	規　格 …………………………………………………………	169

6.5　その他の瀝青材料
- 6.5.1　カットバックアスファルト ……………………………… 169
- 6.5.2　ゴム入りアスファルト ……………………………………… 170
- 6.5.3　樹脂入りアスファルト ……………………………………… 170

演習問題 …………………………………………………………………… 170

第7章　合成高分子材料　　171

7.1　合成高分子化合物 ……………………………………………… 171
- 7.1.1　概　要 ……………………………………………………… 171
- 7.1.2　合成高分子の種類と特性 ………………………………… 171
- 7.1.3　土木材料としての適用 …………………………………… 171

7.2　合成ゴム ………………………………………………………… 172
- 7.2.1　合成ゴムの概要 …………………………………………… 172
- 7.2.2　主要なエラストマーとその特性 ………………………… 172
- 7.2.3　エラストマーの土木材料への適用 ……………………… 177

7.3　合成樹脂 ………………………………………………………… 181
- 7.3.1　合成樹脂の概要 …………………………………………… 181
- 7.3.2　熱可塑性樹脂と熱硬化性樹脂 …………………………… 181
- 7.3.3　合成樹脂の土木材料への適用 …………………………… 182

7.4　合成繊維 ………………………………………………………… 187
- 7.4.1　合成繊維の概要 …………………………………………… 187
- 7.4.2　主要な合成繊維とその特性 ……………………………… 188
- 7.4.3　合成繊維の土木材料への適用 …………………………… 189

7.5　液状で使用される高分子材料 ………………………………… 191
- 7.5.1　概　要 ……………………………………………………… 191
- 7.5.2　液状で使用される主要な高分子材料とその特性 ……… 192
- 7.5.3　液状高分子の土木材料への適用 ………………………… 193

7.6　高分子材料を用いた複合材料 ………………………………… 196
- 7.6.1　概　要 ……………………………………………………… 196
- 7.6.2　主要な複合材料とその特性 ……………………………… 198

      7.6.3　高分子系複合材料の土木材料への適用 …………………… 200
演習問題 ……………………………………………………………………… 202

第8章　木材・石材・粘土製品　　203

8.1　木　材 ……………………………………………………………… 203
    8.1.1　概　説 ……………………………………………………… 203
    8.1.2　木材の構造・組織および成分 …………………………… 204
    8.1.3　木材の物理的性質 ………………………………………… 205
    8.1.4　木材の力学的性質 ………………………………………… 207
    8.1.5　木材の耐久性 ……………………………………………… 208
    8.1.6　製　材 ……………………………………………………… 210
    8.1.7　木材の欠点 ………………………………………………… 213
    8.1.8　木材の加工品 ……………………………………………… 214
8.2　石　材 ……………………………………………………………… 215
    8.2.1　概　説 ……………………………………………………… 215
    8.2.2　岩石の分類と組成 ………………………………………… 215
    8.2.3　各種石材 …………………………………………………… 216
    8.2.4　岩石の性質 ………………………………………………… 221
8.3　粘土製品 …………………………………………………………… 224
    8.3.1　粘土の種類と性質 ………………………………………… 224
    8.3.2　粘土製品 …………………………………………………… 225
演習問題 ……………………………………………………………………… 227

参考文献　　228

演習問題略解　　230

索　引　　233

第1章　総　論

　土木材料とは，土木構造物ならびにその建設過程において用いる材料の総称である．したがって，それに包含されるものはきわめて種類が多いが，そのいくつかは，土木工学の他の学問分野においても取り扱われるため，土木材料学では，主として鋼・コンクリート・木材・石材・歴青材料・高分子材料が対象となる．

　土木構造物の破壊の原因として，材料の使用上の誤りが主要なものの一つとしてあげられていることからわかるように，材料に関する知識は，構造物の設計・施工上きわめて重要である．このようなことから，材料の基本的性質を熟知し，その使用を誤らないことはもちろん，そのためにはどのような試験を行うべきかについても，適切な判断を下せるように素地を養っておく必要がある．

　最近は，単に既存の材料の土木構造物に対する合理的使用にとどまらず，使途に適した材料の開発が要求される．この循環の中に土木材料は着実に進歩を遂げている事実に注目し，土木材料学の重要性を再認識することが肝要である．

1.1　材料の分類

　土木材料の種類はきわめて多岐にわたっており，それらの分類方法にも各種のものがあるが，いま化学的組成によって分類すると次のようになる．

- 有機質材料
  - 植物質材料　　　　　　木材・竹材・わら・ゴムなど
  - 歴青材料　　　　　　　アスファルト・タールなど
  - 合成高分子材料　　　　合成ゴム・プラスチックなど
- 無機質材料
  - 金属材料　　鉄金属　　　鉄・鋼・鋳鉄など
  - 　　　　　　非鉄金属　　アルミニウム・銅・真ちゅうなど
  - 非金属材料　　　　　　セメント・コンクリート・石・れんがなど

　これらは，さらに天然産のものと，人工のものとに分類される．また，使用に際して構造物の主体となる材料，すなわち主材料と，主材料の補助的役割，たとえば被覆・絶縁・断熱・装飾などの役割を果たす副材料とに分けることもできる．本書では化学的組成による分類に基づいて記述を進めていく．

1.2 材料に要求される性質

土木材料としては，現在，鉄鋼とコンクリートとが最も主要なものとして大量に使用されているが，その理由は，土木材料に要求される性質を比較的良く満たしていることである．ここで，土木材料に要求される性質とは

① 使用目的に適した工学的性質をもつこと
② 使用環境に対して安定で，耐久性があること
③ 供給が豊富であること

などであって，これらは土木材料に対する絶対的必要条件ということができる．これらに加えて，価格が低廉であること，および運搬・取扱いが容易であることが，土木材料の使用価値を高めるための経済的条件となる．

土木材料としての基本的性質には，機械的性質 (力学的性質)・物理的性質・化学的性質がある．

1.3 材料の機械的性質

材料が外力を受けて破壊に至るまでの性状は，材料により異なる特性を示すが，それらの中から土木材料として重要なものを説明する．

1.3.1 弾性と塑性

物体に外力が作用すると変形を生じるが，この外力を取り去れば物体のもとの形状，寸法に回復する性質を**弾性** (elasticity) という．一方，外力を取り去っても物体が変形したままで，もとの形状，寸法に回復しない性質を**塑性** (plasticity) という．しかしながら，完全な弾性，あるいは完全な塑性をもつ材料はなく，一般には変形がある限度までは弾性を示すが，その限度を越えると塑性を示すようになる．

1.3.2 応力ひずみ曲線

材料の性質として外力対変形関係を表すのに，通常，応力ひずみ曲線 (stress-strain curve; SS curve) を用いる．ここに，応力とは物体に形状を変えようとする外力 (荷重) が作用したときにそれに抵抗して物体内部に生じる力のことで，その単位面積あたりの大きさを**応力度** (stress)，あるいは応力という．したがって，その単位は N/mm^2 などで示される．応力としては通常，荷重 0 のときの断面積で荷重値を割った**公称応力** (nominal stress) が用いられる．

一方，**ひずみ** (strain) とは，単位長さあたりの変形量を示し，無名数である．このひずみの場合にも，変形量をそれが生じた最初の長さで割った**公称ひずみ** (nominal strain) が用いられる．

応力とひずみとの対応関係を示す応力ひずみ曲線は，図 1.1 のように材料によって特徴ある形状を示す．いま，図 (a) の軟鋼の応力ひずみ曲線についてさらに詳しく調べてみよう．鋼材に引張力を加えると図 1.2 のように，点 P までは応力とひずみとは比例関係にあり，いわゆる**フックの法則** (Hooke's law) が成立し，線図は直線となる．この点 P (に対する応力度) を**比例限度** (proportional limit) という．また，この直線部の傾斜 (比例定数) が**ヤング係数** (Young's modulus) で，応力と同じ単位をもつ．点 P よりもやや上位の近接点 E までは，応力を取り去ればひずみは消滅し，**残留ひずみ** (residual strain) は残らないが，点 E を越えてからは応力除去後に残留ひずみを生じはじめる．この限界となる点 E (に対する応力度) を**弾性限度** (elastic limit) という．

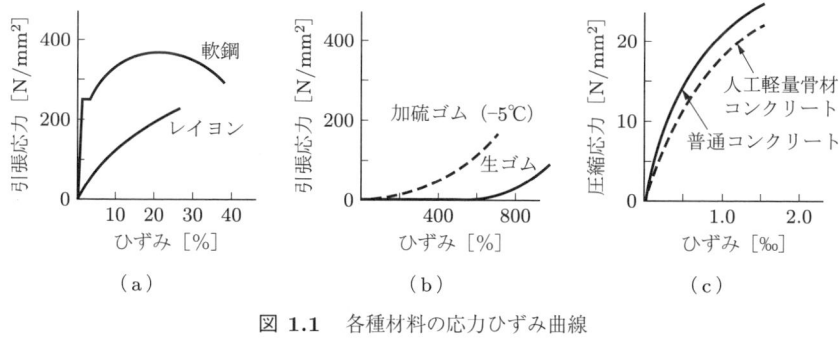

図 1.1 各種材料の応力ひずみ曲線

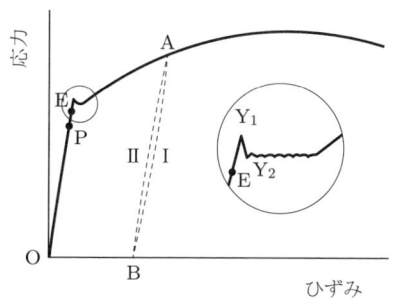

図 1.2 応力ひずみ曲線 (軟鋼)

さらに応力を増すと，点 Y_1 で曲線は一時急に Y_2 まで下降し，その後は応力の増加なしでひずみが進行する．この現象を**降伏** (yielding) といい，点 Y_1 を**上降伏点** (upper yield point)，点 Y_2 を**下降伏点** (lower yield point) という．これらの降伏点が出現するのは，供試体の形状・寸法，試験機の機構，ひずみ速度 (荷重速度) などにより，応力に対するひずみの発生に遅れを生じるためで，きわめて緩やかに荷重を増

す場合には，上降伏点が現れないことがある．試験あるいは供試体条件により上降伏点の発生は不安定であるが，下降伏点は材料によってほぼ一定の値となる．降伏領域の拡大中に見られるのこぎりの歯状の水平部を**おどり場** (yield plateau) という．

材料によっては，あるいは同じ鋼材でも冷間加工を受けたものや高張力鋼では降伏点が明瞭に現れないものがある．そのような場合には，図 1.3 のように，応力を 0 に戻したときに，ある一定の残留ひずみを生じる応力を**耐力**あるいは**保証応力** (proof stress) といい，降伏点に代わるものとして用いられる．一般には残留ひずみ 0.2%に対する応力 (0.2%耐力) が，ときには全伸び 0.5%に対する応力が用いられる．

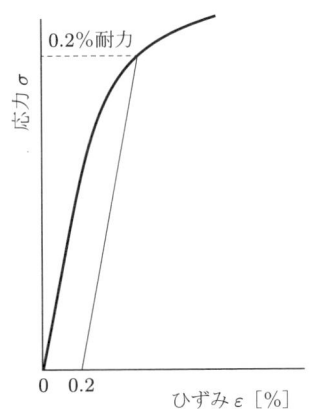

図 **1.3**　応力ひずみ曲線 (降伏点が明瞭でない場合)

降伏点を越える応力を受けると，材料には除荷後に残留変形を生じるが，その一部は時間の経過とともに消失する．このような弾性の回復現象を**弾性余効** (elastic after effect) と名づける．また，その後に残る変形を**塑性変形** (plastic deformation) あるいは**永久変形** (permanent deformation) という．

図 1.2 において降伏点を越える点 A から応力を取り除いていくと，応力ひずみ関係はもとの経路を通らずに，直線部 OP に平行に AIB をたどり，OB が残留ひずみとなり，この間に応力ひずみ線は OPEYAB というヒステリシス (hysteresis) 曲線を描く．この曲線の囲む面積は載荷に際して費やされた仕事量であって，その一部は材料の内部摩擦によって熱となり，他は組織の変化に費やされる．点 B から再度荷重を加えると，応力ひずみ関係はほぼ AIB に平行に BIIA に沿って上昇し，A に至るともとの曲線に沿って進む．これはちょうど弾性限度が上昇したかのようであって，この現象を**ひずみ硬化** (strain hardening) といい，多結晶材料に特有なものである．

図 1.1(b) にはゴムの応力ひずみ曲線を示したが，合成樹脂に引張力を加えた場合も，これと同様な上に凹の曲線となる．また，同図 (c) にはコンクリートの場合を示

したが, 木材を圧縮する場合ならびに鋳鉄・非鉄金属材料・レイヨンに引張力を加える場合も同様となり, 比例限度はほとんど0で, 降伏点も明瞭に現れない. 以上の各場合では, いずれも応力とひずみ間にフックの法則はあてはまらず, 一般に応力 σ とひずみ ε との関係を表すのに, 多項式あるいは次のような指数関数式を用いる.

$$\varepsilon = \alpha\sigma^m \quad \text{または} \quad \sigma = \beta\varepsilon^n \tag{1.1}$$

ここに, α, β, m, n は実験定数.

1.3.3 弾性定数

応力ひずみ関係において, 比例限度に至る直線部の傾斜は, 前に述べたようにヤング係数, あるいは**弾性係数** (modulus of elasticity) という. すなわち, この直線上に1点 (σ, ε) をとると, ヤング係数 E は

$$E = \frac{\sigma}{\varepsilon} \tag{1.2}$$

で与えられる.

一方, コンクリートのように, 応力ひずみ関係が最初から直線関係を示さない場合は, 応力のレベルによって弾性係数 E の値が異なるため, 次のような各種の弾性係数を目的に応じて使いわける (図 1.4 参照).

$$\left.\begin{aligned}
\text{初期接線係数 (initial tangent modulus)} \quad & E_0 = \left(\frac{d\sigma}{d\varepsilon}\right)_{\varepsilon=0} = \tan\theta_0 \\
\text{接線係数 (tangent modulus)} \quad & E_\sigma = \left(\frac{d\sigma}{d\varepsilon}\right)_{\varepsilon=\varepsilon} = \tan\theta \\
\text{割線係数 (secant modulus)} \quad & E = \frac{\sigma}{\varepsilon} = \tan\theta_1
\end{aligned}\right\} \tag{1.3}$$

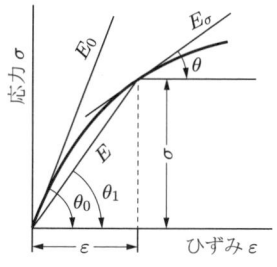

図 1.4　各種弾性係数

弾性体に応力がはたらくと, その方向のひずみと同時に, それと直角方向にも逆方向のひずみを生じる. たとえば, 引張応力の場合であると, その方向には伸び, それと直角方向には縮む. これらの両ひずみの次式による比 ν を**ポアソン比** (Poisson's ratio), その逆数 m を**ポアソン数** (Poisson's number) という．すなわち，

$$\nu = \frac{1}{m} = -\frac{(応力と直角方向のひずみ)}{(応力方向のひずみ)} \tag{1.4}$$

で定義される．ポアソン比の値は，たとえば鋼では0.3，コンクリートでは0.17～0.2 である．

応力とひずみとの関係をせん断応力 τ とせん断ひずみ γ との間についてみると，前記と同様に，次の式で**せん断弾性係数** (modulus of rigidity; shear modulus of elasticity) G が定義される．

$$G = \frac{\tau}{\gamma} \tag{1.5}$$

以上三つの弾性定数 E, ν, G の間には，次式の関係がある．

$$\frac{E}{2(1+\nu)} = G \tag{1.6}$$

1.3.4 各種の強さ

（1）静的強さ　材料に比較的遅い増加速度で荷重を加え，破壊に至らせたとき，破壊時の応力を**静的強さ** (static strength) という．この強さを求めるとき，前述のように，供試体の最初の断面積を用いて計算した**公称応力**が普通用いられる．しかし，軟鋼のような延性に富む材料では，ひずみ硬化領域に入ると断面に縮少 (絞り，necking) を生じはじめるから，その縮少した断面積で計算した応力，すなわち**真応力** (true stress) を用いて真応力ひずみ関係を描くと図 1.5 に点線で示すようになり，破壊に近づくにつれて真応力は上昇することがわかる．静的強さは，荷重の種類によって，引張強さ・圧縮強さ・曲げ強さ・せん断強さ・ねじり強さなどに区分される．

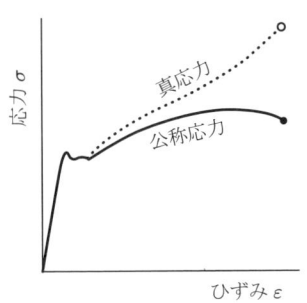

図 **1.5**　真応力と公称応力

（2）衝撃強さとじん性　衝撃的荷重に対して材料の示す抵抗性を衝撃強さといい，衝撃引張り・衝撃圧縮・衝撃曲げなどの区別があるが，この中で衝撃曲げ試験を一般

に衝撃試験といい,材料の**じん性** (toughness) を判定するために行われる.試験片の支持方法により2種類,すなわち両端単純支持形の**シャルピー** (Charpy) 式と片持ばり形の**アイゾット** (Izod) 式とがあり,じん性の判定はいずれの方法においても,試験片を破壊するのに要するエネルギーの大小により行われる.じん性の大きい材料ほど大きい変形能を備えている.また,切欠きをもつ試験片を低温下で衝撃試験すると,吸収エネルギー(じん性)が急に低下する現象がみられる.これを**切欠きぜい性** (notch brittleness),または**低温ぜい性** (low temperature brittleness) という.

(3) 疲労強度 材料が静的強さよりも低い応力を繰り返して受ける場合に,ミクロに生じたクラックが成長してほとんど伸びなどの変形を伴わずに生じる破壊を**疲れ**または**疲労** (fatigue) という.疲労強度 (fatigue strength) を求めるには,一般に定振幅の応力 S を試験片に繰り返して加え,破壊に至る回数 N を求め,図 1.6 のような ***S*-*N* 線図**を描き疲労強度を求める.すなわち,図示のようにある応力振幅以下では材料は破壊せず,このように事実上無限の繰返しに耐える応力振幅を**疲労限度** (fatigue limit) または**耐久限度** (endurance limit) といい,また,指定した有限回,たとえば N_0 回の繰返しで破壊する応力振幅を**時間強度** (fatigue strength at N_0 cycles) という.なお,同一条件下で多数の試験を行うと,試験結果がかなりのばらつきを示すことがわかる.すなわち,S を一定とした場合の N のばらつきであって,そのような場合には,試験点の数についての非超過確率 P [%] に対応して ***S*-*N*-*P* 線**を用いて疲労性状を表すことがある.

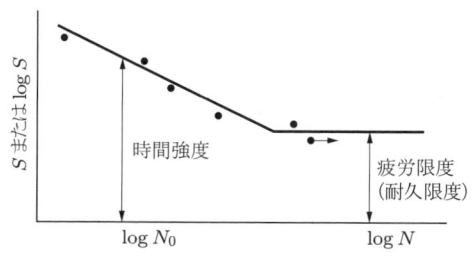

図 1.6 S-N 線図

以上は主として,繰返し応力が材料の弾性限度,あるいは降伏点以下の場合であるが,地震力を受ける構造物のように,塑性ひずみを伴う応力あるいは大変形の反復下の疲労も設計上重要な意味をもつ.この場合は,応力の繰返し回数が 10^4 回程度以下でのいわゆる**低サイクル疲労** (low cycle fatigue) または**塑性疲労**の問題となり,これに対して前述の疲労を**高サイクル疲労** (high cycle fatigue) として区別する.

(4) 硬 さ これも金属材料の重要な力学的特性の一つで,測定が簡易であるので金属材料の評価・判定などに広く用いられてきている.硬さ (hardness) は「材料に

他の物体によって変形を与えたとき，その材料の示す抵抗の大小」と定義されるように，各種の機械的性質が一体となった性質と考えてよく，測定方法も多種多様である．したがって，測定方法によっても硬さの内容が異なることにも注意する必要がある．

硬さを分類すると，**押込み硬さ** (indentation hardness)，**衝撃硬さ** (dynamic hardness)，**引掻き硬さ** (scratch hardness) となるが，工学的には押込み硬さが最も広く用いられる．押込み硬さは押込み体 (硬鋼球・ダイヤモンド円錐体・ダイヤモンド角錐体など) による凹みの大小により硬さの大小を判定するもので，押込み体の形状によりブリネル (Brinell) 硬さ・ロックウェル (Rockwell) 硬さ・ビッカース (Vickers) 硬さ・ヌープ (Knoop) 硬さなどがある．

硬さは材料のある種の力学的性質と相関関係を示し，たとえばブリネル硬さ H_B と引張強さ σ_T [N/mm^2] との間には，次のような経験式が知られている．

$$\sigma_T = CH_B \tag{1.7}$$

ここに，C は材料により定まる定数．

(5) クリープとリラクセーション　材料に長時間にわたって持続載荷すると，時間の経過とともに変形が増大する現象を**クリープ** (creep) といい，終局的に破壊に至る現象を**クリープ破壊** (creep rupture) という．その際，クリープ破壊を生じない限界の持続応力の大きさを**クリープ限度** (creep limit)，また，ある規定時間 (寿命) 内にクリープ破壊を生じる応力をその材料のクリープ破断強さなどという．

次に，材料ひずみを一定に保ちつつ応力を加えていると，応力が時間とともに減少する現象を**リラクセーション**(応力弛緩)，(relaxation; stress relaxation) という．これは弾性ひずみの一部がクリープによって塑性ひずみに転換するためである．クリープならびにリラクセーションは応力ひずみ曲線上に図 1.7 のように示される．

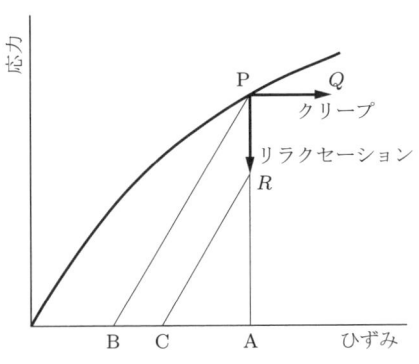

図 **1.7**　クリープとリラクセーション

1.4 材料の物理的性質

1.4.1 質量に関する性質

（1）比　重　材料の質量をそれと同じ体積の 4°C の水の質量で割ったものを比重 (specific gravity) といい，空隙などを含まない材料の実質だけの比重を**真比重**，空隙や水分などを含んだままの比重を**見掛け比重**という．単位は無名数である．

（2）単位容積質量　単位容積質量 (unit weight; bulk density) とは，単位容積当たりの質量で，単位は kg/m^3, kg/L などが用いられる．

（3）含水率　含水率 (water content) とは，材料中に含まれる水分の質量をその材料の乾燥時の質量で割った値である．

1.4.2 熱に対する性質

（1）比　熱　重さ 1 g の材料の温度を 1°C 上昇させるのに必要な熱量を比熱 (specific heat) という．

（2）熱伝導率　材料表面での空気との間の熱移動を熱伝達，材料内での熱移動を熱伝導 (thermal conductivity) という．この場合，単位の温度差のある単位厚さの材料を単位時間に伝導する熱量の単位面積あたりの値を熱伝導率という．ディメンションは $[W/(m·K)]$ または $[W/(m·°C)]$ である．熱伝導率の逆数を熱伝導比抵抗といい，材料の断熱性を示す．

（3）熱膨張係数　熱膨張係数 (coefficient of thermal expansion) とは，材料が温度の上昇・下降に伴って膨張・収縮する割合をいい，2 点間の距離の場合は線膨張係数，体積の場合は体(積)膨張係数という．体膨張係数は線膨張係数の 3 倍と考えてよい．ディメンションは $1/°C$ である．

（4）軟化点・引火点・燃焼点・発火点　一部のプラスチックやアスファルトなどの材料を熱すると，次第に軟化して固体から液体になるが，この軟化状態が一定の基準に達するときの温度を軟化点 (softening point) という．さらに加熱すると，材料は熱のため分解して揮発ガスを発生し，これに口火を近づけると引火する．このときの温度を引火点 (flash point) という．さらに温度が上昇すると，口火で引火した後引き続いて材料自体が燃焼をはじめる．この点を燃焼点 (burning point) という．口火を近づけなくても温度がさらに上昇すると，材料自体が火を発して燃焼しはじめるが，このときの温度を発火点 (ignition point) という．

1.4.3 電気に対する性質

単位長さと単位面積をもつ材料の電気抵抗を**比抵抗** (specific resistance) といい，ディメンションは通常 $[\Omega·cm]$ である．比抵抗の逆数を比伝導度または**電気伝導率**

(electric conductivity) という．

1.4.4 音に対する性質

（1）吸音率　壁体に強さ e の音が投射されると，壁面からの反射 (e_1)，吸収 (e_2)，壁面を伝わっての放散 (e_3)，壁体への通過 (e_4) を生じる．このとき，e_1/e を反射率，e_4/e を透過率，$1 - e_1/e$ を吸音率といい，吸音率は壁体材料の比重が大きいほど小さくなる．また，e_3 は壁体の材料よりも構造に左右される．

（2）遮音率　透過率の逆数で，

$$R = 10 \log_{10} \frac{e}{e_4} \tag{1.8}$$

で表される R を遮音量 (減音度) といい，dB 単位で表す．これは壁体材料の比重が大きいほど大きくなる．

1.5 材料の化学的性質と耐久性

材料を取り扱ううえでは，上述のような各種の性質に加えて，各種の化学的性質，すなわち材料の化学成分と組織，化学作用に対する抵抗性などに関する知識が要求される．

一方，材料の耐久性，すなわち乾湿，凍結融解などの繰返し，あるいはすりへりのような機械的作用に対する抵抗性は，材料の使用条件を左右する重要な性質であって，これらについては必要に応じて，材料各論において取り上げることにする．

1.6 規　格

品質の改善，生産能率の増進，生産の合理化，取引きの単純公正化，使用または消費の合理化，公共福祉の増進など，生産者ならびに使用者の利益を目的として，主要な工業材料の品質・形状・寸法・試験方法などについて，統一規格が制定されている．

わが国における材料の規格としては，中心となる日本工業規格 (JIS: Japanese Industrial Standards) の他に，官公庁・協会などが独自で定める規格がある．JIS は工業標準化法 (昭和 25 年法律第 185 号) に基づいて制定されたもので，19 部門に分類され，次のような規格番号を用いる．

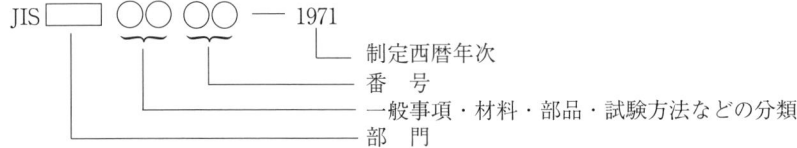

JIS 規格は，3 年以内ごとに確認・改正・廃止などの処置のための見直しが行われる．諸外国ならびに国際機関においても同様の規格が制定されているが，それらの中から関連の深いものを取り上げると表 1.1 のようになる．

表 1.1 外国規格とその制定機関

国 名	略 号	制定機関名
国 際	ISO	International Organization for Standardization (国際標準化機構)
アメリカ	ASTM	American Society for Testing and Materials (アメリカ材料試験協会)
	AISI	American Iron and Steel Institute (アメリカ鉄鋼協会)
ヨーロッパ	EN	Comité Européen de Normalisation (ヨーロッパ標準化委員会)
イギリス	BS	British Standards Institution (イギリス規格協会)
西ドイツ	DIN	Deutscher NOrmenausschus (ドイツ規格協会)
インド	IS	Indian Standards Institution (インド規格協会)
フランス	NF	Association Francaise de Normalisation (フランス規格協会)
ロシア	GOST	(旧ソ連標準化委員会)

演習問題

1.1 土木技術の中で土木材料が占める地位について述べよ．

1.2 各種材料の応力ひずみ曲線を比較せよ．

1.3 作用する荷重の特性と，それに対する材料強さとの関係をまとめよ．

第 2 章　金属材料

金属材料は多種多様であるが，これらのうち土木材料としての使用量は鉄金属が大半を占めるため，本書においても，鉄金属を中心に記述し，非鉄金属については代表的なものについての記述にとどめる．

2.1　鉄金属

鉄金属の代表例である鉄鋼は，純鉄 (元素記号 Fe)，銑鉄 (pig iron)，鋼 (steel) など，工業的に供給される実用の鉄の総称である．銑鉄と鋼とは，純鉄と炭素との合金であり，炭素含有量が 2.0% を超えるものを銑鉄，2.0% 以下のものを鋼と呼ぶ．鋼を圧延，鍛造，鋳造などにより成型・加工したものは，鋼材と呼ばれ，各種構造物を製造するための材料となる．鉄鉱石から鋼材が得られるまでの流れを，図 2.1 に示す．銑鉄は，鉄鉱石類を地上 100 m 近い高さの高炉 (溶鉱炉) で還元して製造され，それを転炉・平炉などで精錬して銑鉄中の大部分の炭素分や不純物を取り除く製鋼過程を経て溶鋼を得る．その溶鋼から製鋼過程を経て，直接鋼片・鋼材を製造するのが連続

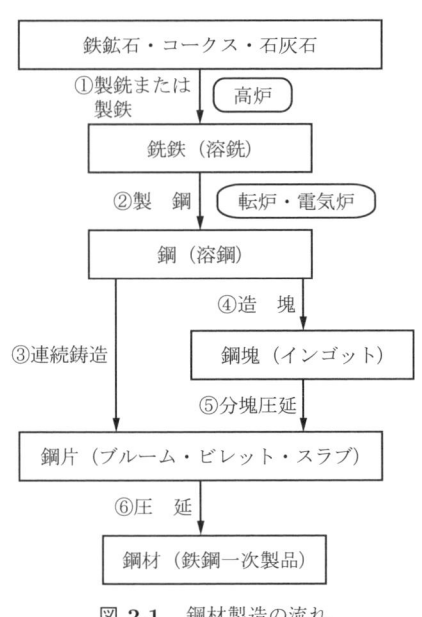

図 2.1　鋼材製造の流れ

鋳造法であり，1960年代後半からはこれが主流となっている．この手法は生産性が高い長所がある反面，厚い板厚の製造には限界がある．一方，以前は溶鋼から鋳型に鋳込み鋼塊とし，それを再加熱後，分塊圧延および圧延の工程を経て所要の鋼材とする造塊法があり，製造に時間は要するものの，多様なサイズや小ロットの製造には有利な手法である．これらに対して，古くは半溶融状態の銑鉄を鍛錬して製造した錬鉄 (wrought iron) が，一般構造用材料の主体となっていた．

2.1.1 銑　鉄

（1）製　造　　銑鉄 (pig iron) の原料である鉄鉱石の種類は多いが，主なものは赤鉄鉱 (Fe_2O_3)，磁鉄鉱 (Fe_3O_4)，褐鉄鉱 ($2Fe_2O_3 \cdot 3H_2O$) など鉄の酸化物よりなるものである．これらの鉱石と，溶解のための熱源であり還元剤であるコークス，および溶剤の石灰石 (高炉原料中の岩石成分や不純物と化合して溶けやすいスラグとして外に出すはたらきをする) を炉頂から高炉に投入し，炉下部の羽口から熱風と補完還元材である微粉炭などを吹き込み，炉内でコークスを燃焼させると，次の順序で銑鉄ができる．まず，コークスが空気中の酸素と反応して炭酸ガス (CO_2) と一酸化炭素 (CO) を発生し，COガスが炉内を上昇するとき，鉄鉱石は還元 (間接還元) され溶解する．さらに，コークスの炭素で還元 (直接還元) される．すなわち，

　　間接還元　$Fe_2O_3 + 3CO \rightarrow 2Fe + 3CO_2$

　　直接還元　$Fe_2O_3 + 3C \rightarrow 2Fe + 3CO$

となる．

　一方，装入物中の不純物は大部分が石灰石と化合してスラグとなる．溶けた銑鉄は炉の底にたまり，スラグは軽いのでその上層に浮かぶ．一定の時間ごとにまずスラグを出滓口から，次いで溶銑を出銑口から取り出し，原料は次々と炉頂から入れて連続作業を行う．鉄鉱石の投入から銑鉄を得るまでに約8時間を要する．

　高炉からはスラグや高炉ガスが副産物として出てくるが，ガスは熱風炉・ボイラー・発電などの燃料となる．一方のスラグは後述の製鋼時にも発生する (転炉スラグ) が，その処理方法により2種類に大別される．すなわち，徐冷により結晶組織の塊状スラグとするか，水などで急冷し砂状・粒状でガラス質の急冷スラグとする．高炉徐冷スラグは，道路用路盤材，コンクリート用粗骨材などに対して，高炉急冷 (水砕) スラグは高炉セメント用混合材料，セメント用クリンカー原料に広く活用されている．図2.2に高炉の概略図を示す．

（2）銑鉄の種類　　燃料に炭素を使用する関係上，銑鉄の炭素含有量は4〜5%ときわめて高い．その炭素の結合状態で，銑鉄は白銑 (white pig iron) とねずみ銑 (gray

14 第2章 金属材料

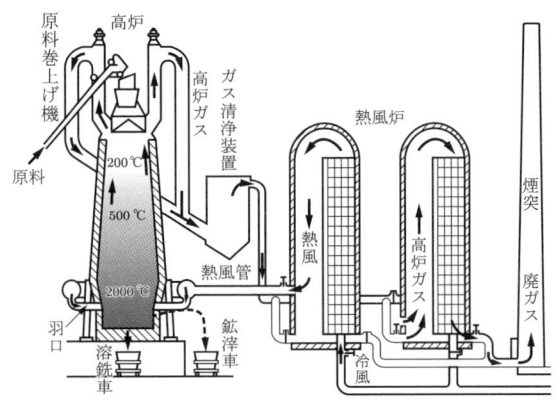

図 2.2 高炉と付属設備

pig iron) に区別される．白銑の炭素は鉄と化学的に結合していて，破断面は銀白色を示し，硬質で強度は大であるが，冷却して固化する際に収縮 (約 2% 程度) し，鋳造作業も，鋳造後の仕上げも困難である．

一方，ねずみ銑では炭素は黒鉛の形で遊離炭素として含まれるため，破断面は暗灰色を示し，軟質で強度は低い ($98 \sim 147$ N/mm^2)．流動性が大きく収縮も少ない ($0.5 \sim 1.0\%$ 程度) ので鋳造に適する．

銑鉄は大部分が製鋼用，一部が鋳物用原料となり，鋳物用には主にねずみ銑が用いられる．

2.1.2 鋼

(1) 製鋼法　銑鉄は炭素量が多いので精錬を行う．すなわち，溶融状態の銑鉄の炭素量を下げ，同時に不純物を取り除き，ねばりと伸びを与えて，鍛造・圧延が可能な鋼にする．鋼は鉄が主成分で，$0.03 \sim 2\%$ 程度の炭素の他に不純物として不可避的に P，S，および O，H，N などが含まれる．また，精錬上の理由で Mn，Si，Al などの元素が入ってくる．

製鋼炉には平炉・転炉・電気炉などがあるが，普通鋼の製鋼には純酸素転炉の出現以来，高能率の転炉が主流を占めている．

● **平炉**　平炉 (open-hearth furnace) は燃料ガスや空気を予熱する蓄熱室を下部に左右対称にもった一種の反射炉で，上部の平たい舟底形炉床をもつ溶解室に銑鉄・屑鉄・鉄鉱石・石灰石を装入し，燃料と予熱された高温の空気を噴出してそれらを加熱溶解し，装入物中の炭素その他の不純物を酸化除去して鋼をつくる．しかし，平炉での製鋼には時間を要するため，現在ではごく一部で使われるのみである．図

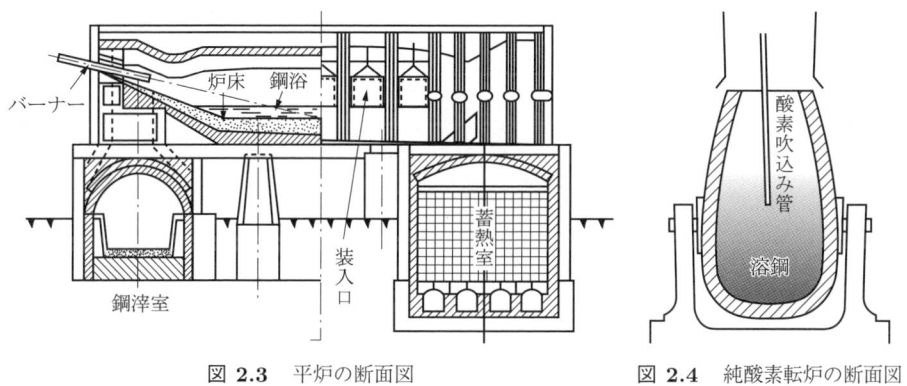

図 2.3　平炉の断面図　　　　図 2.4　純酸素転炉の断面図

2.3 は平炉の断面を示したものである.

● 転 炉　　Bessemer が底吹型の転炉 (converter) を発明 (1856) して以来，この転炉は平炉とともに製鋼の中心となってきたが，1953 年，オーストリアの Linz および Donawitz 両工場で工業化された純酸素転炉 (両工場の頭文字をとって LD 法と命名) の優秀性が各国で認められ，これが現在の製鋼法の主流をなしている.

　純酸素転炉は図 2.4 のようなとっくり形の炉体をもち，炉の上部から酸素吹込み管を挿入し，高純度 (99.5%以上) の高圧酸素を吹き込んで，溶銑中の C, Si, Mn, P などを酸化燃焼し，酸化物をスラグとして除去し精錬する (吹錬). 上から酸素を吹き込むことから上吹き転炉ともいう. 酸化反応熱を利用するため，燃料は必要としない. その後，撹拌力が強い底から酸素を吹く底吹き転炉が，さらに効率性の高い両方から吹く上底吹き転炉が考案され，現在の主流となっている. 1 回の作業量は 150〜300 t のものが多く，製鋼に要する時間は 30 分程度で能率が高い.

　これら転炉による一次製錬の後，さらに不純物を取り除き，必要な合金添加を行う二次製錬を行う. 二次製錬の方法は種々あるが，現在では真空脱ガス技術が多く採用されている.

● 電炉他　　その他の製鋼法として電気炉あるいはるつぼなどによる方法がある. 電気炉は電力を熱源とし，熱効率がよく，温度・成分の調整が容易である. いずれも使用実績は転炉より少ないが高純度の鋼・特殊鋼あるいは合金鋼の製鋼に用いられる.

(2) 造塊鋳造　　精錬または溶解が終わると，直接鋼片をつくる連続鋳造が，効率性の観点から現在の主流であるが，1960 年代までは溶鋼に脱酸剤を加えて脱酸 (deoxidation) し，鋳鉄製の鋳型に流し込んで，その後の圧延・鍛造などに都合のよい形の素材をつくるインゴット (ingot)，鋼の場合にはこれを鋼塊と，鋼塊をつくる操作を造塊とそれぞれいい，この過程を経て鋼片を圧延により製作していた.

鋼塊は，その脱酸法の相違によってリムド鋼塊 (rimmed ingot)，セミキルド鋼塊 (semi-killed ingot)，キルド鋼塊 (killed ingot) などの種類がある．リムド鋼は脱酸が不完全のもので，インゴットに注入した溶鋼はリミングアクション (rimming action) を起こしつつ凝固する．リミングアクションとは，溶鋼中の C と O とが凝固の進捗につれて CO ガスを生成し，このガスが凝固壁に沿って上昇するとき，溶鋼がちょうど湯の沸騰に似た対流現象を起こすことをいう．この対流作用により凝固壁に沿って発生する不純物の多い溶鋼の部分は洗い流され，鋼塊表面には比較的純度の高いいわゆるリム層が形成される．しかし，内部は均質ではない．これに対してキルド鋼塊は，溶鋼を十分脱酸して鋳込んだもので，脱酸がよく効いているため，CO ガスを発生することなく鋳型の中で静かに凝固する．したがって，鋼塊には気泡はないが，上部に収縮管ができる．この部分は切り捨てるため，歩止りが低く不経済となる．しかし，化学成分および諸性質は比較的高度の均質性が保たれる．セミキルド鋼は脱酸の程度がリムド鋼とキルド鋼との中間的なものである．図 2.5 にはこれらの各鋼塊の断面図を示している．

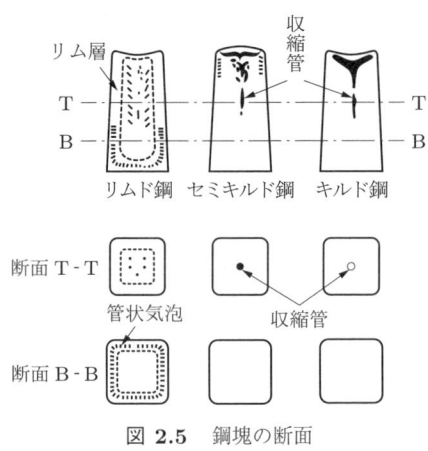

図 2.5 鋼塊の断面

(3) 鋼の組織と変態　金属は，温度・圧力などの外的条件の変化に伴って，金属固体内の原子配列，とくに結晶格子の変化により，物理的性質が変わる．これを金属の変態といい，鋼においてはその熱処理に際して重要な役割を果たす．

まず，最初に，純鉄の場合を考えてみる．純鉄を加熱していくと，図 2.6 のように 910°C (A_3 変態点) と 1390°C (A_4 変態点) において突然収縮・膨張を生じ，この現象は高温から逆に冷却していく場合にも逆の変化として現れる．これは，それぞれの温度において，鉄の結晶系が急に変化するためである．点 A_3 以下の温度では鉄原子は図 2.7(a) のような結晶格子をなし，これを体心立方格子といい，この状態の鉄を α

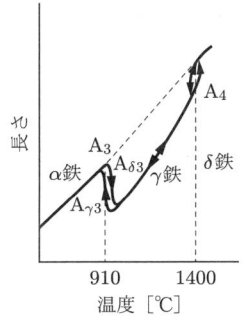
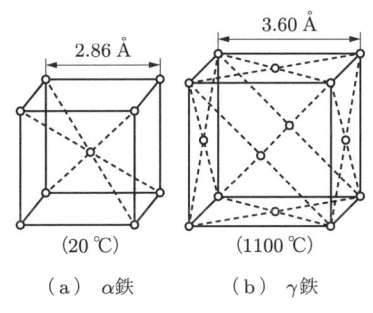

図 2.6　純鉄の変態による長さの変化　　　　図 2.7　純鉄の結晶格子

鉄と呼ぶ．点 A_3 から点 A_4 に至る間では，鉄原子は図 2.7(b) のように配列し，これを面心立方格子といい，この状態の鉄を γ 鉄と呼ぶ．α 鉄は 9 個，γ 鉄は 14 個の原子からなるため，α 鉄から γ 鉄に変わると立方体の数が減り，急激な収縮が起こることになる．点 A_4 以上の温度では鉄は再度 α 鉄と同じ体心立方格子に変わり，この状態を δ 鉄と呼ぶ．

鋼の場合には，含有する炭素の影響で上記の変態温度が変わるが，その様子は，図 2.8 のような状態図によって示される．

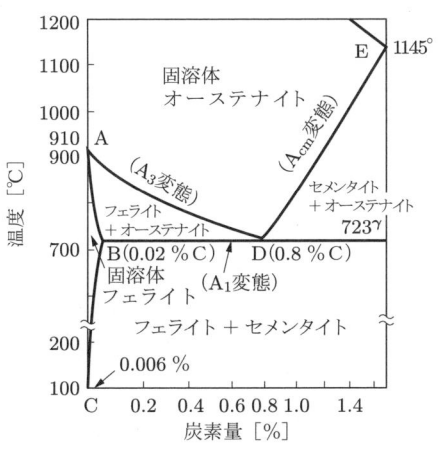

図 2.8　Fe-C 系状態図

一般に，α 鉄が他の元素を固溶した状態をフェライト (ferrite) といい，図 2.8 において ABC から左の部分がこれにあたり，炭素を固溶している．炭素の最大固溶量は常温では 0.006% 程度といわれているが，723°C で最大限 0.02% となる．固溶した炭素原子はいわゆる侵入型固溶となり，鉄原子の間のすき間に入る．フェライト＋セメ

ンタイトの部分では，固溶限度以上の炭素がセメンタイト (cementite) という鉄との化合物 Fe_3C として析出する．フェライトは純鉄に近く軟らかで延性に富むが，セメンタイトは白色で非常に硬く，もろい性質がある．γ 鉄は α 鉄に比べて多くの炭素を固溶し，図の ADE 上部の γ 相がこれにあたり，α 相と同様に侵入型固溶体である．γ 鉄が他の元素を固溶した状態をオーステナイト (austenite) と呼ぶ．

炭素量 0.8% の γ 相にあるものの温度を下げていくと，点 D でフェライトとセメンタイトとが同時に析出し (これを共析変態という)，それらが層状に交互に存在する微細なしま状の組織となる．これをパーライト (pearlite) と呼ぶ．その意味で，鋼の共析変態をとくにパーライト変態ともいい，また A_1 変態ともいう．炭素量が 0.8% より少なくなると，パーライト組織の量が減少してフェライトの量が多くなり，炭素量が 0.8% より多くなると，セメンタイトがパーライト組織の間に網目状に析出してくる．

図 2.8 は，平衡状態を保ちながら，徐々に温度を変えた場合の変態点を結んで得られるものであるが，冷却・加熱の速度が大きいと，一般にこの線から外れた点で変態が生じる．このため，同一炭素量でも温度変化の速度によって組織が変わり，そのため性質も異なったものとなる．鋼の熱処理は，このような性質を利用したものである．

（4）鋼の性質に及ぼす不純物および合金元素の影響

● **不純物の影響**　鉄鋼に添加される主な合金元素に Si, Mn, Ni, Cr, Mo, W などがあり，この他にも Al, Cu, V, B など，特別な場合にはさらに Ti, Zr, Nb, Co, N なども利用される．これらの他に製造工程中に，銑鉄・屑鉄などの原料や，燃料その他の補助材料から種々の不純物が混入するが，それらの中には P, S, Sn などのように鋼質に害を及ぼすものがある．以上の他に水素・酸素なども種々の形で鋼中に入り，鋼質に大きい影響を及ぼす．

以下に代表的な不純物が鋼に及ぼす作用について述べる．

● **りん P**　S と同様に，製鉄原料から銑鉄中に入り，有害な元素と考えられ，0.05% 以下の含有が普通である．含有量が多くなると鋼質をもろくする．この性質は逆に切削性を向上するには有効で，快削鋼にはある程度の P を添加する．また，P は Cu と共存して非晶質のさび層を形成することを利用して，耐候性を高めることができる．

● **硫黄 S**　これは製鉄原料，およびコークスから不純物として入る．S が鉄鋼の性質に与える害のうち最も著しいのは 950°C 付近の赤熱状態での熱間加工中に割れを生じることである．このような現象を赤熱ぜい性 (red shortness) と呼び，Mn を加えて S を MnS の形にして防止する．

● **銅 Cu**　鉱石から入るものは，精錬によって除去できない．Cu は合金元素として耐食性を増し，引張強さ・硬さを高める効果がある反面，添加量が過多になると延性を損ない，熱間加工性を劣化させる．

- **すず Sn**　屑鉄より混入する．一般に，鋼の引張強さ・降伏点を増加し，伸び・絞り・衝撃値を減少させるが，微量ではあまり影響しない．また，焼戻しぜい性・高熱ぜい性・低温ぜい性にも影響すると考えられている．
- **水素 H**　鋼中に微量存在しても，鋼の機械的性質に及ぼす影響は大きく，ひずみ速度の小さい場合の性質，たとえば伸び，絞りなどを著しく低下させる．また，H_2 は高温では高い溶解度を示すが，これが低温で十分放出されないと鋼中の微小間隙に集まって著しい高圧を発生し，室温近くでも鋼の引張強さを超える程度になり，鋼材内部に割れを発生し，銀点 (fish eye) あるいは溶接におけるビード下割れの原因となる．F11T 以上の高力ボルトで問題となった遅れ破壊の原因としても水素が考えられている．水素の含有量を低下させるには真空脱ガス法が有効である．
- **窒素 N**　C と同様に侵入型元素として固溶し，また各種の窒化物として固溶する．青熱ぜい性 (blue shortness; 酸化物で鋼表面が青味を帯びる 250〜300°C ぐらいにおいて，炭素鋼が常温におけるより硬く，もろくなる現象)，低温ぜい性などの原因となる．Al，V，Zr，Nb などの窒化物として存在すれば，細粒鋼をつくる．

● 合金元素の影響

- **炭素 C**　炭素量の増加とともに引張強さ・降伏点・硬さを増し，衝撃値・伸び・絞りは減少する．図 2.9 に一例を示す．

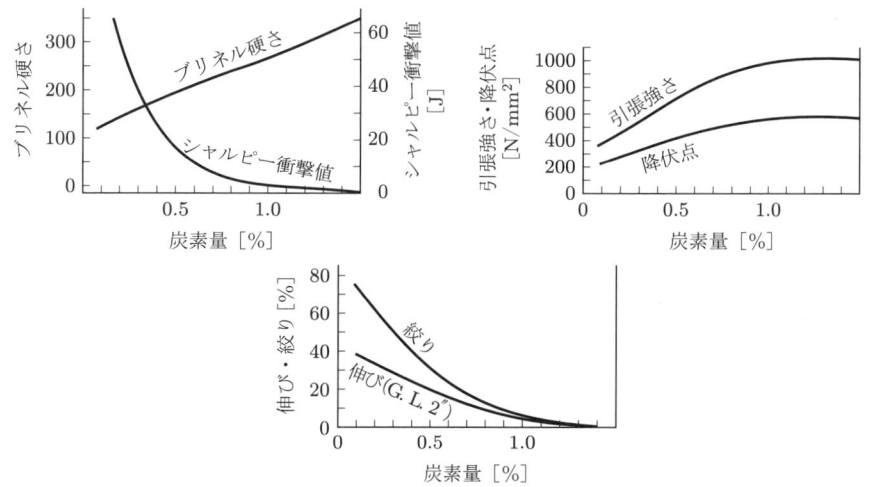

図 2.9　鋼の機械的性質に及ぼす炭素含有量の影響

- **マンガン Mn**　強さ・硬さを増し，伸び・絞りを減らす傾向は C と同様であるが，C ほどじん性は低下しない．鋼の脱酸剤・脱硫剤として広く用いられる．

表 2.1 鋼の機械的性質に及ぼす Si の影響 (Pomp)

成分 [%]			引張強さ [N/mm²]	降伏点 [N/mm²]	伸び [%]	絞り [%]	ブリネル硬さ	衝撃値 [J]
C	Si	Mn						
0.05	0.39	0.25	402	274	29.5	72	117	64
0.07	1.17	0.32	466	328	29.5	71.5	130	30
0.05	1.73	0.35	500	372	29.5	64	140	33
0.06	2.39	0.16	529	368	24.5	53.5	181	9

- けい素 Si　鋼の機械的性質に及ぼす影響を表 2.1 に例示しており，2%程度の含有量までは延性をあまり損なうことなく強さを高める．脱酸剤として多くの鋼に少量添加される．鋼の耐酸化性・耐酸性を増す．
- アルミニウム Al　強力な脱酸剤として広く利用される．鋼の組織の微細化に有効で，強さその他に良い影響を与える．
- ニッケル Ni　Ni は，構造用鋼での数%から，耐食・耐熱合金のような Ni 基合金まで含有量を変えて，多様に用いられる．鋼に粘り強さを与え，とくに低温でのじん性を増す効果が顕著である．
- クロム Cr　Ni と似た作用をし，ステンレス鋼の基本合金元素で，耐食性を増す．
- モリブデン Mo　高温強度・クリープ強度を増し，焼戻しぜい性を防止する．
- タングステン W　工具鋼の合金元素として最も重要なもので，高温強度を増すなど，Mo の作用に似ている．
- バナジウム V　Mo と似た作用をする．
- ニオブ Nb　結晶粒微細化作用が強く，また粗大化温度を高めるので，強さが増すと同時に，じん性・延性もよくなる．また，焼入れ硬化能および焼戻しぜい性を減少させる．

(5) 鋼の熱処理　加工性の改善，残留応力の除去などの目的により，鋼の熱処理には各種の方法がある．

● 焼なまし　鋼を適当な温度に加熱保持した後，所要の比較的緩やかな速度で冷却する操作を焼なまし (焼鈍; annealing) という．化学成分の偏在の均一化，不均一な結晶粒の調整，鍛造・圧延などによる残留応力と硬化現象の除去などにより，必要な加工性と，適当な機械的・物理的性質を得る目的で行われる．それらの目的により，完全焼なまし・拡散焼なまし・軟化焼なまし・球状化焼なまし・低温焼なまし・応力除去焼なまし (S.R.; stress relief) などに分けられる．

● 焼ならし　　焼ならし (焼準; normalizing) とは，鋼を A_3 または A_{cm} 変態点よりも 30〜50°C 高い温度に加熱して一様なオーステナイトにした後，大気中で放冷する処理をいう．結晶粒の微細化，炭化物の大きさ・分布の調整，内部応力の除去，組織の調整による機械的性質の改善を目的とする．

● 焼入れ　　焼入れ (quenching) とは，鋼をオーステナイト状態に加熱した後，適当な冷媒 (通常水または油) 中で急冷して，マルテンサイト (martensite) 組織を得る操作をいう．マルテンサイトとはこのような焼入れによって生じる非常に硬い組織で，炭素を固溶したオーステナイト状態からの急冷により，セメンタイトが生成する時間がなく，結晶格子だけは α 鉄と同じ体心立方に近い格子に変わり，しかも無理に炭素を固溶した状態になる．図 2.10 にマルテンサイトの体心正方結晶を示す．

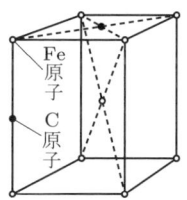

図 **2.10**　マルテンサイトの体心正方結晶

● 焼戻し　　焼戻し (tempering) とは，焼入れ鋼の内部応力の除去，硬さの調整，じん性の改善などの目的で，A_1 変態点以下の適当な温度に再加熱し冷却する操作をいう．図 2.11 に焼戻し温度による鋼の機械的性質の変化の一例を示す．

● パテンティング　　パテンティング (patenting) とは，鋼線引抜きの中間工程で行う焼ならし処理で，ソルバイト組織 (細かい層状組織のパーライト) を得ることを目的とする．この処理で強さが増大すると同時に，引抜き加工が容易となる．

● ブルーイング　　ブルーイング (bluing) とは，冷間引抜き加工を施した線材の残留応力を除き，弾性限・降伏点および伸びなどの機械的性質ならびに外観の改善のために水蒸気・化学薬品内で行う低温熱処理である．この処理により降伏点は上昇し，伸びは増大する．

● 時　効　　C, N などの侵入型固溶元素は，常温での固溶限度が低く，急冷組織においては過飽和となっているので，そのような鋼を長時間放置，あるいは低温焼戻しを行うと，時間とともに安定な状態に移ろうとする現象が起こる．このような現象およびその処理を時効 (aging) という．

　また，冷間加工した金属を常温に放置するか，低温で焼なましすると硬さや降伏強度を増し (時効硬化；age hardening)，延性および衝撃抵抗を減らす現象がある．これをひずみ時効 (strain aging) と呼ぶ．

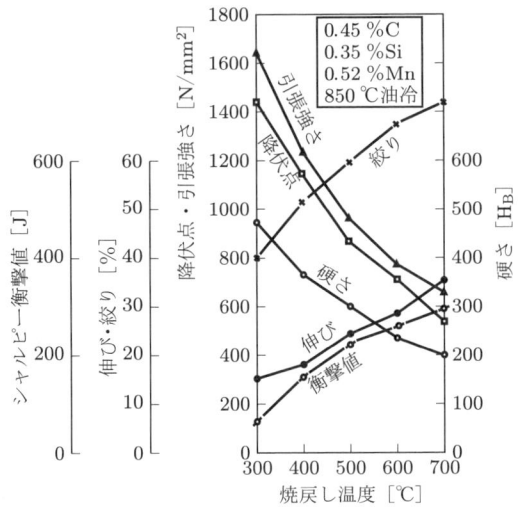

図 2.11 焼戻しによる鋼の機械的性質の変化 (0.45%C 鋼)

2.1.3 鋼材の種類

(1) 鋼材の種類　鋼材は材質，形状，加工法，用途などによって分類されると同時に，各種の規格によっても分類されている．

● 材質による分類

● 炭素鋼と合金鋼　　C，Si，Mn 以外には主な元素を含まないものを炭素鋼 (carbon steel)，各種合金元素を含むものを合金鋼 (alloy steel) と総称する．後者は，合金元素含有量が 0.4%程度以下のものを低合金鋼 (low alloy steel)，10%程度以上のものを高合金鋼と分類することもある．

炭素鋼は炭素の含有量によって性質が異なり，表 2.2 のように分類される．

● 普通鋼と特殊鋼　　Brussel 方式の分類の合金鋼 (Mn + Si≧2%，Ni≧0.5%，Cr≧0.5%，Mo≧0.1%，V≧0.1%，Pb≧0.1%，W≧0.3%，Cu≧0.4%，P + S ≧ 0.2% の条件

表 2.2　炭素鋼の分類と用途

名　称	炭素鋼 [%]	引張強さ [N/mm²]	用　途
極軟鋼	0.15 未満	320～360	リベット，鋼線，電信線，薄板
軟　鋼	0.15～0.28	380～420	建築材，橋梁材
半軟鋼	0.28～0.40	440～550	建築材，橋梁材，レール
硬　鋼	0.40～0.50	580～700	シャフト，工具材
最硬鋼	0.50～0.60	650～1000	スプリング，鋼線

を満たすもの) C≧0.6%の高炭素鋼，熱処理している高品位の炭素鋼などを特殊鋼としている．

● **普通鋼と高張力鋼**　鋼材のある用途において，普通用いられる強度の範囲を超える高強度の鋼材を総称して高張力鋼という．

以前は，構造用鋼材では従来引張強さ 400 N/mm^2 級が普通であったことから，500 N/mm^2 級以上のものが高張力鋼と呼ばれていたが，最近では 500 N/mm^2 級のものはごく一般的に使用されており，これをとくに高張力鋼と呼ぶ意味は薄れてきている．現在では，引張強度が 590 N/mm^2，780 N/mm^2 級が主流であり，また 1000 N/mm^2 級のものもあり，超高張力鋼とも呼ばれている．

● **調質鋼と非調質鋼**　焼入れ，焼戻し (場合によっては焼ならし) の熱処理を施し，鋼の機械的性質を改善したものを調質鋼と呼び，そうでない非調質鋼と区別する．

◉ **形状による分類**　形状により条鋼，鋼板，鋼管に大別され，それぞれはさらに表 2.3 のように分類される．

表 2.3　形状による鋼材の分類

条 鋼	棒鋼：丸鋼，角鋼，六角または八角棒，平鋼，異形棒鋼 形鋼：H 形，山形，I 形，溝形，鋼矢板，軽量形鋼，軽量鋼矢板，デッキプレート，レール 線材：軟鋼線材，硬鋼線材，ピアノ線材，特殊線材
鋼 板	厚板 (厚さ 3 mm 以上)：厚板，中板，縞鋼板，クラッド鋼板 薄板類 (厚さ 3 mm 未満)：薄板 (熱間圧延，冷間圧延)，広幅帯鋼，ブリキ，亜鉛鉄板，アルミメッキ鋼板，ケイ素鋼板，特殊被膜鋼板
鋼 管	電縫鋼管，鍛接鋼管，継目無鋼管，スパイラル鋼管，UOE 鋼管，板巻鋼管

◉ **加工法による分類**　鋼塊または半製品から鋼材を製造する方法によって分類すると，圧延・鍛造・鋳造・熱間押出し・熱処理・溶接・冷間引抜きなどとなる．

(2) 構造用鋼材　構造用として一般に用いられている鋼材は，いわゆる軟鋼 (低炭素鋼) に Si，Mn を添加した S-Mn 系のもの，低合金鋼，調質鋼，析出硬化型高張力鋼などがあるが，JIS 規格は表 2.4 に示すように分類される．記号の 1 文字目の S は Steel を表し，2 文字目以降はそれぞれ，S は Structure を，M は Marine を，A は Atmosphere を，R は Round を，D は Deformed を表す．これに従い以下その説明をする．

◉ **一般構造用圧延鋼材**　規格として表 2.5 に示すように JIS G 3101 (一般構造用圧延鋼材) にはその引張強さに応じて 4 種類あり，建築・橋梁・船舶・車両その他の構造物に用いる一般構造用の熱間圧延鋼材である．また，SS 材は強度のみを保証した鋼材であるが，これらの中で SS400 は一般に板厚が 50 mm 以下であれば溶接性に問題が生じないが，SS490，SS540 は溶接性が劣る．

表 2.4 JIS 規格による記号分類

規格名称	記号
一般構造用圧延鋼材	SS○○[*1]
溶接構造用圧延鋼材	SM○○[*1]
溶接構造用耐候性熱間圧延鋼材	SMA○○[*1]
鉄筋コンクリート用棒鋼	SR○○[*2]
	SD○○[*2]

[*1] ○○ には最低引張強さ [N/mm^2] を表す数字が入る
[*2] ○○ には最低降伏点または耐力 [N/mm^2] を表す数字が入る

表 2.5 一般構造用圧延鋼材 [JIS G 3101-2010]
[単位：N/mm^2]

種類の記号	降伏点 *	引張強さ
SS330	195 以上	330〜430
SS400	235 以上	400〜510
SS490	275 以上	490〜610
SS540	390 以上	540 以上

* 16 < 板厚 [mm] ≦ 40

表 2.6 溶接構造用圧延鋼材 [JIS G 3106-2008]
[単位：N/mm^2]

種類の記号	降伏点 *	引張強さ	
		100 以下	100 を超え 200 以下
SM400A SM400B SM400C	235 以上	400〜510	400〜510
SM490A SM490B SM490C	315 以上	490〜610	490〜610
SM490YA SM490YB	355 以上	490〜610	−
SM520B SM520C	355 以上	520〜640	−
SM570	450 以上	570〜720	−

* 16 < 板厚 [mm] ≦ 40

● **溶接構造用圧延鋼材** 規格として表 2.6 に示すように，JIS G 3106 (溶接構造用圧延鋼材) にはその引張強さに応じて 5 種類ある．

これらは建築・橋梁・船舶・車両・石油貯槽その他の構造物用で，C を抑えた厚さ 3 mm 以上の溶接性の優れた熱間圧延鋼材である．これらの中で SM490Y は，SM490 と同等の引張強さでありながら，降伏点は SS490，SM490 に比較して高く，その規格値は SM520 と同等となっている．SM570 は調質鋼が一般で末尾に熱処理記号がつけられる．また，一般構造用圧延鋼材の場合と異なり，化学成分は P，S 以外の C，Si，Mn についても規定され，溶接後のじん性を確保するために，V ノッチシャルピー衝撃試験における衝撃エネルギーを規定している．

● **耐候性鋼材**　　大気中での腐食に耐える性質，すなわち耐候性を改善した鋼種で，規格としては表 2.7 に示すように JIS G 3114 (溶接構造用耐候性熱間圧延鋼材) がある．この種の鋼は，1933 年 U.S.Steel 社がコルテン鋼として販売しはじめたのが最初で，橋梁・建築その他の構造物に用いられる．各鋼種で記号 W のものは無塗装で使用するもので，表面に生じるち密なさび (安定さび) がさびの内部への侵入を防ぎ，塗装の役割を果たす．一方，記号 P のものは塗装して使用する．前者では溶接性を損なうことなく耐候性を向上させるため，Cu および Cr の含有量を高めた合金元素量となっている．ただし，耐候性鋼材は海岸部などの飛来塩分が多い地域ではその使用に注意を要する．また，これら JIS 規格の耐候性鋼材に対し，主に Ni を多く添加して耐塩分特性をさらに高めた新しい鋼材，ニッケル系高耐候性鋼の使用実績が近年増えてきている．

表 2.7　溶接構造用耐候性熱間圧延鋼材 [JIS G 3114-2008]

[単位：%]

種類の記号		C	Si	Mn	P	S	Cu	Cr	Ni
SMA400A SMA400B	W	0.18 以下	0.15〜0.65	1.25 以下	0.035 以下	0.035 以下	0.30〜0.50	0.45〜0.75	0.05〜0.30
SMA400C	P	0.18 以下	0.55 以下	1.25 以下	0.035 以下	0.035 以下	0.20〜0.35	0.30〜0.55	−
SMA490A SMA490B	W	0.18 以下	0.15〜0.65	1.40 以下	0.035 以下	0.035 以下	0.30〜0.50	0.45〜0.75	0.05〜0.30
SMA490C	P	0.18 以下	0.55 以下	1.40 以下	0.035 以下	0.035 以下	0.20〜0.35	0.30〜0.55	−
SMA570	W	0.18 以下	0.15〜0.65	1.40 以下	0.035 以下	0.035 以下	0.30〜0.50	0.45〜0.75	0.05〜0.30
	P	0.18 以下	0.55 以下	1.40 以下	0.035 以下	0.035 以下	0.20〜0.35	0.30〜0.55	−

＊ 必要に応じて，上記以外の合金元素を添加してもよい．ただし，耐候性に有効な元素の Mo, Nb, Ti および V を加えた場合，これらの元素の総計は 0.15% を超えてはならない．

● **橋梁用高性能鋼**　　従来よりも高強度による構造物の軽量化が可能となり，かつ施工性に優れた TMCP 鋼として，表 2.8 に示す JIS G 3140 (橋梁用高降伏点鋼板) の規格がある．TMCP とは熱加工制御 (thermo-mechanical control process) の略であり，鋼板製造時における加熱・圧延および圧延後の冷却の各工程を制御することで，高強度，高じん性，そして高い溶接性を有した鋼板の製造が可能となる (図 2.12)．

表 2.8 橋梁用高降伏点鋼板 [JIS G 3140]

種類の記号	鋼材の厚さ [mm]	降伏点 [N/mm^2]	引張強さ [N/mm^2]	溶接割れ感受性組成 P_{CM} [%]	予熱
SBHS500 SBHS500W	6〜100	500 以上	570〜720	0.20 以下 (板厚 100 mm 以下)	なし
SBHS700	6〜50	700 以上	780〜930	0.30 以下	50°C
SBHS700W	50〜75	700 以上	780〜930	0.32 以下	50°C

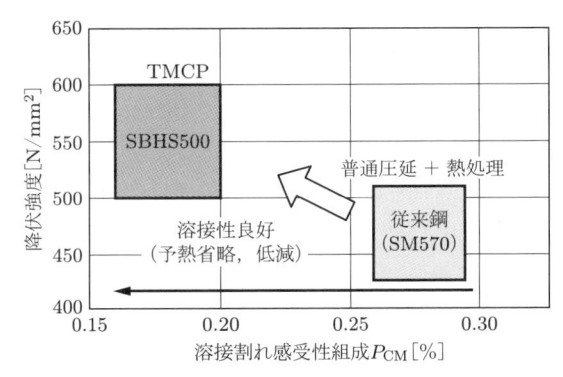

図 2.12 降伏強度と割れ感受性組成 [日本鉄鋼連盟：橋梁用高性能鋼材 2012]

　この鋼板の特徴は，板厚範囲によらず，たとえば引張強さ 780 N/mm^2 級のもので降伏点または耐力を 700 N/mm^2 以上と高い耐力を保証している点である．それに加え，高い施工性，溶接予熱の省略や低減などの溶接性を確保するため，溶接割れ感受性 P_{CM} が低く抑えられている．
　また，鋼材の加工性 (冷間曲げ加工) についても，十分なシャルピー吸収エネルギーを確保することで，$7t$ (t：板厚) 程度の小さな曲げ加工に対応できる仕様となっている．

● 耐ラメラティア鋼　　図 2.13 に示すような溶接継手構造では，板厚方向に引張応力を受けると，溶接継手に板表面に平行な割れが発生することがあり，この現象をラメラティアという．この防止のため，鋼材の S の量を減らし，板厚方向の絞り値を高

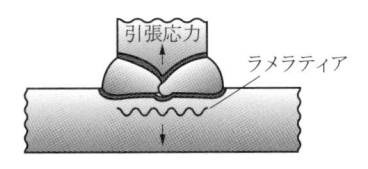

図 2.13 ラメラティアの状況

表 2.9 鋼板，平鋼および形鋼の厚さ方向特性 [JIS G 3199]

規格値			棒状試験片の径	組み合わせる規格
記号	Z (厚さ方向絞り値) [%]	S [%]	t：板厚の範囲 [mm]	
Z15	平均 15 以上，最小 10 以上	0.010 以下	15 以上 25 以下：6ϕ 25 超 150 以下：10ϕ	降伏点または降伏点の下限値が 500 N/mm² 以下
Z25	平均 25 以上，最小 15 以上	0.008 以下		
Z35	平均 35 以上，最小 25 以上	0.006 以下		

くしたのが耐ラメラティア鋼材である．使用条件が厳しいほど鋼材のS含有量を低くし，厚さ (Z) 方向の絞り (断面収縮率) を高くしている．表 2.9 には，JIS G 3199 (鋼板，平鋼および形鋼の厚さ方向特性) での規格を示している．

(3) 条 鋼

● 棒 鋼　　表 2.3 に示したような各種の断面形状のものがあり，品質は JIS G 3101 および G 3106 の他，G 3112 (鉄筋コンクリート用棒鋼) などの規格があり，表 2.10 にその規格を，また表 2.11 には JIS G 3112 の異形棒鋼 (デフォームドバーともいう) の寸法・質量などの規格を示している．これらの強度よりさらに高い制御圧延もしくは調質した，中・高炭素鋼の超高強度の鉄筋，降伏点または 0.2%耐力が 685〜980 N/mm² を超える材料が使用されはじめている．

表 2.10 鉄筋コンクリート用棒鋼 [JIS G 3112-2010]

区 分	種類の記号	降伏点または耐力 [N/mm²]	引張強さ [N/mm²]	引張試験片	伸び*2 [%]	曲げ性	
						曲げ角度 [°]	内側半径
丸鋼	SR235	235 以上	380〜520	2 号	20 以上	180	公称直径の 1.5 倍
				14A 号	22 以上		
	SR295	295 以上	440〜600	2 号	18 以上	180	径 16 mm 以下　公称直径の 1.5 倍
				14A 号	19 以上		径 16 mm 超え　公称直径の 2 倍
異形棒鋼	SD295A	295 以上	440〜600	2 号に準じるもの	16 以上	180	呼び名 D16 以下　公称直径の 1.5 倍
				14A 号に準じるもの	17 以上		呼び名 D16 超え　公称直径の 2 倍
	SD295B	295〜390	440 以上	2 号に準じるもの	16 以上	180	呼び名 D16 以下　公称直径の 1.5 倍
				14A 号に準じるもの	17 以上		呼び名 D16 超え　公称直径の 2 倍
	SD345	345〜440	490 以上	2 号に準じるもの	18 以上	180	呼び名 D16 以下　公称直径の 1.5 倍 呼び名 D16 超え 呼び名 D41 以下　公称直径の 2 倍
				14A 号に準じるもの	19 以上		呼び名 D51　公称直径の 2.5 倍
	SD390	390〜510	560 以上	2 号に準じるもの	16 以上	180	公称直径の 2.5 倍
				14A 号に準じるもの	17 以上		
	SD490	490〜625	620 以上	2 号に準じるもの	12 以上	90	呼び名 D25 以下　公称直径の 2.5 倍
				14A 号に準じるもの	13 以上		呼び名 D25 超え　公称直径の 3 倍

*1 1N/mm² = 1 MPa
*2 異形棒鋼で，寸法呼び名 D32 を超えるものについては，呼び名 3 を増すごとにこの表の伸びの値からそれぞれ 2 を減らす．ただし，限度は 4 とする．

表 2.11　異形棒鋼の寸法・質量および節の許容限度 [JIS G 3112-2010]

呼び名	公称直径 d [mm]	公称周長[*1] l [cm]	公称断面積[*1] s [cm^2]	単位質量[*1] [kg/m]	節の平均間隔の最大値[*2] [mm]	節の高さ 最小値 [mm]	節の高さ 最大値 [mm]	節のすき間の合計の最大値[*3] [mm]	節と軸線との角度 [°]
D4	4.23	1.3	0.1405	0.110	3.0	0.2	0.4	3.3	
D5	5.29	1.7	0.2198	0.173	3.7	0.2	0.4	4.3	
D6	6.35	2.0	0.3167	0.249	4.4	0.3	0.6	5.0	
D8	7.94	2.5	0.4951	0.389	5.6	0.3	0.6	6.3	
D10	9.53	3.0	0.7133	0.560	6.7	0.4	0.8	7.5	
D13	12.7	4.0	1.267	0.995	8.9	0.5	1.0	10.0	
D16	15.9	5.0	1.986	1.56	11.1	0.7	1.4	12.5	
D19	19.1	6.0	2.865	2.25	13.4	1.0	2.0	15.0	
D22	22.2	7.0	3.871	3.04	15.5	1.1	2.2	17.5	45 以上
D25	25.4	8.0	5.067	3.98	17.8	1.3	2.6	20.0	
D29	28.6	9.0	6.424	5.04	20.0	1.4	2.8	22.5	
D32	31.8	10.0	7.942	6.23	22.3	1.6	3.2	25.0	
D35	34.9	11.0	9.566	7.51	24.4	1.7	3.4	27.5	
D38	38.1	12.0	11.40	8.95	26.7	1.9	3.8	30.0	
D41	41.3	13.0	13.40	10.5	28.9	2.1	4.2	32.5	
D51	50.8	16.0	20.27	15.9	35.6	2.5	5.0	40.0	

[*1]～[*3] における数値の丸め方は，JIS Z 8401 の規則 A による．

[*1] 公称断面積，公称周長，および単位質量の算出方法は，次による．
　なお，公称断面積 s は有効数字 4 桁に丸め，公称周長 l は小数点以下 1 桁に丸め，単位質量は有効数字 3 桁に丸める．
　　公称断面積 $s = 0.7854 \times d^2 / 100$
　　公称周長 $l = 0.3142 \times d$
　　単位質量 $= 0.785 \times s$

[*2] 節の平均間隔の最大値は，その公称直径 d の 70%とし，算出した値を周数点以下 1 桁に丸める．

[*3] 節のすき間の合計の最大値は，mm で表した公称周長 l の 25%とし，算出した値を小数点以下 1 桁に丸める．ここで，リブと節とが離れている場合，およびリブがない場合には節の欠損部の幅を，また，節とリブとが接続している場合にはリブの幅を，それぞれ節のすき間とする．

　また，これらの他に，プレストレストコンクリートの緊張材として用いられる棒鋼に PC 鋼棒がある．前述の異形棒鋼 5 種の引張強さが 620 N/mm^2 以上程度であるのに対し，最低 785 N/mm^2 以上から 1230 N/mm^2 以上という高強度のものである．製造上から引抜き鋼棒・圧延鋼棒・熱処理鋼棒の 3 種類がある．PC 鋼棒については表 2.12 に示すような JIS 規格がある．なお，PC 鋼線および PC 鋼より線に関しては表 2.13 のような JIS 規格がある．

● 形　鋼　　図 2.14 に示すように，①等辺山形鋼，②不等辺山形鋼，③不等辺不等厚山形鋼，④I 形鋼，⑤みぞ形鋼，⑥球平形鋼 (バルブプレートともいう)，⑦H 形鋼，⑧T 形鋼などがあり，JISG3192 に形状・寸法および質量などが規格化されている．

表 2.12 PC鋼棒の種類・記号と機械的性質 [JIS G 3109-2008]

種類			記号	耐力* [N/mm²]	引張強さ [N/mm²]	伸び [%]	リラクセーション値 [%]
丸鋼棒	A種	2号	SBPR 785/1030	785 以上	1030 以上	5 以上	4.0 以下
	B種	1号	SBPR 930/1080	930 以上	1080 以上		
		2号	SBPR 930/1180				
	C種	1号	SBPR 1080/1230	1080 以上	1230 以上		
異形鋼棒	A種	2号	SBPD 785/1030	785 以上	1030 以上		
	B種	1号	SBPD 930/1080	930 以上	1080 以上		
		2号	SBPD 930/1180				
	C種	1号	SBPD 1080/1230	1080 以上	1230 以上		

* $1\,\mathrm{N/mm^2} = 1\,\mathrm{MPa}$
* 耐力とは，0.2%永久伸びに対する応力をいう．

表 2.13 PC鋼線およびPC鋼より線の性質 [JIS G 3536-2008]

種類			記号*1	断面
PC鋼線	丸線	A種	SWPR1AN, SWPR1AL	○
		B種*2	SWPR1BN, SWPR1BL	○
	異形線		SWPD1N, SWPD1L	○
PC鋼より線	2本より線		SWPR2N, SWPR2L	8
	異形3本より線		SWPD3N, SWPD3L	◈
	7本より線*3	A種	SWPR7AN, SWPR7AL	❀
		B種	SWPR7BN, SWPR7BL	❀
	19本より線*4		SWPR19N, SWPR19L	❁ ❁

*1 リラクセーション規格値によって，通常品はN，低リラクセーション品はLを記号の末尾につける．
*2 丸線のB種は，A種より引張強さが100 N/mm²強度の種類を示す．
*3 7本より線のA種は，引張強さ1720 N/mm²級を，B種は1860 N/mm²級を示す．
*4 19本より線のうち，28.6 mmの断面の種類はシール形およびウォーリントン形として，それ以外の19本より線の断面はシール形だけを適用する．

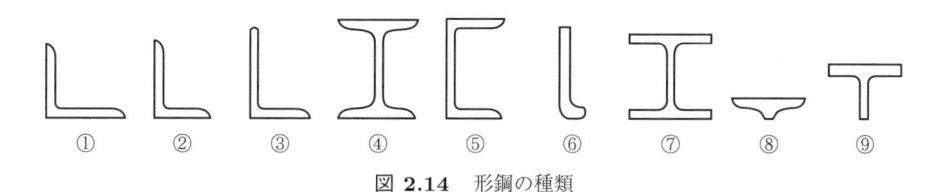

図 2.14 形鋼の種類

他に，⑨ CT 形鋼がある．

　球平形鋼は船体鋼板・橋梁の鋼床版などの補剛用に使用され，CT 形鋼は H 形鋼をウェブで切断した形のもので，突出部の小さい T 形鋼とは違って，単独で橋梁の横構・対傾構などに，T 形鋼は突出部に鋼板を溶接してウェブとした溶接 I 形鋼にそれぞれ用いられることがある．

　H 形鋼は I 形鋼に比べて，フランジにテーパーが付いていないため，工作上，設計上の利点から，I 形鋼よりはるかに多く使用されている．種類としては広幅・中幅・細幅・杭用の 4 種があり，杭用はウェブ厚とフランジ厚が等しく，JIS A 5526 に規格がある．以上の他の形鋼として，トンネル支保工用の V 形鋼，鋼矢板 (シートパイルともいう)，薄鋼板を冷間成形した軽量形鋼がある．軽量形鋼の断面形状は多種多様であるが，表 2.14 に表されるように JIS G 3350 (一般構造用軽量形鋼) に基本的な 6 種が定められている．JIS ではこの他に，鋼管矢板についても規定している (JIS A 5530-2010)．

表 2.14　一般構造用軽量形鋼 SSC400 [JIS G 3350-2009]

種　類	断面形状記号	種　類	断面形状記号
軽溝形鋼	⊏	リップ溝形鋼	⊏
軽Z形鋼	Z	リップZ形鋼	Z
軽山形鋼	L	ハット形鋼	∏

● 線　材

- **鉄　線**　コンクリート補強用，足場材の結束用，金網，蛇かご，有刺鉄線などに用いられ，規格としては JIS G 3532 (鉄線)，JIS G 3505 (軟鋼線材) がある．
- **硬鋼線**　規格としては JIS G 3506 (硬鋼線材) がある．
- **ピアノ線**　PC 鋼線および PC 鋼より線には，表 2.13 に示したような JIS 規格がある．また，ピアノ線については JIS G 3502 (ピアノ線材)，G 3522 (ピアノ線) の規格がある．
- **ワイヤロープなど**　鉱山・索道・船舶・漁業・機械・さく井用のワイヤロープについては，JIS G 3525 (ワイヤロープ) の規格があり，ワイヤロープは素線をよったストランド (strand) を，さらに集めてよってつくられる．その心の種類には繊維心と鋼心とがあり，鋼心にはさらにロープ心と，ストランド心があり，構造用ワイヤロープとして JIS G 3549 で規格され，表 2.15 にその断面を示す．これに対してストランドを構成することなく所定の断面まで素線をよって構成するもので，同一径の丸線で

表 2.15 ストランドロープ [JIS G 3549]

構　成	7本線6より ストランド心入り	19本線6より ストランド心入り	37本線6より ストランド心入り	ウォーリントン形19本線6よりセンターフィット型ロープ心入り
構成記号	7 × 7	7 × 19	7 × 37	CFRC 6 × W(19)
断　面				

構　成	ウォーリントンシール形26本線6よりセンターフィット型ロープ心入り	ウォーリントンシール形31本線6よりセンターフィット型ロープ心入り	ウォーリントンシール形36本線6よりセンターフィット型ロープ心入り	ウォーリントンシール形41本線6よりセンターフィット型ロープ心入り
構成記号	CFRC 6 × WS(26)	CFRC 6 × WS(31)	CFRC 6 × WS(36)	CFRC 6 × WS(41)
断　面				

構成するスパイラルロープ (spiral rope) と丸線と T 形あるいは Z 形の異形線で構成するロックドコイルロープ (locked coil rope) がある．図 2.15 にそれらを例示する．ロックドコイルロープは他に比べて空隙率が小さく，表面の凹凸が少ないので，耐摩耗性および耐腐食性が要求される空中ケーブル架線などに使用される．一方，これら

構成記号　1 × 19　　1 × 37　　1 × 61　　1 × 91　　1 × 127　　1 × 169　　1 × 217

（a） スパイラルロープ

構成記号　　C 形　　　　D 形　　　　E 形　　　　F 形

（b） ロックドコイルロープ

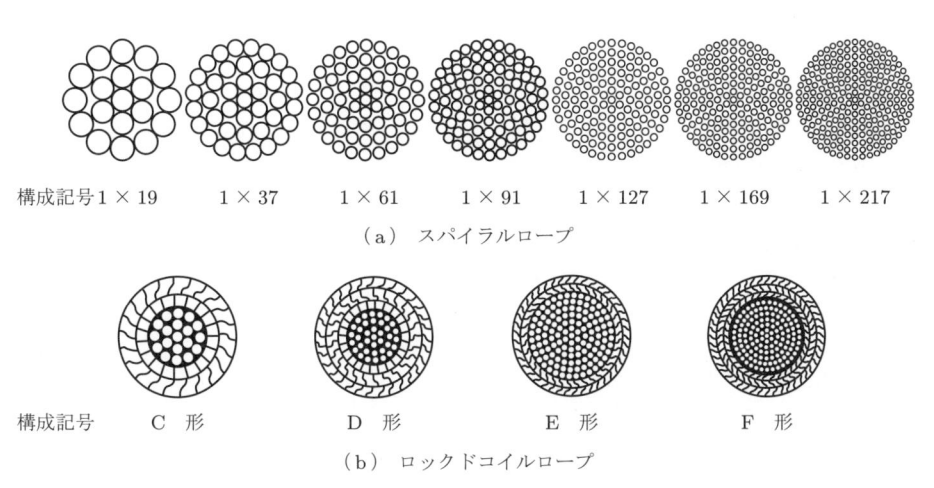

図 2.15　スパイラルロープおよびロックドコイルロープ [JIS G 3549]

のロープに使用するクリップやバンドなどの金具が原因で，素線に応力集中が生じて損傷することが多く，注意が必要である．

　長大吊橋の主ケーブルは，以上のように素線をよることなく，平行状態で束ねて使用する平行線ケーブル (parallel wire cable) が大半で，現地でワイヤを一本ずつ糸を紡ぐように張りわたし，数百本のワイヤに束ねたストランドにし，さらにストランド数十本をまとめてケーブルにする AS (air spinning) 工法と，現場での作業時間の短縮と質的向上を目的として，工場でストランドを構成して，それを現場で所定断面になるまで束ねるプレハブパラレルワイヤストランド (PPWS；prefabricated parallel wire strand) 工法がある．図 2.16 に明石海峡大橋 (1998 年完成) で用いられた PPWS を示す．

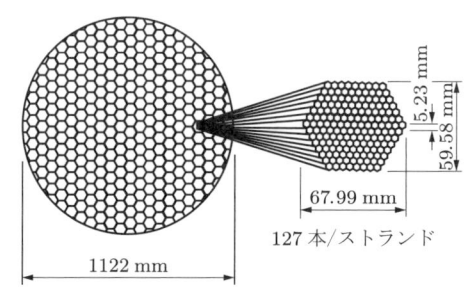

図 **2.16**　プレハブパラレルワイヤ PWS127 (素線径 5.04 mm；保証切断荷重 280 t)

● 鋼　管　　用途別に主な関連 JIS 規格を示すと次のようになる．
- 構造用
  - JIS G 3444 (一般構造用炭素鋼鋼管)
  - JIS G 3466 (一般構造用角形鋼管)
  - JIS A 5525 (鋼管杭)
  - JIS A 5530 (鋼管矢板)
  - JIS A 8951 (鋼管足場)
  - JIS A 8651 (パイプサポート)
- 配管用
  - JIS G 5525，5526 (鋳鉄管)
  - JIS G 3452 (配管用炭素鋼鋼管)
  - JIS G 3454 (圧力配管用炭素鋼鋼管)
  - JIS G 3455 (高圧配管用炭素鋼鋼管)

2.1.4 合金鋼

炭素鋼に合金元素を単独，または数種組み合わせて添加したものを合金鋼という．合金鋼は，使用目的に適合する特性，すなわち耐食性，耐熱性，焼入れ効果，その他の物理的，化学的性質などを与えるように鋼の性質を改善したもので，その種類は非常に多い．種類および規格には次のようなものがある．

- ニッケルクロム鋼鋼材，ニッケルクロムモリブデン鋼鋼材，クロム鋼鋼材，クロムモリブデン鋼鋼材，アルミニウムクロムモリブデン鋼鋼材 (JIS G 4053)
- ステンレス鋼鋼材 (JIS G 4303 他)
- 耐熱鋼鋼材 (JIS G 7601 他)
- 工具鋼鋼材 (JIS G 4401 他)

これらは一般構造用鋼に比べて高価なため，土木用材料としては使用が限定されているが，以下主要なものについて述べる．

（1）ニッケル鋼 ニッケル鋼 (nickel steel) は C 含有量 0.1〜0.3% の炭素鋼に 5% 以下の Ni を添加した合金鋼で，Ni 添加量の増加により機械的性質は改善される．ニッケル鋼は炭素鋼に比べて強じんで耐食性，耐摩耗性が優れ，焼入れ効果もよい．

（2）ニッケル・クロム鋼 ニッケル・クロム鋼 (nickel-chrome steel) は，C 含有量 0.1〜0.4% の炭素鋼に，Ni 1.0〜3.0%，Cr 0.5〜1.0% を添加し焼入れ性を上昇させた合金鋼で，Ni によって強じん性，Cr によって硬さが増す．ニッケル・クロム鋼の機械的性質は焼入れ温度および焼戻し温度によって異なる．また，高温においても強さが大であると同時に，低温においてもぜい化しないので，耐熱耐寒構造用鋼に適している．

（3）ステンレス鋼 ステンレス鋼は大きくクロム系とクロム・ニッケル系に分類され，金属組織からクロム系はさらにフェライト系，マルテンサイト系に，クロム・ニッケル系はオーステナイト系，オーステナイト・フェライト系，および析出硬化系にそれぞれ分類され，JIS 規格もこれに対応して分類している．種類によって異なるが，11〜30% 程度の Cr を主元素として含有し，オーステナイト系では 3.5〜28% の Ni を含む．耐食性が著しく高く腐食しにくい．また，引張強さは 360〜780 N/mm^2 以上 (析出硬化系では 930〜1310 N/mm^2)，延性にも富んでいる．溶接は比較的困難であるが，イナートガスアーク溶接によって信頼度の高い溶接を行うことができる．

2.1.5 鋳鉄と鋳鋼

（1）鋳鉄の種類 鋳造 (casting) は金属を溶解して鋳型に流し込み，固まってから取り出して製品とする金属加工法の一種である．鋳込まれる材料には鋳鉄と鋳鋼があるが，これらは主として炭素含有量により区別される．鋳鉄 (cast iron) は化学組成

のうえからは，鉄と 2.1% 以上の炭素とからなる Fe-C 合金をいう．鋳鉄の分類は破面の色により白鋳鉄 (white cast iron)，まだら鋳鉄 (mottled cast iron)，ねずみ鋳鉄 (gray cast iron) に分けられる．これらのうちでねずみ鋳鉄の使用量が最も多く，単に鋳鉄という場合はこれをさすのが普通である．

また，ねずみ鋳鉄を含有黒鉛の形で分類すると，片状黒鉛鋳鉄，共晶黒鉛鋳鉄，球状黒鉛鋳鉄の 3 種類に，機械的性質によって普通鋳鉄，特殊鋳鉄，可鍛鋳鉄，チルド鋳鉄，ダクタイル鋳鉄にそれぞれ分類され，これらの他に，合金元素を添加した合金鋳鉄がある．

(2) 鋳鉄の諸性質

● **物理的性質**　鋳鉄の性質は，化学成分，それらの結合状態，あるいは冷却速度の影響を受けて，かなりの範囲で変動する．表 2.16 は代表的な物理的性質をまとめたものである．

表 2.16　鋳鉄の物理的性質

比重	7.1～7.3
溶融点 [°C]	1150～1250
熱膨張係数 (0～100°C)	$10～12 \times 10^{-6}$
比熱 (0～100°C)	0.13
熱伝導率 [cal/(cm·s·°C)]	0.12～0.13
電気比抵抗	30～150

● **耐摩耗性**　鋳鉄のもつ特殊な性質の一つであって，一般には鋳鉄の耐摩耗性は良好である．これは含有黒鉛に潤滑性があること，熱伝導性がよく熱衝撃に強くて摩擦熱を速やかに逃がし，熱き裂の発生を防ぐこと，ならびに弾性係数が低くて摩擦面をなじみやすくすることなどの特性によるものである．

● **耐熱性**　鋳鉄を A_1 変態点以上の高温で長時間加熱したり，あるいは A_1 変態点を挟んで加熱冷却を繰り返すと，常温に戻しても膨張が残る．これを成長現象といい，鋳鉄特有の特性である．このため，変形やき裂などを生じ，強さも低下し，いわゆる寿命が短くなるなど，鋳鉄の耐熱性 (耐成長性) は悪いということができる．成長現象の原因には，セメンタイトの分解による黒鉛の生成，鉄およびけい素の酸化による膨張，微細なき裂の発生などによる膨張などがあげられている．組織をち密にすれば成長をある程度減らすことはできるが，完全に防止することはできない．

● **耐食性**　一般に，酸液に対する鋳鉄の耐食性は，鋼に比べるとかなり劣る．しかし，アルカリ溶液に対しては，一般に相当強い耐食性を示す．

● **機械的性質**　鋳鉄の機械的性質は，種類によってかなりの相違がある．一方，黒鉛組織の存在が鋳鉄の機械的性質に大きく影響を与える．すなわち，鋳鉄中の黒鉛は，

強度の面からは空隙と同等と考えられ，その影響によって表面の仕上げの程度で強さは変わらない．したがって，表面にある切欠きの影響は小さく，このような効果は疲労強度の場合にも顕著である．

（3）普通鋳鉄　特殊な元素を含まないねずみ鋳鉄を普通鋳鉄といい，C2.5～4.5%，Si0.5～3.0%，Mn0.3～1.0%，S0.02～0.13%程度の組成をもつ．C，Si量が低くなるほど，また冷却速度が速くなるほどCはFe_3Cの形で晶出しやすくなり，硬い材質

表 2.17　ねずみ鋳鉄規格品 [JIS G 5501-1995]

(a) 別鋳込み供試体の機械的性質

種類の記号	引張強さ [N/mm²]	硬さ [HB]
FC100	100 以上	201 以下
FC150	150 以上	212 以下
FC200	200 以上	223 以下
FC250	250 以上	241 以下
FC300	300 以上	262 以下
FC350	350 以上	277 以下

(b) 本体付き供試体の機械的性質

種類の記号	鋳鉄品の肉厚 [mm]	引張強さ [N/mm²]
FC100	―	
FC150	20 以上　40 未満	120 以上
FC150	40 以上　80 未満	110 以上
FC150	80 以上　150 未満	100 以上
FC150	150 以上　300 未満	90 以上
FC200	20 以上　40 未満	170 以上
FC200	40 以上　80 未満	150 以上
FC200	80 以上　150 未満	140 以上
FC200	150 以上　300 未満	130 以上
FC250	20 以上　40 未満	210 以上
FC250	40 以上　80 未満	190 以上
FC250	80 以上　150 未満	170 以上
FC250	150 以上　300 未満	160 以上
FC300	20 以上　40 未満	250 以上
FC300	40 以上　80 未満	220 以上
FC300	80 以上　150 未満	210 以上
FC300	150 以上　300 未満	190 以上
FC350	20 以上　40 未満	290 以上
FC350	40 以上　80 未満	260 以上
FC350	80 以上　150 未満	230 以上
FC350	150 以上　300 未満	210 以上

(c) 実体強度供試体の機械的性質

種類の記号	鋳鉄品の肉厚 [mm]	引張強さ [N/mm²]
FC100	2.5 以上　10 未満 *	120 以上
FC100	10 以上　20 未満	90 以上
FC150	2.5 以上　10 未満 *	155 以上
FC150	10 以上　20 未満	130 以上
FC150	20 以上　40 未満	110 以上
FC150	40 以上　80 未満	95 以上
FC150	80 以上　150 未満	80 以上
FC200	2.5 以上　10 未満 *	205 以上
FC200	10 以上　20 未満	180 以上
FC200	20 以上　40 未満	155 以上
FC200	40 以上　80 未満	130 以上
FC200	80 以上　150 未満	115 以上
FC250	4.0 以上　10 未満 *	250 以上
FC250	10 以上　20 未満	225 以上
FC250	20 以上　40 未満	195 以上
FC250	40 以上　80 未満	170 以上
FC250	80 以上　150 未満	155 以上
FC300	10 以上　20 未満	270 以上
FC300	20 以上　40 未満	240 以上
FC300	40 以上　80 未満	210 以上
FC300	80 以上　150 未満	195 以上
FC350	10 以上　20 未満	315 以上
FC350	20 以上　40 未満	280 以上
FC350	40 以上　80 未満	250 以上
FC350	80 以上　150 未満	225 以上

＊ 試験片の形状・寸法は，受渡当事者間の協定による．

となる．逆に，C，Si 含有量が高くなると黒鉛は粗大化し，地はフェライトになりやすく，軟らかい材質となって強度は低下する．鋳造は容易となるが，引張強さが小さく，高温で不安定である．普通鋳鉄はねずみ鋳鉄の代表的なもので，JIS G 5501 で表 2.17 に示す規格となっている．

（4）可鍛鋳鉄　　白鋳鉄は硬くてもろいが，これを高温 (700～1000°C) で長時間 (70～100 時間) 焼なまして延性を与えたものが可鍛鋳鉄 (malleable cast iron) である．その際，化合炭素を酸化，脱炭させた白心可鍛鋳鉄 (white‐heart malleable cast iron) と，焼戻し炭素として黒鉛化させた黒心可鍛鋳鉄 (black‐heart malleable cast iron) とに分けられる．いずれも破面の色からの名称である．前者はヨーロッパで多く採用され，後者はアメリカ・日本などで車両部品，送電線用品，農機具，鉄管の継手など多方面に用いられている．JIS G 5705 (可鍛鋳鉄品) の規格における機械的性質に関する規定を表 2.18 に示す．

表 2.18　可鍛鋳鉄品の規格 [JIS G 5705-2000]

記号		試験片の直径 *2 [主要寸法 mm]	引張強さ *3 [N/mm² 以上]	0.2%耐力 *4 [N/mm² 以上]	伸び [%以上]	硬さ [HB 以下]
A*1	B*1					
	FCMW34-04	6 (5 未満)	310	–	8	207
		10 (5 以上 9 未満)	330	165	5	
		12 (9 以上)	340	180	4	
FCMW35-04		9	340	–	5	280
		12	350	–	4	
		15	360	–	3	
	FCMW38-07	6 (5 未満)	350	–	14	192
		10 (5 以上 9 未満)	370	185	8	
		12 (9 以上)	380	200	7	
FCMW38-12*5		9	320	170	15	200
		12	380	200	12	
		15	400	210	8	
FCMW40-05		9	360	200	8	220
		12	400	220	5	
		15	420	230	4	
FCMW45-07		9	400	230	10	220
		12	450	260	7	
		15	480	280	4	

*1 A 欄は，将来の改訂版でも継承する予定の等級を示し，B 欄は，将来統合の検討を行う予定の等級を示す．
*2 白心可鍛鋳鉄品については，試験片直径が，鋳造品の断面厚さにできるだけ近いことが望ましい．この試験片直径は，受渡当事者間で協定するのが望ましい．
　　また，主要肉厚をとくに協定しない場合の機械的性質は，主要肉厚 5 mm 以上 9 mm 未満を規定値とする．
　　なお，主要肉厚を定めにくいときの機械的性質の規定は，受渡当事者間の協定による．
*3 1 N⊲mm² = 1 MPa
*4 白心可鍛鋳鉄品の各種類は適切な溶接方法を用いる限り，すべて溶接可能である．
　　強度が必要で，かつ溶接後の熱処理をとくに避けたい部品には，記号 FCMW38-12 が望ましい．
*5 耐力は，永久伸びの値を 0.2%とするが，荷重下の全伸び 0.5%を用いてもよい．

表 2.18　可鍛鋳鉄品の規格 (つづき)[JIS G 5705-2000]
(b) 黒心可鍛鋳鉄品およびパーライト可鍛鋳鉄品の機械的性質

記号		試験片の直径*2 [mm]	引張強さ*3 [N/mm² 以上]	0.2%耐力*3,*4 [N/mm² 以上]	伸び [%以上]	硬さ [HB]	シャルピー吸収エネルギー	
A*1	B*1						4個の平均値 [J]	個々の値 [J]
FCMB27-05		12 または 15	270	165	5	163 以下	–	–
FCMB30-06*5		12 または 15	300	–	6	150 以下	–	–
	FCMB31-08	12 または 15	310	185	8	163 以下	–	–
	FCMB32-12	12 または 15	320	190	12	150 以下	–	–
	FCMB34-10	12 または 15	340	205	10	163 以下	–	–
FCMB35-10		12 または 15	350	200	10	150 以下	–	–
FCMB35-10S*6		12 または 15	350	200	10	150 以下	15 以上	13 以上
	FCMP44-06	12 または 15	440	265	6	149〜207	–	–
FCMP45-06		12 または 15	450	270	6	150〜200	–	–
	FCMP49-04	12 または 15	490	305	4	167〜229	–	–
	FCMP50-05	12 または 15	500	300	5	160〜220	–	–
	FCMP54-03	12 または 15	540	345	3	183〜241	–	–
FCMP55-04		12 または 15	550	340	4	180〜230	–	–
	FCMP59-03	12 または 15	590	390	3	207〜269	–	–
	FCMP60-03	12 または 15	600	390	3	200〜250	–	–
FCMP65-02		12 または 15	650	430	2	210〜260	–	–
FCMP70-02*7,*8		12 または 15	700	530	2	240〜290	–	–
	FCMP80-01*7	12 または 15	800	600	1	270〜310	–	–

*1 A 欄は，将来の改訂版でも継承する予定の等級を示し，B 欄は，将来統合の検討を行う予定の等級を示す．
*2 試験片の直径 2 種に関し，購買者の指定がなければ製造業者がいずれかを選択しなければならない．
*3 1N/mm² = 1 MPa
*4 耐力は，永久伸びの値を 0.2%とするが，荷重下の全伸び 0.5%を用いてもよい．
*5 等級 FCMB30-06 は，強度または延性の優秀さよりも，耐密性を要する用途にとくに意図したものである．
*6 FCMB35-10S は耐衝撃性を重要とする用途にとくに意図したもので，衝撃値も規定する．
*7 油焼入れ後，焼戻し．
*8 この材質を空気焼入れし，焼戻した場合，0.2%耐力は 430 N/mm² 以上でなけばならない．

可鍛鋳鉄は地がフェライトであるため一般に強度がやや低いが，これをパーライト地にしたパーライト可鍛鋳鉄は強さも増し，耐摩耗性もはるかに向上したものとなる．

(5) 球状黒鉛鋳鉄またはダクタイル鋳鉄　球状黒鉛鋳鉄 (spheroidal graphite cast iron) またはダクタイル鋳鉄 (ductile cast iron) は，鋳放しのままで晶出黒鉛が球状を示し，じん性とある程度の延性をもつ鋳鉄で，鋼と鋳鉄との両者の特性を共有する性質のものである．一般に，高い炭素，およびけい素で，低いマンガン，りん，および硫黄の組織が原則で，具体的には C：3.60〜3.90，Si：2.20〜3.00，Mn：< 0.45，P：< 0.08，S：< 0.02%が標準である．機械的性質は普通鋳鉄よりも著しく優れ，引張強さは 350〜800 N/mm² であるが，一般には 400〜600 N/mm² 程度が多く用いられる．

(6) 鋳鋼　鋳鋼 (steel casting) は炭素量 1%以下の溶解鋼を鋳型に鋳込んだもので，鋳鉄では強さおよびじん性が不足し，鋼では鍛造が困難であるような場合に用いる．鋳鋼はそのままでは収縮量や内部応力が大きく，組織も雑であるので，これらを改善するため，完全焼なましが必要である．表 2.19 に鋳鋼の特性をまとめて示す．

表 2.19　鋳鋼の特性

長所	短所
① 鋼の強度を保持しつつ任意の形状のものができる.	① 収縮率が大きいので大きな押湯が必要である.
② 組織が均一であり,機械的性質に方向性がない.	② 溶解および鋳込温度が高いので耐火物,鋳型材料を吟味しなければならない.
③ 溶接が容易であり,これらを組み合わせて任意に製作使用できる.	③ 熱処理が必要であり,鋳放しで使用できない.
④ 成分調整と熱処理により広範囲の機械的諸性質を与えることができる.	④ 作業管理が適確でないと鋳造欠陥が出やすい.
⑤ 設計変更が迅速にできる.	
⑥ 数の多少にかかわらず納期が早い.	

鋳鋼には,炭素鋼鋳鋼と合金鋼鋳鋼とがある.

2.1.6　高力ボルト

ボルトの種類は多種多様であるが,土木鋼構造物の構造用継手としては高力ボルトが一般に利用されている.高力ボルトの材料は主として低炭素ボロン添加鋼が使用され,種類としては高力六角ボルト,トルシア形高力ボルト,打込み式高力ボルト,溶融亜鉛めっき高力ボルト,防せい処理高力ボルト,耐候性鋼高力ボルト,耐火鋼高力ボルトなど,施工性や母材に応じて使い分けられている.高力六角ボルトの機械的性質は JIS B 1186 に規定されており,表 2.20 に示す.一般に使用される F10T の引張強さは 1000 N/mm^2 で,トルシア形高力ボルトや打込み式高力ボルトは JIS による規定はないが,それぞれ S10T や B10T と表示し,同等の強度を有している.また,溶融亜鉛めっき高力ボルトの材料は,10T と同じものを使用し,10T の焼戻し温度 (約 420°C) より高い温度 (約 480°C) で焼戻し,溶融亜鉛めっき (温度約 480°C) しても強度が変わらないようにしている.規格としては JIS B 1186 の F8T に準拠しボルト頭部に F8T と表示している.

表 2.20　ボルト試験片の機械的性質

ボルトの機械的性質による等級	耐力 [N/mm^2]	引張強さ [N/mm^2]	伸び [%]	絞り [%]
F8T	640 以上	800〜1000	16 以上	45 以上
F10T	900 以上	1000〜1200	14 以上	40 以上

2.1.7　鉄金属の諸性質

(1) 引張特性　鋼の応力ひずみ曲線は,鋼の強度レベルによって異なってくる.図 2.17 は各種の強度レベルの鋼の応力ひずみ曲線を示したもので,高強度の鋼あるいは調質鋼では降伏点が明瞭でない場合が多く,それらに対しては降伏点に相当する

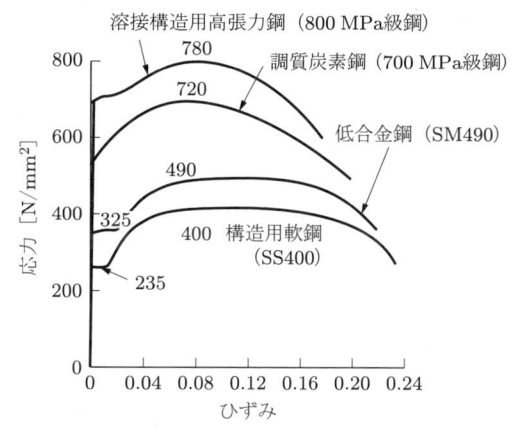

図 2.17　各種強度レベル鋼の応力ひずみ曲線

ものとして，0.2%耐力が用いられる．

次に，試験片に一定間隔の標点を打ち，試験片が破断した後の標点距離の変化ともとの標点距離との比 [%] を伸びといい，鋼材の変形能を知る特性値の一つである．標点距離が小さいほど伸びは大きい値となる傾向があり，試験片形状と合わせて標点距離についても，伸びの評価にあたって注意しなければならない．

図 2.17 において，応力が最大値付近に達するまでは試験片は一様に伸び，それを過ぎると一部の断面にくびれが生じ，その部分に伸び変形が集中する．前者を一様伸び，後者を局部伸びといい，一般にいわれる伸びとはこれらの伸びの和であり，強度の高い調質鋼では一様伸びは小さい．また，一様伸びは断面の形状・寸法に影響されないが，局部伸びは試験片断面積の平方根とほぼ比例関係にある．

破断後の試験片の最小断面積ともとの断面積との差の，もとの断面積に対する比 [%] を絞りといい，鋼材の塑性変形能やじん性判定の一つの目安となる．絞りは断面形状の影響を受ける．

鋼材の機械的性質は試験温度によって著しく異なってくる．図 2.18 は各種鋼材の温度による特性値の変化を示したもので，250〜300°C で引張強さは大となるが，伸び・絞りは減少し，青熱ぜい性が現れる．温度がさらに上昇すると，強さおよびヤング係数は急激に低下し，伸び・絞りは大となる．

一方，図 2.19 は常温から −70°C の低温に至る間での引張試験の結果を示したもので，切欠きがない平滑材では試験温度の低下とともに引張強さは大となるが，切欠きがある場合には，ある温度 (図の場合は −25°C) 以下では引張強さが急激に低下することがわかる．これは衝撃強さの場合の遷移温度と関連するものである．このような

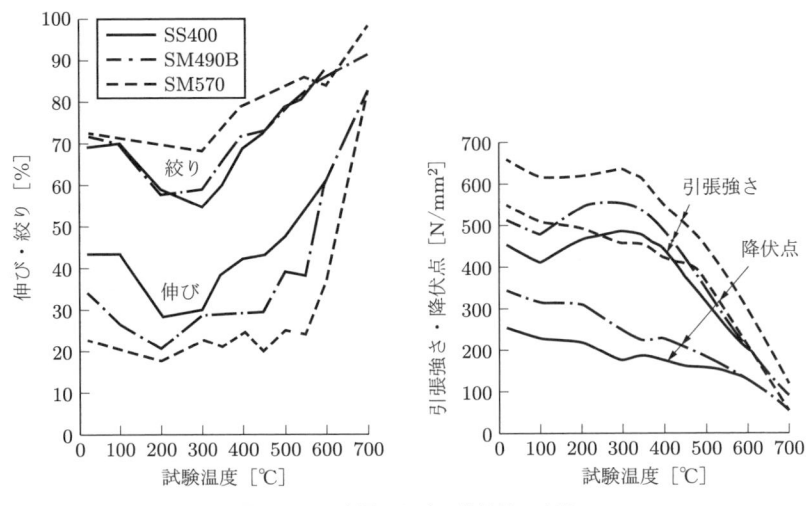

図 2.18　高温における特性値の変化

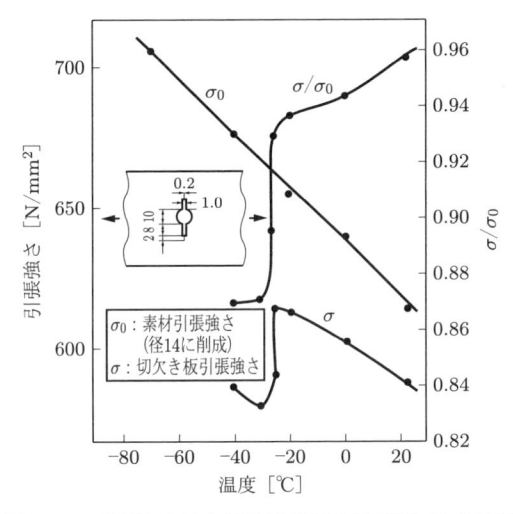

図 2.19　低温における特性値の変化 (非調質 60 キロ鋼)

鋭い切欠きがある場合，あるいは低温下で引っ張った場合などでは，一般には伸び・絞りを伴わずに破断を生じるが，これをぜい性破断といい，伸び・絞りを伴う延性破断と区別とする．ぜい性破断を生じるかどうかは，素材自体の性能によっても左右され，ねずみ鋳鉄などはぜい性破断を生じる．

(2) 衝撃強さ　鋼材の衝撃強さの判定には，わが国では V ノッチシャルピー衝撃試験が最も多く行われている．図 2.20 にシャルピー衝撃試験片を示す．

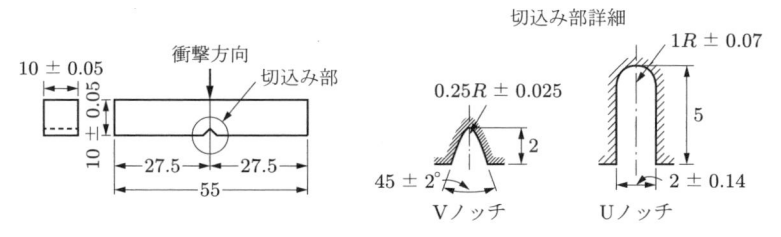

図 2.20 シャルピー衝撃試験片 [JIS Z 2242]

試験の結果は試験片を破壊するのに要したエネルギー，すなわち破壊に際して試験片が吸収したエネルギー，またはそのエネルギーを切込み部の原断面積で割った値すなわち衝撃値 (impact value) で示す．図 2.21 はシャルピー衝撃試験結果の一例を示したもので，図のように吸収エネルギーは試験温度によって変化し，ある温度以下になると急激に低下する．この温度を遷移温度 (transition temperature) という．同様の傾向は破断面のぜい性破面の部分の増え方にもみられ，遷移温度は次のように定められる．

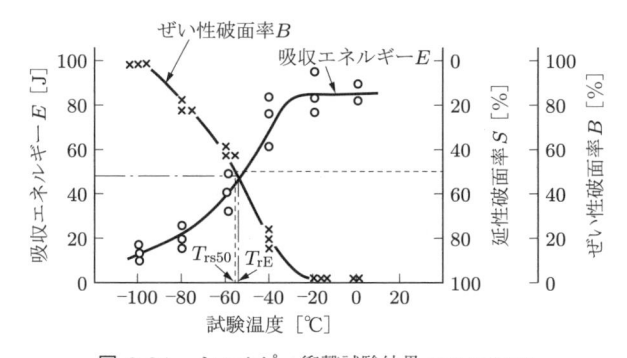

図 2.21 シャルピー衝撃試験結果 [JIS Z 2242]

① 遷移曲線は図 2.21 のとおり試験結果を表す各点のほぼ中央を通して描き，外挿してはならない．
② 1/2 エネルギー遷移温度 T_{rE}：吸収エネルギーが 50% になる温度
③ 破面遷移温度 T_{rs50}：破断面で延性破面とぜい性破面と (延性破面率) が 1/2 ずつになる温度

鋼材の衝撃値は，圧延鋼板の場合は圧延方向と圧延直角方向とで異なるので注意する必要がある．

（3）疲労強度 機械部品や構造物の破損事故の主たる原因の一つが材料の疲労現象であることからわかるように，疲労強度は鋼の性質の中でも設計上重要な要因であ

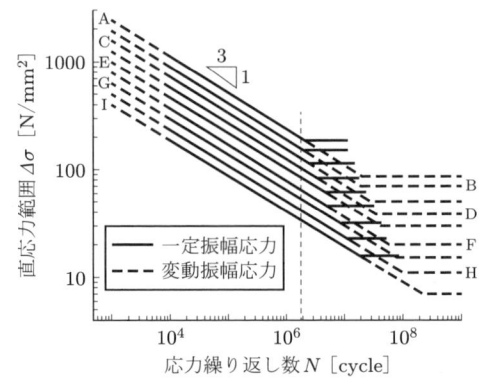

図 2.22 溶接継手の疲労強度等級と疲労強度の関係

る．鋼の疲労に関する文献は多数あり，素材および各種継手についての疲労試験データを集積・整理したものもみられ，必要に応じてそれらを利用することができる．

鋼の疲労強度は，同一鋼種でも冷間加工度・熱処理などによって変化し，簡単に論じることはできないが，疲労限度(回転曲げ)と引張強さとの比(疲労限度比)ではおおむね 0.35〜0.64 となっている．ただし，以上は平滑材についての疲労試験結果に基づくものであるが，実際の構造物での継手材，切欠き材などの場合には，平滑材とは異なった性状を示すものがあるので注意が必要である．溶接継手の場合，一般には材料強度には依存せず，図 2.22 に示すようにその溶接継手の形状により定まる疲労強度等級に応じて疲労強度は左右される．

(4) 遅れ破壊 遅れ破壊 (delayed fracture) とは，材料に引張応力が静的に持続作用しているときに，ある時間経過後，突然ぜい性的に破断する現象で，静的疲労破壊 (static fatigue failure) ともいう．この現象は，引張強さが 1200 N/mm^2 程度以上の強さをもつ高張力鋼，たとえば高力ボルトなどで注意を要し，耐力よりはるかに低い負荷応力で破壊を生じることがある．

遅れ破壊の発生の様子は，疲労の場合の S–N 線図と類似の静的疲労線図 (図 2.23) で示される．

遅れ破壊は，一般に鋼材の強度レベルが高くなるほど，また，環境の影響を大きく受け温度は高いほど，また腐食環境ほど発生しやすい．また，応力集中により遅れ破壊の感受性は増大し，遅れ破壊の原因としては水素ぜい性と，応力腐食割れとが考えられている．

(5) 腐 食 鋼材は鉄鉱石を還元し，その他合金元素を加えて製造された材料であり，これをそのまま自然界に放置すると，酸素と水と結合し，安定したもとの酸化

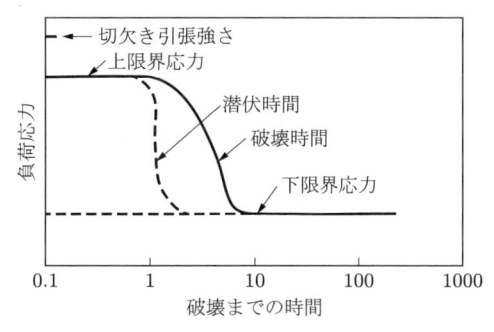

図 2.23　静的疲労線図 (水素添加超高張力鋼)

鉄すなわち「さび」に戻ろうとする.

　鉄の腐食反応は，酸素と水の供給により鉄の表面に局部電池が形成され，電子の移動により酸化鉄が形成される．アルミニウムやクロムは同様に腐食が生じるが酸化した被膜が非常にち密で，いったん形成されるとそれ以上進行しない，不動態被膜となり高い耐食性を示す．また，クロムやニッケル，銅などの合金元素を含有させ，耐候性を向上させた耐候性鋼やステンレス鋼などもある．これら以外の一般的な材料は腐食に対し，何らかの防食処置が施される．

2.2　非鉄金属
2.2.1　銅および銅合金

(1) 銅　鋼　銅鋼 (copper) は，天然にもわずかに産出するが，普通は黄銅鉱，輝銅鉱などの鉱石を溶鉱炉を用いて硫化銅とし，転炉で精製して得られる．電気分解で精製したものが電気銅である．粗銅の品位は普通 98%，電気銅では 99.99 以上である．

　銅は延性，展性に富み，板，線などにすることは容易であるが，冷間加工によって硬さと引張強さが高くなるとともにもろくなって銅の特性が失われる．しかし，この変質は 350°C で焼なますとほぼ加工前の材質に戻る．銅合金には黄銅 (真ちゅう)，青銅，銅ニッケル合金 (白銅，洋白)，高銅合金 (チタン銅，ベリリウム銅，ジリコニウム銅) などがある．

(2) 黄　銅　黄銅 (真ちゅう; brass) は，銅と亜鉛との合金で，亜鉛の含有量により黄色から金色までの色を示す．亜鉛含有量が 30% 前後のものを 7:3 真ちゅうといい，展性・延性に富み，冷間加工によって薄板や線材となる．亜鉛 40% 前後のものを 6:4 真ちゅうといい，硬く強いため，主として鋳物として用い，冷間加工できないので高温加工によって圧延・押出し成型を行う．真ちゅうの機械的性質は図 2.24 に示すように，亜鉛の含有量によって著しく異なってくる．

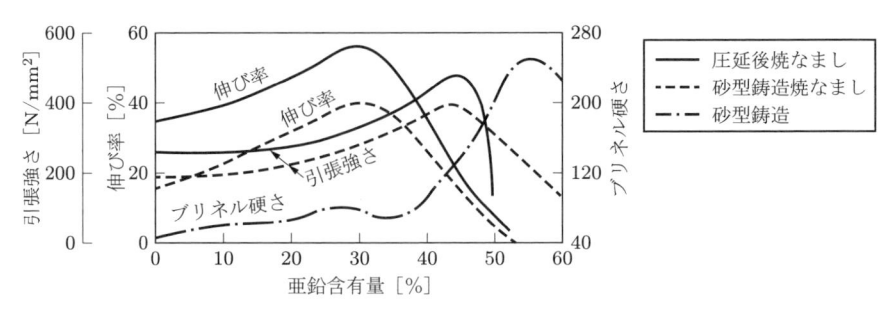

図 2.24　黄銅の機械的性質の亜鉛含有量による変化

(3) 青　銅　青銅 (bronze) は，銅とすずとを主成分とする合金をすず青銅という．工業用青銅のすず含有量は 15％以下で，このうちすずを 10％程度含むものは一般に砲金 (gunmetal) といわれ，バルブやゲートの軸受など建設用材として最も多く使われる．青銅の物理的性質は，すず含有量によって色・比重などが変化する．機械的性質もまたすずの含有量によって変わるが，青銅は偏析を起こしやすいため，同一成分のものでも冷却速度，熱処理などでは同一組織にならず，実験値も異なってくる．図 2.25 はそれらを例示したものである．

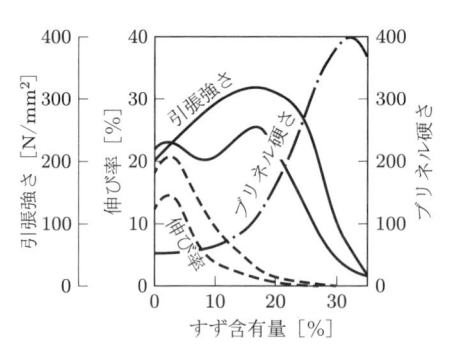

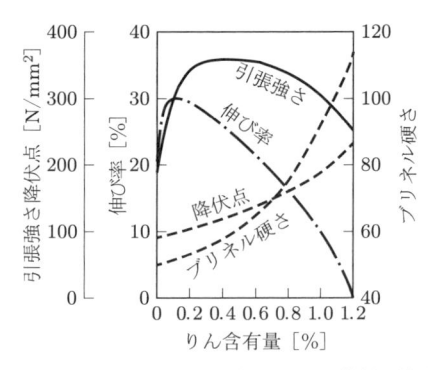

図 2.25　青銅の機械的性質　　　図 2.26　りん青銅 (すず約 10％) の機械的性質

りん青銅 (phosphorbronze) は，青銅にりんを添加し，組織・性質を改善したもので，強さ・弾力性・耐食性が増大し，鋳造に際しての湯の流動性が大となる．りんの含有量により，機械的性質は図 2.26 のように変化する．なお，りんを 10～15％含む合金はりん銅と呼ばれ，りん青銅と区別されるが，強じんで耐食性がある．

すず 3～7％で微量のりんを含むりん青銅は，軟質でじん性・展延性・耐食性に富み，鍛錬または圧延用材として機械部品・板・各種ばね材に使用される．また，すず 8～14.5％，りん 0.25～1.5％のものは硬質で耐摩耗性が大きく，軸受け・けた受けなどに使用される．

2.2.2 アルミニウムおよびアルミニウム合金

(1) 種類と記号　材質などによって分類すると，純アルミニウム，アルミ銅マグネシウム合金，アルミマンガン合金，アルミシリコン合金，アルミマグネシウム合金，アルミマグネシウムシリコン合金，アルミ亜鉛マグネシウム合金，アルミリチウム合金と多種に及ぶ。このうちアルミニウムは，その展伸性を利用して箔に加工して用いるか，あるいは押出し加工(extrusion)によって形材として建築材料に用いる。アルミ銅マグネシウム合金，いわゆるジュラルミンは強度が高く，航空機・車両をはじめ，軽量かつ高強度を必要とする構造物に用いられる一方，かなりの銅が含有されるため，耐食性に難点がある。タンク・建築材・車両などで耐食性を重視する場合には，アルミマグネシウムシリコン合金が用いられる。このようにアルミニウムは素材，および合金材として広範な応用面をもち，また種類もきわめて多い。JIS では次の記号法に従って分類している。

　　　A「合金名(4桁数字)」「製品形状(1～3の英文字)」-「調質記号(1英文字と0～3桁数字)」

合金名(4桁数字)は ISO にも使用される国際登録合金番号で，表 2.21 のとおりである。

表 2.21　アルミニウム記号における数字の意味

	第1位	第2位	第3位
1	アルミニウム純度 99.00% 以上の純アルミニウム	数字 0～9 を用い，第 4, 5 位の数字が同じ場合，0 は基本合金を，1～9 まではその改良型合金を用いる。日本独自の合金あるいは国際登録合金の規格は N。	純アルミニウムはアルミニウムの純度小数点以下 2 桁，合金については旧アルコアの呼び方を原則としてつけ，日本独自の合金については合金系統，制定順に 01 から 99 までの番号をつける。
2	Al-Cu-Mg 系合金		
3	Al-Mn 系合金		
4	Al-Si 系合金		
5	Al-Mg 系合金		
6	Al-Mg-Si 系合金		
7	Al-Zn-Mg 系合金		
8	上記以外の系統の合金		

形状記号は P：板，BE：押出棒，W：引抜き線，H：箔など，10 種類程度ある。また，調質記号はアルミニウム合金の材料強度の調整や，軟らかくし伸び率を増やしたりするため，施された冷間加工や熱処理などの調質の種類を表す記号がつけられる。

アルミニウム合金は一般に冷間において加工を加えると，加工率 20% 程度までは伸びは急激に減少し，引張強さ・耐力・硬さなどは上昇する。そこで，必要な加工性，じん性などを得るために焼なまし・焼入れ・焼戻しなどの熱処理を施す。

(2) 一般的性質　アルミニウム合金は炭素鋼に比較して表 2.22 のように比重で約 1/3 (1/2.8),ヤング係数も約 1/3 であるが,単位質量あたりの強度としてはアルミニウム合金のほうが数倍大きく,軽量ながら高強度をもつことがわかる.

表 2.22　Al 合金と炭素鋼の強度比較

機械的性質	炭素鋼	Al 合金
比重 ρ	7.8	2.7〜2.9
ヤング係数 E [N/mm^2]	200000〜210000	69000〜78000
降伏点 (耐力) σ_y [N/mm^2]	195〜700	39〜505
引張強さ σ_B [N/mm^2]	330〜720	108〜573

線膨張係数は $2.2〜2.5 \times 10^{-5}/°C$ で鋼の約 2 倍で,温度変化による伸縮は鋼の約 2 倍となるが,変形が拘束されるときの温度応力は,ヤング係数が小さいので鋼の場合よりも小さくなる.なお,アルミニウムでは鋼のように明瞭な降伏点が現れないので,0.2%耐力を降伏点としている.

アルミニウム合金の長所はその軽量性と優れた成形性・加工性にある他,ぜい性破壊の心配がないこと,美観が優れていること,耐食性がよいことなどがあげられる.しかし,溶接については鋼材に比べて品質管理が難しく,注意を要する.また,短所としてはヤング係数が低いため,たわみ,振動など静的ならびに動的変位が一般に大きくなり,座屈荷重が小さくなるなどがあげられる.

耐食性に関しては,アルミニウム合金は鋼・銅・ニッケルなどの重金属と接触すると電解腐食を起こす.また,コンクリートなどのアルカリ性物質と接触しても腐食するので,取扱いに注意が必要である.

土木構造物へのアルミニウム合金の適用例としては橋梁がある.カナダ・イギリス・ドイツ・スイスをはじめ,わが国でも全アルミニウム合金橋の例があるが数は少ない.この他,軽量を要求される可搬式の応急橋,在来橋へ取り付ける歩道部分などへの適用例がある.

2.2.3　ニッケルおよびニッケル合金

電気めっきでの使用の他には,土木材料としてはニッケルそのものとしてより,その合金類として用いることが多い.これらの合金は銀白色を示し,耐食性・耐変色性が高く,機械的性質も優れている.

(1) ニッケル　ニッケル (nickel) は,延性・展性は鉄に類似しているが,空気および湿度に対しては鉄よりも安定で酸化されにくく,アルカリにも侵されにくい.しかし,酸には溶ける.機械的性質を表 2.23 に示す.

表 2.23 ニッケルの機械的性質

状　態		引張強さ [N/mm²]	降伏点 [N/mm²]	伸び [%]	ブリネル硬さ
鋳物		340～410	140～210	20～30	80～100
棒		480～550	140～210	40～50	90～110
薄板	常温圧延	620～750	590～730	1～2	130～160
	焼なまし	440～520	100～180	35～45	80～100
線材	硬	820～960	750～900	1～2	－
	軟	450～520	140～210	20～30	－

(2) ニッケル・銅合金

● 洋　銀　　洋銀 (German silver) は，5～3%の Ni を含有する真ちゅうで，機械的性質は真ちゅうに似ている．銀白色で真ちゅうよりも耐変色性に優れている．

● モネルメタル　　モネルメタル (monel metal) は Ni 66～70%，Cu28～30%，Fe，Mn，Si など約 5%を含む合金で，鋼に匹敵する機械的性質をもち，しかも耐食性・耐変色性・耐熱性が優秀である．

● コンスタンタン　　コンスタンタン (constantan) は，Ni40～45%と銅の合金で，その針金は電気比抵抗が大きく $(0.5 \times 10^{-6}\ \Omega\cdot m)$，かつ温度係数がきわめて低い $(-0.04 \sim +0.01 \times 10^3/{}^\circ C)$ ので，熱電対・電気抵抗線として用いられる．

(3) ニッケル・クロム合金　　とくに耐食性が大で，電気抵抗が高く，500°C 近くまで強度が低下しない特性があるので，電気抵抗線・電熱線に用いられる．このうちニクロム (Ni60～84，Cr12～20，Fe0～26%) は電熱線としてヒーターに用いられ，タロメル (Cr 約 10%)，アルメル (Al 約 3.5%) はアルメル-クロメル熱電対として用いられる．

(4) 電気抵抗線　　前述したコンスタンタンの他，次のものが用いられる．

　アンガニン　　Cu80～88，Mn10～15，Ni2～5，Fe1%
　ララ　　　　　Ni40，Cu60%
　アドバンス　　Ni44～46，Mn0.75～1.25%，残部 Cu

2.2.4 すず・鉛・亜鉛および合金

すず (tin)・鉛 (lead)・亜鉛 (zinc) の機械的性質は表 2.24 のようである．

すずは常温では加工しやすく，箔に圧延できる．腐食抵抗が大きく，水・酸素・炭酸ガス・有機酸類にほとんど侵されないので，他の金属材料の保護被膜としてホット・ディップ (どぶ漬け) または電気めっきなどの方法で用いられる．ブリキは鉄板をどぶ漬けしてつくられたものである．

表 2.24 すず・鉛亜鉛の機械的性質

機械的性質	すず	鉛	亜鉛*	
引張強さ [N/mm²]	24〜39	20	a	46
			b	78〜235
			c	49〜196
伸び [%]	35〜40	50	a	< 5
			b	18
			c	30
ヤング係数 [×10⁴ N/mm²]	3.9〜5.4	1.5〜1.7	a	7.6
			b	8.3
ブリネル硬さ	12〜14	6.9	c	30〜50

* a：鋳物，b：圧延材，c：圧延後焼なまし

　鉛は柔軟で展延性に富むが，引張強さが小さいために，管や線は常温または 300°C 以下で押出し成型法により製造する．純粋の鉛は耐食性に富むが，不純物特に酸化物がある場合や，外力と腐食作用が同時に作用する場合は腐食しやすい．

　亜鉛は常温ではもろいが，100〜150°C では，展延性を増すから薄板や針金ができる．乾燥空気中では酸化しないで，湿度が高く，炭酸ガスがあれば表面に塩基性の炭酸塩の被膜を生じる．この薄膜は酸化防止に有効であり，鉄板・針金などを亜鉛で被覆するトタン板 (galvanized iron) はそれを利用した例である．溶融亜鉛にどぶ漬けする方法は，省メンテナンスを要望される鋼構造材の表面防せいに以前から用いられている．送電用鉄塔部材はその代表的適用例である．また，一部では橋梁主げたのような大形部材に対しても適用される例がある．わが国では，1 ブロックのどぶ漬可能な最大長さは 14.5 m 程度である．

　この他の鋼材の防せい方法として，溶融亜鉛あるいはアルミニウム，または溶融した亜鉛とアルミニウムの混合物を鋼材表面に噴射する金属溶射 (メタリコン；metalicon) がある．

演習問題

2.1 鋼材の製造過程を述べよ．
2.2 鋼材の主な合金元素と，それぞれの影響を述べよ．
2.3 構造用鋼材にはどのようなものがあるか述べよ．
2.4 鋳鉄の諸性質を述べよ．
2.5 アルミニウムの諸性質を鋼と比較して述べよ．
2.6 鋼の機械的性質と環境 (温度，湿度) の関係について述べよ．

2.7 鋼の耐候性を高める手法について述べよ．
2.8 鋼の防せい法について述べよ

第3章　セメントおよび混和材料

3.1 セメント

3.1.1 セメントの種類

セメント (cement) の種類は非常に多く，種々の分類法があるが，現在市販されているセメントのうち，JIS に規定されているものは次のようである．

① ポルトランドセメント
  - 普通ポルトランドセメントおよび同低アルカリ形 (JIS R 5210)
  - 早強ポルトランドセメントおよび同低アルカリ形 (JIS R 5210)
  - 超早強ポルトランドセメントおよび同低アルカリ形 (JIS R 5210)
  - 中庸熱ポルトランドセメントおよび同低アルカリ形 (JIS R 5210)
  - 低熱ポルトランドセメントおよび同低アルカリ形 (JIS R 5210)
  - 耐硫酸塩ポルトランドセメントおよび同低アルカリ形 (JIS R 5210)

② 混合セメント
  - 高炉セメント (A,B,C 種) (JIS R 5211)
  - シリカセメント (A,B,C 種) (JIS R 5212)
  - フライアッシュセメント (A,B,C 種) (JIS R 5213)

③ エコセメント
  - 普通エコセメント (JIS R 5214)
  - 速硬エコセメント (JIS R 5214)

JIS には規定されていないが，特殊な性能をもつセメント (特殊セメント) として，次のようなものがある．

④ 特殊セメント
  - 速硬性のもの，寒中工事に適するもの…アルミナセメント，超速硬セメント
  - 耐酸性のもの…耐酸セメント
  - 高温度用のもの…油田セメント
  - きれいな色調をもつもの…白色ポルトランドセメント，カラーセメント
  - 超微粉末のもの…コロイドセメント

表 3.1, 図 3.1 に示すように，わが国の最近のセメント種類別生産高をみると，ポルトランドセメントが総量の約 75%，混合セメントが 25% となっている．

3.1.2 ポルトランドセメント

ポルトランドセメント (portland cement) は 1824 年にイギリスの Joseph Aspdin によって発明され，そのセメントの硬化後の色相が Portland 島産の建材用石灰石に似ていたことから命名された．

表 3.1 生産高 [セメント協会：セメントハンドブック]

[単位：千 t]

種類		年度	2001	2002	2003	2004	2005	2006	2007	2008	2009	2010
ポルトランドセメント	普通		52483	49448	47786	47622	49438	50441	47432	42769	36114	34650
	早強		3324	3247	2940	2777	3101	3073	3072	3056	2688	2679
	中庸熱		539	509	512	621	807	851	706	631	581	737
	低熱		–	–	–	–	–	–	159	185	138	164
	耐硫酸塩		4	5	2	1	4	4	10	4	3	2
	その他		184	232	189	128	179	247	4	3	2	3
	小計		56534	53442	51429	51150	53528	54617	51383	46648	39527	38234
混合セメント	高炉		17791	16760	16109	14914	15485	14631	14071	13491	12442	11523
	シリカ		19	21	22	25	28	23	25	17	6	0
	フライアッシュ		360	176	79	124	194	144	54	78	107	167
	その他		305	327	467	417	402	400	510	620	771	671
	小計		18475	17248	16676	15480	16109	15198	14660	14206	13325	12362
その他のセメント			–	–	–	–	–	–	117	139	1356	148
計			75009	79726	68105	66630	69637	69815	66160	60993	52989	50743
輸出用クリンカなど			4110	4753	5403	5052	4294	3350	4440	4902	5390	5307
合計			78119	75479	73508	71682	73931	73170	70600	65895	58378	56050

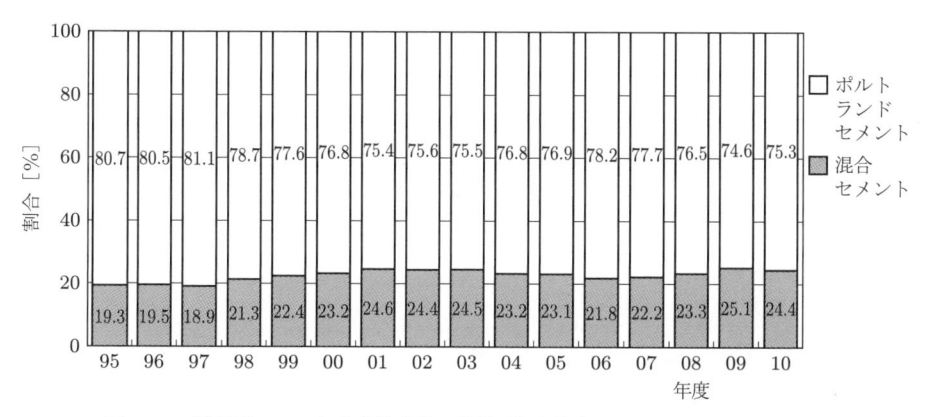

図 3.1 種類別セメント生産構成比の推移 (除く輸出用クリンカなど)
[セメント協会：セメントハンドブック]

わが国ではじめてポルトランドセメントが製造されたのは，1875 年 (明治 8 年) といわれる．セメント工業はその後，原料が豊富に得られることも相まって次第に発展し，その製造技術，品質においてトップレベルにまで進展するに至った．

(1) 製 法

● 主原料　ポルトランドセメントの製造に用いられる主な原料をまとめて表 3.2 に示す．

表 3.2　ポルトランドセメントの主原料

原料	セメント1tをつくるのに必要な量	摘要
石灰石	約 1200 kg	CaO 原料：一般に $CaCO_3$ として 95%以上の良質のものが使用されている．
粘土	約 230 kg	Al_2O_3, SiO_2 原料：粘土，けつ岩，泥岩，粘板岩，ロームなど．
けい石	約 40 kg	粘土中の SiO_2 を補充するために加えるもので，けい石，軟けい石など．
鉱滓	約 25 kg	Fe_2O_3 原料：粘土中の Fe_2O_3 を補充するために加えるもので，銅からみ・パーライトシンダーなど．
石こう	約 30 kg	凝結時間を調節する目的で加えるもので，化学石こう，天然石こう．

● **製造方法**　ポルトランドセメントは，石灰質原料と粘土質原料を質量比で約 4：1 に混ぜ合わせ，その一部が溶融する（約 1450°C）まで焼成して得られた**クリンカー** (clinker) に，緩結剤としてクリンカー質量の約 4%の石こう ($CaSO_4 \cdot 2H_2O$) を加え，微粉砕してつくる．

　セメントの製造工程は，図 3.2 (次頁) に示すように，原料，焼成および仕上げの 3 工程からなる．クリンカーの焼成様式は大別して乾式法 (dry system) と湿式法 (wet system) とがある (表 3.3)．

表 3.3　セメントの製造方式

乾式法	湿式法
SP：サスペンションプレヒータ付きキルン	WFB：フィルタボイラー付きキルン
NSP：仮焼炉付き SP キルン	W：フィルタなしロングキルン
DB：ボイラー付きキルン	WF：フィルタ付きロングキルン
NCB：改良焼成法キルン	WL：湿式レポールキルン
L：レポールキルン	
S：シャフトキルン	

　最近の傾向としては乾式法，とくに熱消費量の少ない SP や NSP キルンが採用されることが多くなっている．

　次に，各工程について簡単に述べる．

● **原料工程**　石灰石と粘土類は正確に調合され，原料粉砕機で微粉砕される．次いでエアブレンディングサイロに導かれ，十分に混合されて均一な化学成分に調製される．

● **焼成工程**　焼成工程の中心はロータリーキルンである．これは直径 4〜6 m，長さ 70〜100 m の鋼鉄製の円筒で，これが 3〜4.5%の傾斜で横たわり，2〜3 回/min の速さで回転する．原料は上端から送入され，下端からは微粉炭などの燃料をバーナーで

3.1 セメント　53

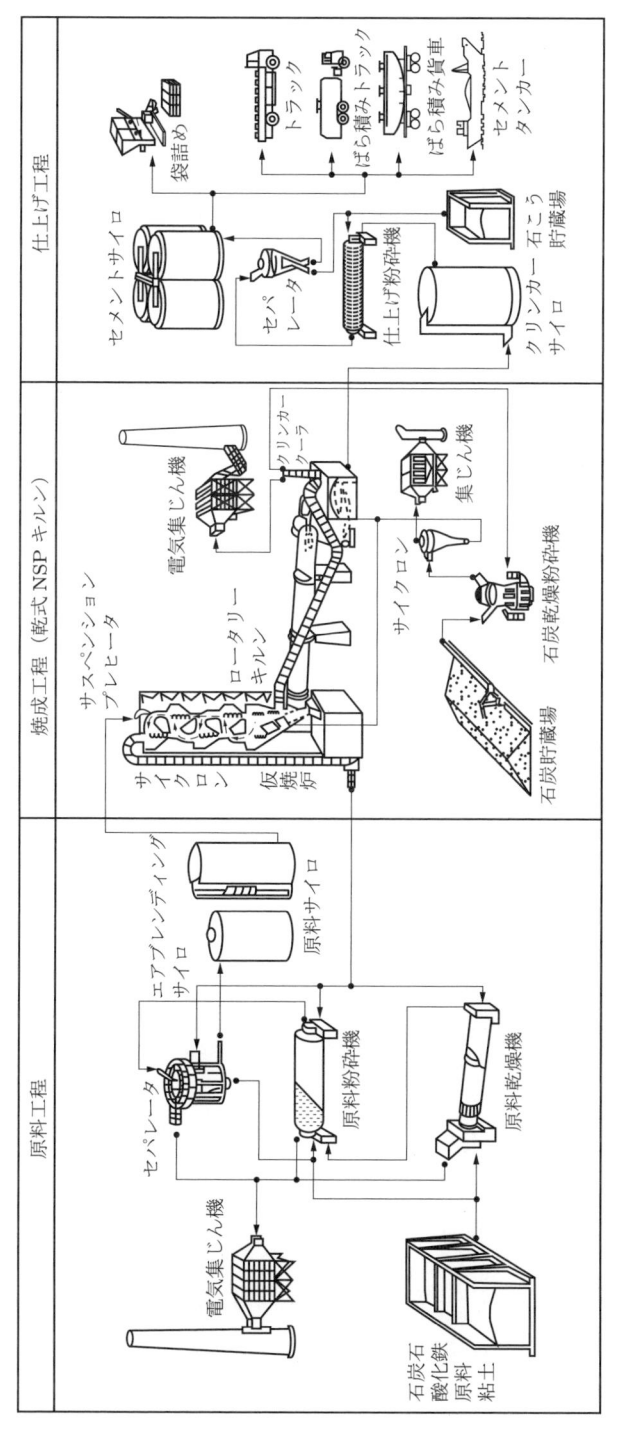

図 3.2 セメント製造工程略図 [セメント協会：セメントの常識より]

図 3.3 キルン内での原料の主要反応 [セメント協会：セメントの常識より]

吹き込んで加熱される．焼成帯では半溶融状態 (約 1450°C) になるまで焼き締められて粒状のクリンカーになる．焼成工程における主要反応を図 3.3 に示す．

● **仕上げ工程**　焼成されたクリンカーは，エアクェンチングクーラ (air quenching cooler) などにより急冷され，仕上げミルで石こうとともに微粉砕されてポルトランドセメントとなる．セメントはサイロに蓄えられ，需要に応じてばら積み，あるいは装詰め (1 袋 25 kg) で輸送される．

(2) 化学成分　セメントの化学成分は，セメントの種類だけでなく製造会社によっても多少異なる．表 3.4 に化学分析結果の一例を示す．表中の成分の他に徴量ながら TiO_2，P_2O_5 などが含有されている．

表 3.4　各種セメントの化学分析結果 [JIS R 5202:1999]

セメントの種類		ig.loss	insol.	SiO_2	Al_2O_3	Fe_2O_3	CaO	MgO	SO_3	Na_2O	K_2O	TiO_2	P_2O_5	MnO	Cl
ポルトランドセメント	普通	1.78	0.17	21.06	5.15	2.80	64.17	1.46	2.02	0.28	0.42	0.26	0.17	0.08	0.006
	早強	1.18	0.10	20.43	4.83	2.68	65.24	1.31	2.95	0.22	0.38	0.25	0.16	0.07	0.005
	中庸熱	0.37	0.13	22.97	3.87	4.07	64.10	1.33	2.03	0.23	0.41	0.17	0.06	0.02	0.002
	低熱	0.97	0.05	26.29	2.66	2.55	63.54	0.92	2.32	0.13	0.35	0.14	0.09	0.06	0.003
高炉セメント	B 種	1.51	0.21	25.29	8.46	1.92	55.81	3.02	2.04	0.25	0.39	0.43	0.12	0.17	0.005
フライアッシュセメント	B 種	1.91	13.37	18.76	4.48	2.56	55.28	0.82	1.84	0.11	0.30	0.23	0.12	0.05	0.003
エコセメント	普通	1.05	0.12	16.95	7.96	4.40	61.04	1.84	3.86	0.28	0.02	0.71	1.11	0.11	0.053

● **強熱減量**　強熱減量 (ignition loss：ig. loss) はセメントを 1000°C で強熱したときの減量であり，これは主としてセメント中に含まれる水分と炭酸塩の分解による炭酸ガスとの合量である．新鮮なセメントの ig. loss は 0.5～0.8%で，これはクリンカーに添加された石こうの結晶量にほぼ等しい．ig. loss はセメントの風化の程度の

判定に用いられる．

● **不溶残分**　セメントを塩酸および炭酸ナトリウム溶液で処理しても溶解しない部分を不溶残分 (insoluble residue：insol.) という．セメント原料中，粘土成分のほとんど全量が酸に溶けない．これらは焼成によって石灰と反応してはじめて酸に溶けるクリンカー化合物となる．したがって，insol. の量はキルン中での焼成反応が完全であるかどうかの目安となる．

● SiO_2，Al_2O_3，Fe_2O_3 および CaO　セメントの主成分で，これらの含有比によってセメントの諸性質が変化するので，各成分の量を管理するために種々の成分比率や係数が用いられている．その主なものは次のとおりである．

$$水硬率\ (\text{hydraulic modulus : H.M.}) = \frac{CaO - 0.7SO_3}{SiO_2 + Al_2O_3 + Fe_2O_3}$$

$$けい酸率\ (\text{silica modulus : S.M.}) = \frac{SiO_2}{Al_2O_3 + Fe_2O_3}$$

$$鉄率\ (\text{iron modulus : I.M.}) = \frac{Al_2O_3}{Fe_2O_3}$$

$$活動係数\ (\text{activity modulus : A.M.}) = \frac{SiO_3}{Al_2O_3}$$

$$石灰飽和度\ (\text{lime saturated degree : L.S.D.})$$
$$= \frac{CaO - 0.7SO_3}{2.8SiO_2 + 12Al_2O_3 + 0.63Fe_2O_3}$$

● **酸化マグネシウム (MgO)**　石灰石中に含まれるもので，これが多いと長期において膨張してコンクリートを破壊するおそれがある．

● **三酸化硫黄 (SO_3)**　主として石こうに起因するもので，過量にあるときは硬化中にセメントバチルスを生成してコンクリートの膨張破壊の原因となる．

● **アルカリ (K_2O, Na_2O)**　主として粘土質材料から入ってくるものであるが，これが多いセメントはある種の骨材と組み合わせた場合，アルカリ骨材反応 (4.2 節参照) を起こすおそれがある．低アルカリ形ポルトランドセメントでは全アルカリ量 $R_2O = Na_2O + 0.658K_2O \leqq 0.6\%$ と規定されている．

以上のように，MgO，SO_3 および ig. loss が過量にあるときは膨張ひび割れや強度低下を起こすおそれがあり，好ましくないので，これらの成分については各国とも規定でその含有限度を厳重に規定している．表 3.5 は JIS の例である．

(3) 化合物　表 3.4 に示す化学成分はばらばらに存在しているものではなく，焼成によって多くの化合物を形成している (図 3.4, 3.5 参照)．主な化学物は，けい酸三カルシウム ($3CaO \cdot SiO_2$：C_3S)，けい酸二カルシウム ($2CaO \cdot SiO_2$：C_2S)，アルミン酸三カルシウム ($3CaO \cdot A_2O_3$：C_3A)，アルミン酸鉄酸四カルシウム

表 3.5 各種セメントの JIS 規格 [日本コンクリート工学会：コンクリート技士研修テキスト]

番号		JIS R 5210: 2003 ポルトランドセメント					JIS R 5211: 2003 高炉セメント			JIS R 5212: 1997 シリカセメント			JIS R 5213: 1997 フライアッシュセメント			JIS R 5214: 2003 エコセメント	
項目	種別	普通	早強	超早強	中庸熱	低熱	耐硫酸塩	A種	B種	C種	A種	B種	C種	A種	B種	C種	普通	速硬
比表面積 [cm²/g]		≥2500	≥3300	≥4000	≥2500	≥2500	≥2500	≥3000	≥3000	≥3300	≥3000	≥3000	≥3000	≥2500	≥2500	≥2500	≥2500	≥3300
凝結	始発 [min]	≥60	≥45	≥45	≥60	≥60	≥60	≥60	≥60	≥60	≥60	≥60	≥60	≥60	≥60	≥60	≥60	-
	終結 [h]	≤10	≤10	≤10	≤10	≤10	≤10	≤10	≤10	≤10	≤10	≤10	≤10	≤10	≤10	≤10	≤10	≤1
安定性 (パット法)		良	良	良	良	良	良	良	良	良	良	良	良	良	良	良	良	良
圧縮強さ [N/mm²]	1日	-	≥10.0	≥20.0	-	-	-	-	-	-	-	-	-	-	-	-	-	≥15.0
	3日	≥12.5	≥20.0	≥30.0	≥7.5	-	≥10.0	≥12.5	≥10.0	≥7.5	≥12.5	≥10.0	≥7.5	≥12.5	≥10.0	≥7.5	≥12.5	≥22.5
	7日	≥22.5	≥32.5	≥40.0	≥15.0	≥7.5	≥20.0	≥22.5	≥17.5	≥15.0	≥22.5	≥17.5	≥15.0	≥22.5	≥17.5	≥15.0	≥22.5	≥25.0
	28日	≥42.5	≥47.5	≥50.0	≥32.5	≥22.5	≥40.0	≥42.5	≥42.5	≥40.0	≥42.5	≥37.5	≥32.5	≥42.5	≥37.5	≥32.5	≥42.5	≥32.5
	91日	-	-	-	-	≥42.5	-	-	-	-	-	-	-	-	-	-	-	-
水和熱 [J/g]	7日	-	-	-	≤290	≤250	-	-	-	-	-	-	-	-	-	-	-	-
	28日	-	-	-	≤340	≤290	-	-	-	-	-	-	-	-	-	-	-	-
酸化マグネシウム [%]		≤5.0	≤5.0	≤5.0	≤5.0	≤5.0	≤5.0	≤6.0	≤6.0	≤5.0	≤5.0	≤5.0	≤5.0	≤5.0	≤5.0	≤5.0	≤5.0	≤5.0
三酸化硫黄 [%]		≤3.0	≤3.5	≤4.5	≤3.0	≤3.0	≤3.0	≤3.5	≤4.0	≤4.5	≤3.0	≤3.0	≤3.0	≤3.0	≤3.0	≤3.0	≤4.5	≤10.0
強熱減量 [%]		≤3.0	≤3.0	≤3.0	≤3.0	≤3.0	≤3.0	≤3.0	≤3.0	≤3.0	-	-	-	≤3.0	≤3.0	≤3.0	≤3.0	≤3.0
全アルカリ [%]		≤0.75	≤0.75	≤0.75	≤0.75	≤0.75	-	-	-	-	-	-	-	-	-	-	≤0.75	≤0.75
酸化物イオン [%]		≤0.035	≤0.02	≤0.02	≤0.02	≤0.02	≤0.02	-	-	-	-	-	-	-	-	-	≤0.1	0.5以上 1.5以下
けい酸三カルシウム [%]		-	-	-	≤50	-	-	-	-	-	-	-	-	-	-	-	-	-
けい酸二カルシウム [%]		-	-	-	-	≥40	-	-	-	-	-	-	-	-	-	-	-	-
アルミン酸三カルシウム [%]		-	-	-	≤8	≤6	≤4	-	-	-	-	-	-	-	-	-	-	-
混合材の分量 [wt%]		≤5	-	-	-	-	-	5超え30以下	30超え60以下	60超え70以下	5超え10以下	10超え20以下	20超え30以下	5超え10以下	10超え20以下	20超え30以下	-	-

* 低アルカリ形のポルトランドセメントは，これらの規格の他に全アルカリ 0.6% 以下の規格が加えられている．なお，全アルカリ [%] は，化学分析の結果から，次の式によって算出し，小数点以下 1 桁に丸める．

$$Na_2O_{eq} = Na_2O + 0.658 K_2O$$

ここに，　Na_2O_{eq}　：ポルトランドセメント中の全アルカリ含有率 [%]
　　　　　Na_2O　：ポルトランドセメント中の酸化ナトリウムの含有率 [%]
　　　　　K_2O　：ポルトランドセメント中の酸化カリウムの含有率 [%]

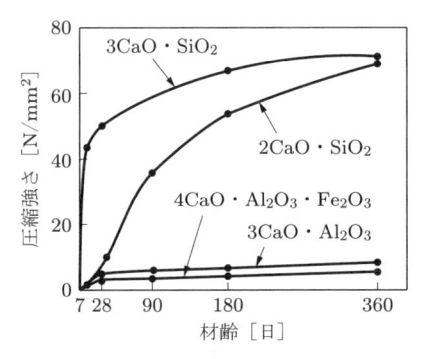

図 3.4　各クリンカー化合物の圧縮強さ

図 3.5 ポルトランドセメントの化学組成

```
セメント原料                        クリンカー
種類  主要化学成分              主要化合物              略号    名称
石灰石 → CaO          3CaO・SiO₂              C₃S    エーライト
                     けい酸三カルシウム
       ┌ SiO₂       2CaO・SiO₂              C₂S    ビーライト
粘 土  │            けい酸二カルシウム                                → セメント
けい石 ┤ Al₂O₃       3CaO・Al₂O₃             C₃A    アルミネート相
酸化鉄 │            アルミン酸三カルシウム
       └ Fe₂O₃      4CaO・Al₂O₃・Fe₂O₃       C₄AF   フェライト相
せっこう CaSO₄・2H₂O   鉄アルミン酸四カルシウム
```

表 3.6 化合物の特性と相対的含有比率の例

鉱物	主な化合物	化合物の特性の相対的比較					各セメントの化合物含有比率 [%] の例				
		早期強度	長期強度	水和熱	化学抵抗性	乾燥収縮	普通	早強	超早強	中庸熱	耐硫酸塩
エーライト	C_3S	大	大	中	中	中	52	65	67	41	57
ビーライト	C_2S	小	大	小	やや大	小	24	10	5	34	23
アルミネート相	C_3A	大	小	大	小	大	9	8	9	6	2
フェライト相	C_4AF	小	小	小	大	小	9	9	8	13	13

($4CaO \cdot Al_2O_3 \cdot Fe_2O_3 : C_4AF$) などであり，これらを主成分とする鉱物は鉱物学的にはエーライト，ビーライト，アルミネート相，フェライト相と呼ばれ，表3.6および図3.4に示すように，それぞれ特有の性質をもっている．早強・超早強セメントでは早期強度を大きくするため C_3S を多くし，逆に中庸熱セメントでは水和熱を小さくするため C_3S および C_3A を少なくしている (含有限度は表3.5参照).

(4) 水 和 セメントが水と接するセメント中の水硬化合物と水とが化学反応 (水和 (hydration) という) を起こし，その結果水和物が生成する．この水和反応の過程および水和物は複雑であって，まだ解明されていないものもあるが，およそ図3.6に示す水和機構で説明されている．

C_3S は加水分解を起こしてトバーモライトゲル (tobermorite gel) と $Ca(OH)_2$ となり，トバーモライトゲルはクリンカー粒子の表面を薄い層で覆う．$Ca(OH)_2$ は液相に溶けて数分間で飽和の状態となる．C_3A はもっと急速に水和して，$3CaO \cdot Al_2O_3 \cdot 6H_2O$ となり，石こうがなければいわゆる瞬結を起こす．しかし，同時に $CaSO_4 \cdot 2H_2O$ が溶液中に存在するために，これが C_3A と反応して不溶解性のエトリンガイト (カルシウムサルフォアルミネート) として沈殿する．

図 3.6 セメントの水和反応

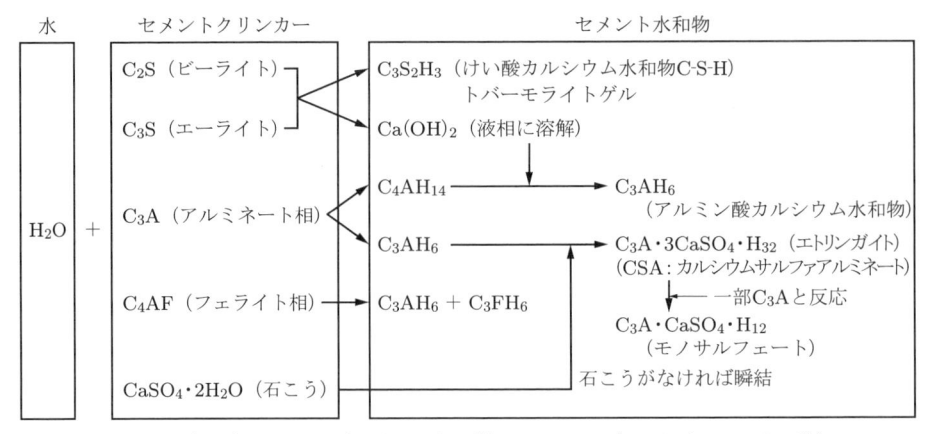

水：H_2O

セメントクリンカー：
- C_2S（ビーライト）
- C_3S（エーライト）
- C_3A（アルミネート相）
- C_4AF（フェライト相）
- $CaSO_4 \cdot 2H_2O$（石こう）

セメント水和物：
- $C_3S_2H_3$（けい酸カルシウム水和物 C-S-H）トバーモライトゲル
- $Ca(OH)_2$（液相に溶解）
- $C_4AH_{14} \rightarrow C_3AH_6$（アルミン酸カルシウム水和物）
- C_3AH_6
- $C_3AH_6 + C_3FH_6$
- $C_3A \cdot 3CaSO_4 \cdot H_{32}$（エトリンガイト）（CSA：カルシウムサルファアルミネート）
- 一部 C_3A と反応
- $C_3A \cdot CaSO_4 \cdot H_{12}$（モノサルフェート）
- 石こうがなければ瞬結

C：CaO（石灰），S：SiO_2（シリカ，けい酸），A：Al_2O_3（アルミナ，アルミン酸）
F：Fe_2O_3（酸化鉄），H：H_2O

このような一連の化学反応は時間とともに進行する．ある時間を経過すると，水和物ゲルの濃度が上がり，ゲル粒子相互の網状構造ができてきてこわばりを生じるようになる．この状態が**凝結** (setting) である．さらに時間が経過すると，ゲルの生成が増大してセメント粒子間が埋められて**硬化** (hardening) が進む．

このように，繊維状，針状，薄片状のセメントゲルと呼ばれる微細な結晶 ($2 \sim 3 \times 10^6$ cm^2/g) が，大きい表面エネルギーで互いに凝集し，交錯してち密なゲルの網状構造を形成し，さらに反応の進行に伴って相互の結合が強化されてセメントペースト (cement paste) の強度が発現するものと考えられている．図 3.7 はこの水和過程を模式的に示したものである．

ときとして，セメントが水と練り混ぜられた直後に急速凝固し，こわばりの傾向を

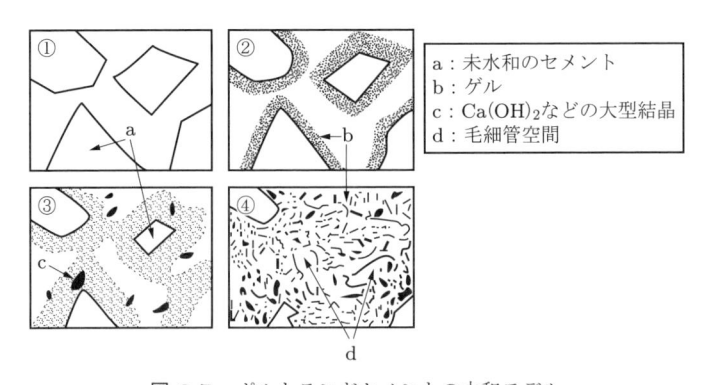

a：未水和のセメント
b：ゲル
c：$Ca(OH)_2$ などの大型結晶
d：毛細管空間

図 3.7 ポルトランドセメントの水和モデル

示すことがある．この現象を一般に**異常凝固**という．このようなセメントが使用された場合，コンクリートまたはモルタルはしばしば**偽凝結** (false set) と呼ぶ瞬間現象を生じ，早期ひび割れの発生，異常分離，異常レイタンスなどの障害が起こることがある．異常凝結発生の主な原因としては，セメント中に添加される石こうの脱水による不安定な硫酸カルシウムの生成，湿空中の風化によるアルカリ (NaOH および KOH) の炭酸化であるとされている．

異常凝結の試験方法は，JASS 5，ASTM C 359 などにある．

(5) 硬化セメントペーストの内部構成 水和反応が進行したある時点のセメントペーストは，未水和セメント粒子，水和物 (セメントゲル)，ゲル水，自由水および空隙からなる．

セメント水和物は，セメント成分と，それと化学的に結合した水 (**結合水**) とを含んでいる．多くの実験によると，完全に水和反応が終わったと考えられる状態のセメントペーストの結合水量はセメント質量の約 25%であり，この結晶水の容積は当初の約75%になるといわれている．

水和物ゲルの表面に表面力によって強固に付着している水を，一般に**ゲル水**という．これは化学的な結合水とは区別され，また流動性をもった水とは異なり，ゲル表面に固く付着して動かず，力学的にはほとんど固体に近い作用をし，化学反応にもあずからないし，通常の相対湿度変化による乾燥にもほとんど関与しない水分である．このゲル水の量は，完全水和のときはセメント質量の約 15%と考えられている．

以上，ポルトランドセメントが完全水和をするのに必要な水量は，セメント質量に対して，結合水約 25%，ゲル水約 15%で，計 40%である．また，完全水和の場合，1 mL のセメントは水和によって約 2.1 mL となる．この体積増を示す性質のため，セメントペースト中の毛細管 (capillary) 空隙は充てんされ，空隙率は低下し，強度が増進する．

結合水およびゲル水以外の水は，**自由水**または**キャピラリー水**と呼ばれ，外力の作用によって自由に流動する水である．自由水は，水酸化カルシウムで飽和され，少量のアルカリ (NaOH, KOH) を溶解しているため，セメントペーストはアルカリ性をもっており，鉄筋の防せいに役立つ．

上記各構成物の割合は，ペーストの水セメント比 (W/C) および水和の程度によって異なる．図 3.8 は水和度 50%および 100%に対する Rüsch の計算結果を示したものである．セメントペーストの強度・収縮・耐久性その他の性質は，このような内部構成分の割合およびキャピラリーの大きさ・分布によるものであるといえる．

(6) 風化 セメントは貯蔵中に空気にふれると，空気中の湿気および炭酸ガスを吸収して軽微な水和反応と炭酸化を生じて粒状・塊状に固化する．この現象を**風化**

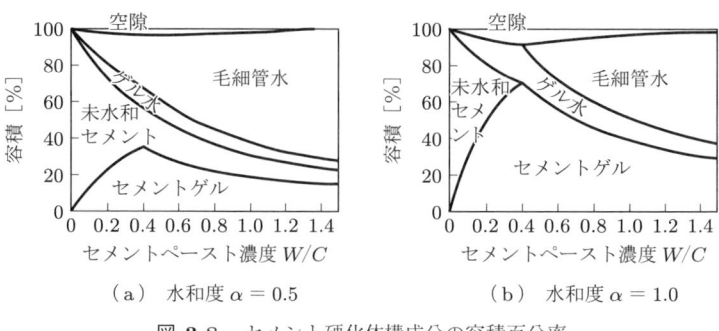

(a) 水和度 $\alpha = 0.5$ (b) 水和度 $\alpha = 1.0$

図 3.8 セメント硬化体構成分の容積百分率

(aeration) という. 風化の過程は, セメント粒子が空気中の炭酸ガスと反応して

$$Ca(OH)_2 + CO_2 \longrightarrow CaCO_3 + H_2O$$

となって水を分離する. この水はさらに内部へと加水分解が続き風化が進行する.

風化したセメントは強熱減量が増え, 比重も小さくなり, 凝結も遅く, 強度の発現も低下する. これは主としてセメント粒子の表面が薄い $CaCO_3$ の膜で被覆されて, 水とセメントの水硬性化合物との接触が阻害されるためである.

(7) 収 縮 硬化セメントペーストの収縮には, 水和に伴う化学的収縮 (自己収縮), 乾燥による収縮などがある. このうち最も重要なものは水の逸散によって生じる乾燥収縮で, 硬化体にひび割れを発生させる原因となる.

一般に, セメント硬化体を乾燥させると毛細管中の水分が蒸発するとともに, 毛細管水の表面張が大となって収縮を起こし, 逆に湿度が高くなると膨張する.

収縮に関してわかっていることを列挙すると, 次のようである.

① セメント化合物の収縮量は, C_3A が最も大きく, C_4AF が最も小さい. 一般に, C_3A の含有量の大きいセメントほど収縮は大きく, 石こうまたは SO_3 の量がある程度多いものは収縮が小さい.
② 同一セメントでは粉末の微細なものほど収縮は大きく, また粉末度が同じであれば, 水セメント比が大きなほど収縮は大きい.
③ 自己収縮は, 単位セメント量が多い配合のコンクリートで大きい.
④ 断面の大きいもの, また密実なコンクリートでは, 内部への炭酸化の進行は相当遅いので, 炭酸化による収縮は, 表面的現象とみてよい.

(8) 水和熱 セメントと水との反応は発熱反応であって, その際一定期間中に発生した熱量の総和を**水和熱** (heat of hydration) という. 水和熱は, コンクリートの内部温度を上昇させ寒中工事では有効にはたらくが, ダムのようなマスコンクリートになると著しく温度が上がり, 初期の硬化が終わって冷却に入ると内外の温度差に

よってひび割れの原因をつくる．

セメントの水和熱は，化学組成・粉末条件などによって異なる．化合物上からみれば，C_3A が最も発熱量が多く，次いで C_3S, C_4AF の順で，C_2S が最少である．中庸熱ポルトランドセメント，低熱ポルトランドセメントでは，C_3A および C_3S が少なくなるように原料の調整がなされている．

水和熱の測定方法は，JIS R 5203「セメントの水和熱測定方法 (溶解熱方法)」に規定されている．

（9）物理的性質　ポルトランドセメントの物理的性質は，JIS R 5210「ポルトランドセメント」に，その試験方法は，JIS R 5201「セメントの物理試験方法」に規定されている．

● **比　重**　ポルトランドセメントの比重 (specific gravity) は，普通セメントが約 3.15，早強セメントが約 3.13，超早強セメントが約 3.10，中庸熱セメント，低熱セメントおよび耐硫酸塩セメントが約 3.21 程度である．

比重はクリンカーの焼成が不十分のとき，混合物を添加するとき，風化しているときなどに低い値を示す．比重はこれらの性質の判定の目安を得るのに役立ち，またコンクリートの単位容積質量，配合設計などに必要である．

なお，比重の測定にはルシャテリエ比重びんを用い，セメントの容積を鉱油で置換して求める．

● **粉末度**　セメント粒子の微細，すなわち粉末度 (fineness) の高いセメントほど，水と接触する表面積が増大し，水和が早くなり初期強度が高くなる．また，ブリーディングが少なく，ワーカブルなコンクリートが得られる．しかし，収縮が大きくなりがちで，風化しやすくなる．

市販セメントの概略値と JIS 規格値を表 3.7 に示す．

表 3.7　ポルトランドセメントの粉末度 (ブレーン比表面積 $[cm^2/g]$)

セメント	平　均	規格値
普　通	3410	≥ 2500
早　強	4680	≥ 3300
中庸熱	3220	≥ 2500
低　熱	3470	≥ 2500
耐硫酸塩	3320	≥ 2500

粉末度の試験は「ブレーン空気透過法」によって行い，比表面積 $[cm^2/g]$ で表す．

● **凝結時間**　凝結時間 (time of setting) はセメントの化学成分・粉末度・水セメント比・温度・湿度などによって異なる．したがって，JIS 試験では，温度 $20 \pm 3°C$，

湿度 80% 以上の室内で，標準軟度 (普通，水セメント比 25〜29%) のセメントペーストについて試験することにしている．

凝結時間 (**始発**，**終結**) の測定には**ビカー針**装置を用いる．表 3.8 は市販セメントの凝結時間の概略値を示したものである．

表 3.8 ポルトランドセメントの凝結時間

セメント	概略値	
	始発 [h-m]	終結 [h-m]
普　通	2-16	3-13
早　強	1-52	2-48
中庸熱	3-02	4-07
低　熱	3-30	4-42

セメントの凝結時間を計ることによって，コンクリートの凝結時間もある程度推定できるので，運搬・打込み・締固めなどの施工計画を立てるときの参考となる．また，セメントの異常凝結の有無の判断資料ともなる．

● **安定性**　　安定性 (soundness) とは，セメントの硬化中に容積が膨張し，ひび割れや反りなどを生じる程度をいう．不安定の原因には，クリンカーの焼成不十分による遊離石灰 (free lime)，遊離酸化マグネシウムの存在，三酸化硫黄によるセメントバチルス (エトリンガイト) の生成などがあげられる．

安定性の試験は，セメントペーストでつくったパット (pat) の膨張性ひび割れ，反りの有無を煮沸法 (促進法) で調べる方法がとられている．

● **強　さ**　　セメントの結合材としての結合力発現の程度を知れば，そのセメントを使用したコンクリート強度の目安を得ることができる．

セメントの強さ (strength) は，JIS ではセメントペーストを用いるのではなく，セメント：砂 = 1：2，水セメント比 $W/C = 0.65$ のモルタルを用い，$4 \times 4 \times 16$ cm の供試体を $20 \pm 3°C$ の水中で養生して，圧縮強さを試験することにしている．試験結果に普遍性をもたらすため，砂として豊浦の**標準砂** (standard sand) を用いる．

表 3.9 は各種セメントの物理試験結果および水和熱試験結果を示したものである．

(**10**) **特性と用途のまとめ**　　以上ポルトランドセメントの基本事項について述べてきたが，以下にセメントの種類別に，その特性の要点と用途について簡単に述べる．

● **普通ポルトランドセメント**　　普通ポルトランドセメント (ordinary portland cement) は，土木・建築構造物，コンクリート製品などのあらゆる方面に用いられ，その生産高は全セメント生産量の約 70% (表 3.1) を占めている．

表 3.9 各種セメントの物理試験結果および水和熱試験結果
[JIS R 5201: 1997, JIS R 5203: 1995]

セメントの種類		密度 [g/cm³]	粉末度		凝結		水量 [%]	圧縮強さ [N/mm²]					水和熱 [J/g]	
			比表面積 [cm²/g]	網ふるい 90 μm 残分 [%]	始発 [h-m]	終結 [h-m]		1日	3日	7日	28日	91日	7日	28日
ポルトランドセメント	普通	3.15	3410	0.6	2-16	3-13	27.9	−	28.0	43.1	61.3	−	−	−
	早強	3.13	4680	0.1	1-52	2-48	30.6	27.7	47.5	56.6	67.9	−	−	−
	中庸熱	3.22	3220	0.5	3-02	4-07	27.1	−	21.6	30.3	56.8	−	267	322
	低熱	3.21	3470	0.1	3-30	4-42	27.4	−	16.2	25.3	49.0	79.1	226	275
高炉セメント	B種	3.05	3970	0.3	2-47	3-58	29.3	−	21.2	35.1	62.0	−	−	−
フライアッシュセメント	B種	2.95	3500	0.4	3-01	4-16	28.6	−	26.1	39.3	60.6	−	−	−
エコセメント	普通	3.18	4100	0.1	2-21	3-29	28.5	−	24.9	35.2	52.4	−	−	−

● **早強ポルトランドセメント** 早強ポルトランドセメント (high early strength portland cement) は，化学組成のうち C_3S を 60% 以上に保ち，C_3A はその損失を考慮して適量にとどめ，さらに粉末度を高めたものである．このセメントの特性・用途は，

① 短期に高強度を発現し，しかも長期にわたって強度が増進する．普通セメントと比較すると，1日強度は3倍，3日強度は約2倍で，型わくの回転率がよく，また養生期間，工期の短縮が可能である．
② 水和速度が高いため，寒中コンクリートに適する．
③ 水和性が高いため，マッシブなコンクリートには適さない．

● **超早強ポルトランドセメント** 超早強ポルトランドセメント (super high early strength cement) は，C_3S を多く，C_2S を少なくし，粉末度を高くしたセメントで，早強セメントよりも短期強度が大きく，1日強度は早強セメントの3日強度にほぼ等しい．ワーカビリティーは良好で，収縮は普通セメントよりもむしろ少ないといわれている．このセメントは，緊急工事，道路，寒中工事，コンクリート製品，グラウト用などに適する．

● **中庸熱ポルトランドセメント** 中庸熱ポルトランドセメント (moderate heat portland cement) は，水和熱を少なくするため，化学組成のうち，$C_3S \leqq 50\%$, $C_3A \leqq 8\%$ と規定され (表 3.5 参照)，その代わりに長期強度を発現する C_2S の量を多くしたものである．また，水和熱は7日で 70 cal/g 以下，28日で 83 cal/g 以下に保つように規定されている．このセメントの特性用途は，

① 水和熱・乾燥収縮が小さいので，ダムなどのマスコンクリートに適する．
② 短期強度は普通コンクリートよりも低いが，長期強度は同強度か，やや勝っている．
③ 化学抵抗性が大きく，耐硫酸塩性，耐酸性が優れている．

● **低熱ポルトランドセメント**　　低熱ポルトランドセメント (low heat portland cement) は，水和熱を下げるために，$C_2S \geqq 40\%$ と中庸熱ポルトランドセメントよりも多く規定され，かつ $C_3A \geqq 6\%$ と少なく規定されている．このセメントの特性・用途は，

① 水和熱・乾燥収縮が小さいので，マスコンクリートに適する．
② 初期強度は小さいが長期強度が大きく，高流動コンクリート，高強度コンクリートにも対応する．

● **耐硫酸塩ポルトランドセメント**　　耐硫酸塩ポルトランドセメント (sulfate-resisting portland cement) は，昭和53年品質規格が制定されたもので，C_3A を著しく減少させて (4%以下) 硫酸塩の侵食作用に対する抵抗性を付与したセメントである．28日強度は普通セメントと中庸熱セメントの中間にある．硫酸塩を含む土壌，下水，工場排水などに触れる構造物や海洋構造物などに用いられる．

● **低アルカリ形ポルトランドセメント**　　低アルカリ形ポルトランドセメント (low-alkali portland cement) は，昭和61年度品質規格が制定されたもので，セメント中のアルカリ量を減少させて ($R_2O = Na_2O + 0.658K_2O \leqq 0.6\%$) アルカリ骨材反応抑制を目的としたセメントである．品質特性は一般のポルトランドセメントとほぼ同一である．反応性骨材を使用せざるをえない場合に用いられる．上記の6種類のポルトランドセメントをそれぞれに，低アルカリ形がある．

● **エコセメント**　　エコセメント（eco-cement）は，平成14年品質規格が制定されたもので，都市ごみを焼却した際に発生する灰を主とし，必要に応じて下水汚泥などの廃棄物を従として，石灰石，粘土，けい石の代替でセメントクリンカーの主原料として製造される資源リサイクル型のセメントである．エコセメントには，普通エコセメントと速硬エコセメントがある．普通エコセメントは，製造過程で脱塩素化し，塩化物イオン量がセメント質量の0.1%以下としており，普通ポルトランドセメントの塩化物イオン量 (0.035%以下) よりも多くなっている．

3.1.3　混合セメント

　混合セメント (blended portland cement) は，ポルトランドセメントクリンカーに適当なポゾラン材料 (3.2節参照) を調合し粉砕したもので，ポルトランドセメントの欠点を補い，特有の性質を与えたものである．表3.4に各種セメントの化学分析結果，表3.5にJIS規格，表3.9に物理試験結果を示す．

(1) 高炉セメント　　高炉セメント (blast furnace slag cement) は，急冷砕した高炉スラグ (高炉水滓) をポルトランドクリンカーに適量混ぜ，さらに石こうを加えて微粉砕したものである．このような混合粉砕と，スラグを別に乾燥粉砕した後に混合

する分離粉砕とがある．

高炉スラグは，単独では硬化しないが，ポルトランドセメントの水和による $Ca(OH)_2$，または石こうによって潜在水硬性が刺激されて硬化現象を生じる．スラグは次の式で示す塩基度が大きいほど刺激材の存在下で強い水硬性を発揮する．JIS では塩基度を 1.4 以上と規定されており，実際使用のスラグの概略値は 1.9～2.0 程度である．

$$塩基度 = \frac{CaO\ [\%] + MgO\ [\%] + Al_2O_3\ [\%]}{SiO_2\ [\%]}$$

高炉セメントは，スラグの混合量によって，表 3.10 に示す 3 種に分類されている．高炉セメントの性質は次のとおりである．

表 3.10 高炉セメントの種類

種 別	高炉スラグの混合率 [質量%]
A 種	30 以下
B 種	30 を超え 60 以下
C 種	60 を超え 70 以下

① 早期強度はやや劣るが，長期材齢では普通ポルトランドセメントを使用したコンクリートの強度と同程度か，それ以上になることもある．しかし，長期養生が必要である．
② 耐化学薬品性があるので，海水・工場廃水・下水などに接するコンクリートに適している．
③ 耐熱性が大きく，水密性も高い．
④ 乾燥収縮はやや大きい．
⑤ 水和熱はやや大きい．
⑥ アルカリシリカ反応の抑制に有効である．

ただし，⑤の対策として，高炉スラグ混合率を B 種上限に近い 58%程度とした低熱型高炉セメントも開発されている．

(2) シリカセメントおよびフライアッシュセメント　シリカセメント (pozzolanic cement) は，ポルトランドセメントクリンカーにシリカ質混和材料を調合し，適当量の石こうを加えて微粉砕したものである．シリカ質混和材料は，天然産のものには火山灰・けい白土などがあり，人工のものには，フライアッシュ，焼粘土などがある．フライアッシュセメント (fly-ash cement) は，シリカ質混和材料としてフライアッシュを混合したものである．

シリカ質混和材料は，それ自身では水硬性をもたないが，水の存在において常温で $Ca(OH)_2$ と化合する性質をもつ．そして，不溶性のけい酸カルシウム塩やアルミン

酸カルシウム塩を生成して硬化する．これをポゾラン反応(pozzolanic reaction) という．

シリカセメントおよびフライアッシュセメントには混和材料の混合量によって表3.11に示す3種に分類規定されている．これらのセメントの性質は次のようである．

表 3.11 シリカセメントおよびフライアッシュセメントの種類

種別	シリカ質混和材およびフライアッシュの混合率 [質量%]
A 種	5を超え10以下
B 種	10を超え20以下
C 種	20を超え30以下

① 材齢28日までの強さは，普通ポルトランドセメントを使用した場合よりやや低いが，長期材齢では同程度かやや高くなるものもある．しかし，長期養生が必要である．
② 水密性の大きいコンクリートをつくることができる．
③ 海水などに対する耐化学性が大きくなる．
④ 水和性は一般に低い．
⑤ フライアッシュセメントの場合は，ワーカビリティーが改善される．
⑥ 乾燥収縮は，シリカセメントの場合やや大きく，フライアッシュセメントの場合小さい．

混合セメントの比重はポルトランドセメントよりも小さい．

3.1.4 特殊セメント

JISに規格されていない特殊な性質をもつセメントのうち，代表的なものについて述べる．

(1) 白色ポルトランドセメント　普通セメントの色が灰緑色を示すのは，Fe_2O_3 と MgO の作用によるものであり，その主体は Fe_2O_3 である．したがって，この含有量を少なくすれば白色となる．白色ポルトランドセメント(white portland cement)では，Fe_2O_3 を0.3%以下(普通セメントでは3～4%)になるように鉄分の少ない白色粘土が用いられている．

このセメントは，普通ポルトランドセメントに比べて強度は勝るとも劣らないし，他の性質はほぼ同じである．また，顔料を添加することにより好みの色に着色できる(カラーセメント)．

白色セメントの用途としては，建築物の内外面の塗装，橋梁の高欄，道路の分離帯などに用いられている．

(2) アルミナセメント アルミナセメント (calcium-alminate cement) は，ボーキサイト (bauxite: $Al_2O_3 \cdot 1 \sim 3H_2O$) にほぼ等量の石灰石を混合し，電気炉で溶融 (溶融方法) するか，ロータリーキルンで焼成 (焼成方法) し，微粉砕したものである．

ポルトランドセメントがカルシウムシリケートを主成分とするのに対して，1 アルミナセメントはカルシウムアルミネートを主成分とする．アルミナセメントには，ある条件下で**転移** (conversion) という特異な現象が生じる．転移によって水和物の組成と比重が変化する．すなわち，転移すれば比重が大となり体積が縮少し，その結果結晶粒子間の空隙が増して強度低下を生じる．このセメントの特性は，

① 超早強性で，材齢 1 日で $40 \sim 50 \text{ N/mm}^2$ 程度の圧縮強さが得られる．また，発熱量も大である．したがって，緊急時や寒冷時の施工に適する．
② しかし，アルミナセメントの凝固・硬化速度は 20°C 以上の温度では著しく遅延する．さらに高温で養生した場合には，容易に転移が生じ，強度低下が大きい (図 3.9)．そのため，養生温度は $20 \sim 25°C$ 以下とする．
③ 水セメント比が大きいと転移による強度低下が大きいので，水セメント比は 40%以下が望ましい．
④ 酸・塩類・海水などの化学的侵食に対する抵抗性が大きい．
⑤ ポルトランドセメントと混合して使用すると，瞬結性を示すことがある．
⑥ 成分配合を変えて耐火物用として用いられる (JIS R 2511)．

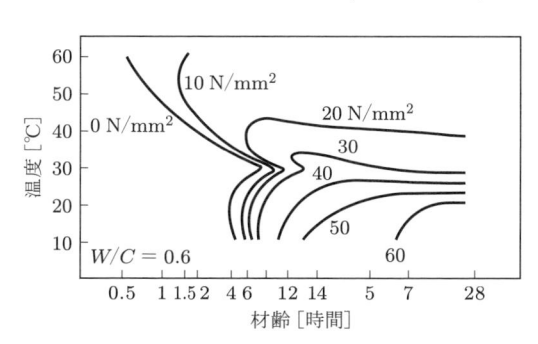

図 3.9 アルミナセメントモルタル (砂/セメント $= 2$ $W/C = 0.6$) の材齢と温度による圧縮強さの変化 (三島)

(3) 超速硬セメント 超速硬セメントの一つにジェットセメントがある．この「ジェットセメント」はアメリカポルトランドセメント協会 (PCA) で開発された regulated set cement (凝結調節セメント) の技術を導入し改良されて完成されたもので，非常に早強性で注水後 $2 \sim 3$ 時間で約 10 N/mm^2 に達し，"one hour cement" ともいわれるものである．

製造方法は，通常のポルトランドセメント原料の他に，アルミナ源としてボーキサイトまたはカオリン，ふっ素源としてほたる石を使用して焼成したクリンカーに，無水石こうを主体とする添加物粉末を加えて微粉砕したものである．

表 3.12 に示すように，普通セメントよりは Al_2O_3, SO_3 が多く SiO_2 は少なく，鉱物組成としてはアルミン酸カルシウムが多くなっているが，従来のポルトランドセメントのような C_3A の型ではなく，活性化したアルミン酸カルシウム ($C_{11}A_7CaF_2$) の型で，しかも多量に存在するようにしている．このセメントの特色は，

表 **3.12** ジェットセメントの試験成績の一例

比重	粉末度 [cm^2/g]	凝結			曲げ試験 [N/mm^2]						圧縮強さ [N/mm^2]					
		水量 [%]	始発 [分]	終結 [分]	2時間	3時間	6時間	1日	3日	7日	28日	2時間	3時間	6時間	1日	3日	7日	28日
3.04	5300	28.0	10	15	2.3	2.7	2.9	3.2	3.6	5.7	7.2	8.4	10.8	15.1	20.7	25.4	33.2	41.8

強熱減量	不溶成分	化学成分 [%]									鉱物組成 [%]			
		SiO_2	Al_2O_3	Fe_2O_3	CaO	MgO	SO_3	F	Na_2O	K_2O	合計	C_3S	C_2S	$C_{11}A_7\cdot CaF_2$	C_4AF
0.6	0.1	13.8	11.4	1.5	59.1	0.9	10.2	0.9	0.3	0.5	99.3	50.4	1.7	20.6	4.7

* 強さ試験はセッター(遅延剤)をセメント質量の 0.2% 添加したときの値

① 凝結時間が短いため，施工を手早くしなければならない．施工し得る時間を調整するため，通常凝結遅延剤が用いられる．
② 早期 (2〜3 時間) で強さを発揮し，材齢 1 日以降の発現は超早強セメントとほぼ同様である．
③ アルミナセメントにみられるような転移現象はない．しかし，硬化時の発熱が大きいため，温度ひび割れに対する配慮，また，成形してから硬化するまではすぐに水と接しないようにする必要がある．

(**4**) **膨張セメント**　セメントコンクリートの一つの大きな欠点は収縮することであって，これがひび割れの出る原因となる．この収縮性を改善するため，水和時に計画的に膨張させるはたらきをもつセメントを膨張セメント (expansive cement) という．膨張セメントには，収縮補償用とケミカルプレストレス導入用とがある．

アメリカの膨張セメントには，K, M, S の三つのタイプがあり，主なものは K タイプで，ボーキサイト・石灰石・石こうの混合物を焼成して得られるカルシウムサルフォアルミネートクリンカー (主成分：$3CaO \cdot 3Al_2O_3 \cdot CaSO_4$) を普通ポルトランドセメントに混合したものである (商品名：Chem Comp)．M タイプは，ポルトランドセメントとアルミナセメントの混合物に石こうを混合したもので，さらに S タイプは多量の C_3A を含むポルトランドセメントに過剰の石こうを加えたものである．

K タイプ，すなわち calcium sulfoaluminate (CSA) 系膨張機構は，式 (3.1) に示すように CSA の水和反応によって針状結晶の CSA 水和物 (ettringite, あるいは

cement bacillus と呼ばれる) を多量生成することに関係するものと考えられている．この他，遊離 CaO (式 (3.2)) や $CaSO_4$ も膨張を起こす要因と考えられている．

$$\text{CSA 系：} 3CaO \cdot 3Al_2O_3 \cdot CaSO_4 + 8CaSO_4 + 6CaO + 96H_2O$$
$$\longrightarrow 3(3CaO \cdot Al_2O_3 \cdot 3CaSO_4 \cdot 32H_2O) \tag{3.1}$$
$$\text{石灰石：} CaO + H_2O \longrightarrow Ca(OH)_2 \tag{3.2}$$

わが国では，CSA 系，CaO 系，$CaSO_4$ 系の膨張材が市販されており，これらの化学成分例を表 3.13 に示す．これらの膨張材またはそれらをあらかじめ混和した膨張セメントを使用したコンクリート (膨張コンクリート) の特性は次のようである．
① 凝結，ブリーディング，ワーカビリティーは，普通コンクリートと同程度である．
② 一般に，膨張コンクリートおよび普通コンクリートの自由膨張・収縮特性曲線は，図 3.10 に示すとおりで，通常，膨張コンクリートの収縮率は，普通コンクリート

表 3.13 わが国の膨張材の化学成分例

種類	項目	化学成分 [%]								合計	比重	ブレーン値 [cm²/g]	備考
		ig.loss	insol.	SiO_2	Al_2O_3	Fe_2O_3	CaO	MgO	SO_2				
膨張材単味	CSA	0.9	1.4	1.4	13.1	0.6	47.8	0.5	32.2	97.9	2.90	1510	
	ジプカル	0.6	—	1.3	7.2	0.4	59.7	0.6	30.2	100.0	3.05	2250	
	ジプトン	20.4	—	1.5	1.0	0.2	48.8	1.3	26.7	99.9	2.78	6300	
	エクスパン	0.4	—	13.1	2.9	2.0	76.9	1.1	3.0	99.4	3.21	2050	
膨張セメント	CSA セメント	0.6	0.6	19.9	5.8	2.9	63.2	1.3	5.0	99.3			セメントに対し内割りで11%混和
	ジプカル セメント	0.5	0.6	20.8	4.6	3.0	64.2	1.5	3.9	99.1			セメントに対して内割りで7%混和

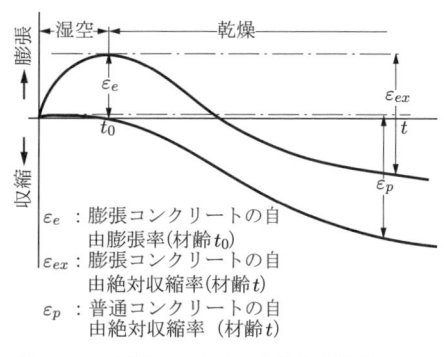

図 3.10 膨張コンクリートおよび普通コンクリートの膨張・収縮特性曲線

ε_e：膨張コンクリートの自由膨張率(材齢 t_0)
ε_{ex}：膨張コンクリートの自由絶対収縮率(材齢 t)
ε_p：普通コンクリートの自由絶対収縮率 (材齢 t)

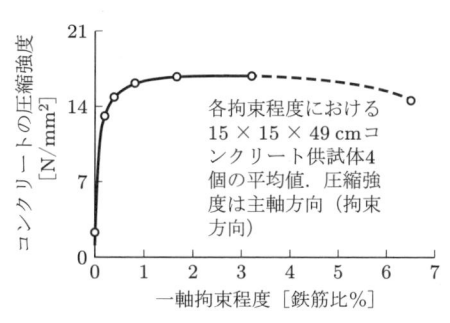

図 3.11 拘束度 (鉄筋比) と圧縮強度の関係

各拘束程度における $15 \times 15 \times 49$ cm コンクリート供試体4個の平均値．圧縮強度は主軸方向（拘束方向）

に比べ 20〜30%小さい ($\varepsilon_{ex} = 0.7\sim0.8\varepsilon_p$).
③ 膨張コンクリートを自由に膨張させるとコンクリートの組織が緩み，強度低下をきたす．拘束されるとコンクリート内部の空隙が圧縮され，ち密化され (プレス効果)，諸強度が改善される．図 3.11 は鉄筋比と圧縮強度との関係を示す．
④ 膨張コンクリートでは養生がとくに大切であり，また練混ぜ時間をあまり長くすると膨張率は減少するので注意を要する．

3.2 混和材料

3.2.1 混和材料の分類

混和材料 (admixture) は，セメント・水・骨材以外の材料で，練混ぜの際に必要に応じてコンクリートの成分として加える材料をいい，フレッシュコンクリートまたは硬化したコンクリートの性質を改善することを目的とするものである．

混和材料のうち，使用量が比較的多くて，それ自体の容積がコンクリートの配合の計算に関係するものを**混和材**といい，使用量が比較的少なくて，それ自体の容積がコンクリートの配合の計算において無視されるものを**混和剤**という．

混和材料には一つの材料でいろいろの性能をもつものもあり，これらを明確に分類することは困難である．ここでは，一例として日本コンクリート工学会による分類を示す．

(1) 混和剤
① 界面活性作用によるワーカビリティー，凍結融解に対する耐久性を改善するもの：AE 剤・減水剤・高性能減水剤
② 凝結硬化時間を調節するもの：遅延剤・促進剤・急結剤
③ 防水効果を与えるもの：防水剤
④ 泡の作用により，充てん性の改善または質量を軽減するもの：起泡剤・発泡剤
⑤ その他，保水効果を与えるもの，接着効果を与えるもの，アルカリ骨材反応を抑制するもの，鉄筋の腐食を抑制するもの，ぜい性を改善するもの，生物作用に対する抵抗性を向上するもの

(2) 混和材
① ポゾラン作用のあるもの：フライアッシュ・微粉末
② 硬化過程において膨張を起こさせるもの：石こう・CSA
③ 着色させるもの

3.2.2 混和剤

（1） AE 剤　　AE 剤 (air entraining agent) はコンクリート用表面 (界面) 活性剤の一種であり，湿潤性・乳化性・起泡性・洗浄性などの界面活性作用のうち，とくに**起泡性** (foaming) が優れたものである．

　AE 剤によって起泡された空気を**エントレインドエア** (entrained air)，このコンクリートを AE コンクリートという．エントレインドエアは微小な (20～200 μm) 気泡のため，ワーカビリティーを改善し，凍結融解に対する抵抗性が増大するという二つの大きな利点を有する．

　現在わが国で用いられている AE 剤は，アニオン系が多く，一部非イオン系のものもある．化学成分は，アニオン系では樹脂塩酸，アルキルベンゼンスルホン酸塩，アルキルスルホン酸のトリエタノールアミン塩などがあり，非イオン系ではポリオキシエチレンアルキルフェノールエーテルを主体とするものなどがある．

（2） 減水剤　　減水剤 (water-reducing agent) は，セメント粒子を分散させることによって，コンクリートの所要のワーカビリティーを得るために必要な単位水量を減らすことを主目的とした混和剤をいう．

　セメント粒子は，普通練混ぜ水中でその 10～30％は凝集してフロック状態となっているが，これに分散作用をもつ減水剤を加えると，セメント粒子表面に吸着して静電気的に活性を与え，その結果セメント粒子が互いに反発しあい，個々に分散する．セメント粒子が分散すれば，粒子間に水が浸透し，セメントペーストの軟度が増す．また，セメント粒子が水と接触しやすくなるので水和反応を促進し，強度発現をよくする．

　減水効果は，減水剤の種類，セメントおよび骨材の性質，コンクリートの配合などによって相違するが，一般に AE 剤のように空気連行効果をもつもの (AE 減水剤) が多く，その場合は単位水量を 8～15％程度減少させることができ，強度の増大，耐久性の向上が図られる．また，減水剤の中には，減水効果とともにコンクリートの凝結時間を促進したり (減水促進剤)，遅延したり (減水遅延剤) するようなものもある．

　現在使用されている減水剤の種類を化学成分別に分類すると，次のとおりである．
① リグニンスルホン酸塩，もしくはその誘導体を主成分とするもの
② 高級多価アルコールのスルホン酸塩を主成分とするもの
③ オキシ有機酸を主成分とするもの
④ アルキルアリルスルホン酸塩を主成分とするもの
⑤ ポリオキシエチレンアルキルアリルエーテルを主成分とするもの
⑥ ポリオール複合体を主成分とするもの
⑦ その他

(3) 高性能減水剤　高性能減水剤 (superplasticizer) は, 1960 年代に西ドイツと日本で開発された減水剤の一種である. しかし, 通常の減水剤に比べ

① セメント粒子の水中における分散効果が大きく, コンクリートの減水率が約 30% にも及ぶ (通常の AE 減水剤は約 12%).
② 空気連行量が少ない (1～2%).
③ 凝結遅延性が少ない.

などの特徴をもつ. 使用目的から, 次の二つに分けられる.

① 高強度用混和剤：所要コンシステンシーを得るための単位水量を大幅に減らして水セメント比をきわめて小さくして高強度を得ようとするもの
② 流動化剤：ベースコンクリートの単位水量を一定に保ってコンシステンシーを著しく改善しようとするもの

　前者は高度な減水作用と低空気連行性であることから, $80 \sim 100 \ N/mm^2$ のような高強度コンクリートが容易に得られる. 後者はコンクリート打設前に添加して高スランプ化を図ったり, 分割添加により生コンクリート運搬中のスランプロスの回復剤として用いられる.

　一般的には, 空気連行性能, 高い減水性能とスランプ保持性能を有する高性能 AE 減水剤として広く使用されている. その主成分は, ポリカルボン酸系, ナフタリン系, アミノスルホン酸系, メラミン系の 4 種類である.

　また最近では, 高性能 AE 減水剤に新たな機能を付与したタイプも使用されている. 乾燥収縮低減剤を付加したものや, 増粘剤が配合されたものなどがある.

(4) 促進剤　促進剤 (accelerator) は, セメントの水和反応を促進する混和剤で, 減水剤ならびに AE 減水剤の促進形の他, 通常塩化カルシウムまたは塩化カルシウムを含む減水剤があるが, 最近では非塩化物系のものが一般的に用いられる. 早期強度の増大, 早期発熱の増加などの効果により, 寒中コンクリートに有効である.

(5) 遅延剤　遅延剤 (retarder) はセメントの水和反応を遅らせ, 凝結時間を長くする目的で用いる混和剤である. 遅延剤にはリグニンスルホン酸系のもの, オキシカルボン酸系のもの, および無機質のけいふっ化物などがある. 前二者は減水剤でもある (減水遅延剤).

　有機質の遅延剤は, 分子が著しく大きく, これがセメント表面に吸着し, セメントと水との接触を一時的に遮断して初期水和反応を遅らせる. けいふっ化物のおもな作用はセメントと反応してふっ化カルシウムの被膜を形成し, セメント粒子を覆う. いずれの場合も, その後の水和によってセメント粒子が膨張するので, 吸着分子の間隙が広がったり, 被膜が破れたりして, 正常な水和作用が行われ, その後の強度発現に悪影響はない.

遅延剤は，暑中コンクリートの施工，レディーミクストコンクリートで運搬距離の長い場合，また水槽・サイロなど連続打設を必要とするコンクリートのコールドジョイント (cold joint) の防止に有効である．

(6) 急結剤 急結剤 (quick setting agent) はセメントの凝結を著しく早めるために用いる混和剤で，モルタルまたはコンクリートの吹付け工法，グラウトによる水止め工法などに用いられる．急結剤としては，炭酸ソーダ (Na_2CO_3)，アルミン酸ソーダ ($NaAlO_2$)，けい酸ソーダ (Na_2SiO_3，水ガラス)，塩化第二鉄 ($FeCl_3$)，塩化アルミニウム ($AlCl_3$) などを主成分としたものである．急結剤を用いたコンクリートの1～8日までの強度の増進は著しいが，長期強度は一般に劣るものが多い．

(7) 流動化剤 流動化剤 (plasticizer) は，セメントの分散効果を増大させることにより，流動性を増大させる目的で使用される混和剤で，高性能減水剤を主成分としている．一般のコンクリート用の標準形の他に，遅延形があり，暑中コンクリートのスランプ調整のために使用される．

(8) 防水剤 防水剤 (water-resisting agent) はモルタル，コンクリートの吸水性または透水性を減らす目的で用いられる混和材で，塩化カルシウム系・けい酸ソーダ系・脂肪酸系・パラフィン系・高分子エマルジョン・減水剤・AE剤系のものなど非常に多種類のものが市販されている．

コンクリートの透水および吸水は，その内部に水路となる空隙ができるためであり，透・吸水性を減らすためには，空隙生成の防止あるいは空隙の分散細微化を図ればよいことになる．しかし，コンクリート中に空隙が生成する原因は非常に複雑であって，防水剤はそのうち下記の項目の一つあるいは一つ以上をねらって効果を得ようとするものである．

① まだ固まらないコンクリート中に含まれる細隙の充てんおよびその分散細微化
② コンクリートのワーカビリティーを高め，打込み時にできる空隙を少なくする．かつ硬化乾燥後に空隙となる練混ぜ水を少なくする．
③ セメント水和を促進させる．
④ セメントの水和反応によって生じる可溶性物質の溶失を防ぎ，さらに不溶性または発水性塩類を形成させる．
⑤ コンクリート内部に不透水層または発水性膜を形成させる．

防水剤は効果が永続的で，セメントの安定性・強度などに有害でないことが必要である．しかし，市販の防水剤の中には，防止水効果はあってもコンクリートの他の性質を害するものもあり，使用の可否および剤の選択には十分注意すべきである．土木学会では「水密コンクリートには良質のAE剤，減水剤，AE減水剤，高性能減水剤または良質のポゾラン等を用いるのがよい」と規定している．

(9) 発泡剤　　アルミニウム，または亜鉛などの粉末を混和すると，セメントの凝結過程において水酸化物と反応して水素ガスを発生し，モルタルまたはコンクリート中に微細な気泡を生じる．この種の混和剤を発泡剤 (gas-foaming agent) またはガス発生剤という．発泡剤には一般にはアルミニウム粉末が用いられている．

　発泡剤によって何の拘束もなく，自由に発泡膨張させれば，モルタルやコンクリートの強度は低下するが，膨張を抑制すれば強度低下は少なくなる．

　なお，建築分野では部材の軽量化または断熱性を与える目的でつくられている，いわゆる気泡コンクリートに発泡剤が用いられている．

(10) 防せい剤　　防せい剤 (corrosion-inhibiting agent) は，海砂を細骨材として用いる場合などに鉄筋コンクリートの防せい目的で用いる混和剤で，亜硝酸塩，リン酸塩，アミン類などがある．これらの防せい剤の作用としては，鉄筋表面の保護被膜を補強するもの，酸素を消費してそれが鉄筋に到達しにくくするもの，Cl^- と結合して固定するものなどがある．

3.2.3　混和材

(1) ポゾラン　　ポゾラン (pozzolan) は，イタリアの火山灰産地の地名 Pozzoli から由来した名前であり，それ自体には水硬性はないが，コンクリート中の水に溶けている水酸化カルシウムと常温で徐々に化合して，不溶性の化合物をつくるようなシリカ質物質を含んだ微粉状態の材料をいう．

　ポゾランには天然のものと人工のものとがあり，前者には火山灰・けい藻土・けい酸白土などがあり，後者には，粘土やけつ岩を熱処理したもの，高炉スラグ，フライアッシュなどがある．良質なポゾランを用いたコンクリートには一般に次のような特徴がある．

① コンクリートのワーカビリティーがよくなり，ブリーディングが減少する．
② 初期強度は小さいが，長期間湿潤養生を行えば，ポゾラン作用により，長期強度・水密性および化学抵抗性が大となる．
③ 発熱量が少ない．

　したがって，ポゾランは重力ダムなどのマスコンクリートや水理構造物に適している．天然ポゾランは主としてシリカセメントの原料として，高炉スラグは高炉セメントの原料として用いられている．

● **フライアッシュ**　　フライアッシュ (fly-ash) とは，火力発電所などの微粉炭燃焼ボイラーから出る廃ガス中に含まれている灰の微粉粒子を集じん機で捕集したものである．他のポゾランに比べてフライアッシュの著しい特徴は，表面の滑らかな球形粒子からなっていることである．球形粒子はボールベアリングの作用をし，コンクリー

トのワーカビリティーがよくなり，使用水量を減らすことができる．

一方，フライアッシュは副産物であり，その品質にはかなりのばらつきが生じるため，供給者および使用者は十分注意する必要がある．品質規定として JIS A 6201 がある．

● **高炉スラグ**　　製鉄工業の高炉作業において，鉄鉱石・石灰石・コークスを原料とし，適当な割合で調合，高温下で溶解し還元されると，原料中の鉄分は，銑となって分離され，比重が大であるため炉底に沈み，高炉の上層部には鉄鉱石の不純物として含まれる SiO_2, Al_2O_3 などを主成分とする岩石が，石灰石よりの CaO の分と化合し，高温で溶けたまま浮遊する．これが高炉スラグ (blast furnace slag) と呼ばれるものである．この溶融スラグ液を高炉の底から排出する際，冷水ジェットか，急冷用空気などで，急に温度を下げさせ，すなわち quenching を行って急冷させると，小さな砂粒状に変わり，これがガラス質を示すようになる．これを急冷砕塩基性高炉スラグ (別名：**高炉水滓**) という．この高炉水滓は，既述のように潜在水硬性をもち，高炉セメントの原料に使用される．なお，急冷せず空中で徐冷すると，岩塊状となって固化し，いわゆるノロとなる．ノロは潜在水硬性をもたず，人工骨材の材料として用いられている．

(2) 膨張材　　膨張材は，鉄粉の発せい，エトリンガイトの生成，石灰の膨張作用などにより，モルタルまたはコンクリートをその硬化過程において膨張させ，橋梁の支承据付け，機械の台座などのグラウトに使用したり，コンクリート部材のひび割れの発生を防ぐ目的や，ケミカルプレストレスの導入に用いられる (3.1.4 項 (4) 参照)．混和材として用いるコンクリート用膨張材の品質規定として JIS A 6202 がある．

以上に述べた混和材以外のものとして，最近ではシリカフューム，高強度用混和材 (無水石こうなどが主成分) などが使用されている．

⦀⦀⦀ 演習問題 ⦀⦀⦀

3.1 セメントの水硬性化合物 (C_3S, C_2S, C_3A, C_4AF) の特性を比較せよ．

3.2 セメントの風化機構について述べよ．

3.3 混合セメントの種類と特徴を述べよ．

3.4 混和材料を効果別に分類し，作表せよ．

3.5 遅延剤の凝結遅延作用および用途について述べよ．

3.6 耐硫酸塩ポルトランドセメント (sulfate-resisting portland cement) に関する次の記述のうち誤っているものを示せ．

　(1) JIS に規定されていないセメントである．

(2) C_3A 量を著しく減少させて硫酸塩の侵食作用に対する抵抗性を付与したセメントである．
(3) 水和熱がとくに低く，乾燥収縮も小さい．
(4) 普通セメントと同様に各種建設工事に使用できる．
(5) 硫酸塩を含む土壌，下水などに触れるコンクリート構造物やヒューム管などの二次製品として使用されている．

第4章　骨材および水

4.1　概　説

　骨材 (aggregate) とは，モルタルまたはコンクリートをつくるために，セメントおよび水と練り混ぜる砂・砂利・砕砂・砕石，その他これに類似の材料をいう．骨材はその粒径の大小に応じて**細骨材** (fine aggregate) と**粗骨材** (coarse aggregate) の2種類に区別される．土木学会では，細骨材とは 10 mm ふるいを全部通り，5 mm ふるいを質量で 85% 以上通る骨材をいい，粗骨材とは 5 mm ふるいに質量で 85% 以上とどまる骨材と定義している．骨材を出所によって分類すると次のようになる．

```
         ┌ 天然骨材 ┌ 河川産　（川砂・川砂利）
         │          ├ 山陸産　（山砂・山砂利・陸砂・陸砂利・天然軽量骨材）
         │          └ 海浜産　（海砂・海砂利）
骨　材 ──┤
         │          ┌ 砕砂・砕石
         │          │ 人工軽量骨材
         │          │ 高炉スラグ
         │          │ フェロニッケルスラグ
         └ 人工骨材 ┤ 銅スラグ
                    │ 電気炉酸化スラグ
                    │ 溶融スラグ
                    │ 再生骨材
                    └ 重量骨材
```

　骨材は，コンクリート 1 m^3 あたり約 70% を占めるものであるから，その性質の良否は直接コンクリートの性質に大きな影響を及ぼす．**骨材の品質**に対して土木学会では，骨材は清浄・強硬・耐久的で，適当な粒度をもち，薄い石片，細長い石片，ごみ，どう，有機不純物，塩分などの有害量を含んでいてはならないと規定している．骨材が特殊な目的，たとえば軽量コンクリート，放射線しゃへい用コンクリート，耐火構造用コンクリートなどをつくる目的で用いられる場合には，それぞれに適応した性質をもつ骨材を用いなければならない．

　骨材に関する調査項目は，

① コンクリートの配合計算に必要なデータ
② コンクリートの耐久性に影響を及ぼす骨材性質
③ 特殊用途に要求される性質

である．

4.2 石質，強さおよび耐久性

4.2.1 石 質

骨材の性質は，その母岩あるいは原石の性質と密接な関係がある．一般に，石英質のものが最も強く，石灰質のものも相当に強い．骨材として良好なものは，花崗岩・安山岩・玄武岩・硬質砂岩・硬質石灰岩などである．

一般に，骨材の石質の良否は，比重および吸水率で判断するが，軟質なものや，風化したものは軟石あるいは死石といい，引掻き試験 (scratching test) (JIS A 1126) によってその可否を決める．表 4.1 は，石材の物理的性質による分類 (JIS A 5003) の例を示す．

表 4.1 石材の物理的性質による分類

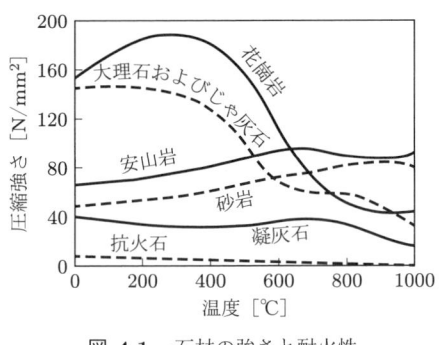

種 類	圧縮強さ [N/mm²]	参考値	
		吸水率 [%]	見掛け比重 [g/cm³]
硬 石	50 以上	5 未満	約 2.7〜2.5
準硬石	50〜10	5〜15	約 2.5〜2
軟 石	10 未満	15 以上	約 2 未満

図 4.1 石材の強さと耐火性

図 4.1 は石材の耐火性を示したものである．花崗岩や石灰岩は耐火性の優れた骨材とはいえない．耐火的な粗骨材の例としては，スラグ・シンダー・れんがくずなど，多孔質のものがある．しかし，これらは強さが小さい．比較的強さの大きいものには，硬質の凝灰岩・トラップなどがある．

4.2.2 強 さ

セメントペースト硬化体より小さな強さの骨材を用いる場合には，コンクリート強度は使用する骨材の強さによって支配されることがある．

骨材の強さは，母岩あるいは原石の強さからある程度推定することができる．骨材そのものの強さは，イギリスのBS-812に規定されている破砕試験，JIS規定のすり

へり抵抗試験 (JIS A 1120, 1121) などによって間接的に求めることができる．さらに，コンクリート強度とモルタル強さの比から骨材の強さを推定する方法，骨材粒に点載荷して直接的に骨材強さを求める方法などがある．これらの試験法は，コンクリート用骨材の試験法としては必ずしも適当でない．骨材の強さに疑いのあるときは，モルタルまたはコンクリートについて試験を行い，その結果に基づいて使用の可否を定めるのがよい．

また，粗骨材の堅硬の程度については，ロサンゼルス試験機による粗骨材のすりへり試験方法 (JIS A 1121)，引掻き硬さによる粗骨材中の軟石試験方法 (JIS A 1126)，粗骨材の密度および吸水率試験方法 (JIS A 1110) によるか，その粗骨材を用いたコンクリート強度試験などの結果により判断できる．

4.2.3 耐久性

コンクリートが耐久的であるためには，骨材もまた温・湿度の変化や，凍結融解作用に対して安定で耐久的でなければならない．

不安定な骨材とは軟質で吸水性が大きく，割れやすいもの，また水で飽和したとき著しく膨張するもので，その例としては軟質砂岩・頁岩・粘土性岩・ある種の雲母質岩石などである．

骨材の耐久性は，それと同じような骨材を用いた過去の実績によって判断するのが最も適切である．過去に適当な実績がない場合には，骨材の安定性試験，その骨材を用いたコンクリートの凍結融解試験などの促進耐久性試験を行い，その結果から判断する．

土木学会の示方書では，硫酸ナトリウムによる骨材の安定性試験 (JIS A 1122) により求められる損失質量分率の許容限度を細骨材で 10%，粗骨材で 12% と定めている．ただし，この限度を超えた場合でも，これと同じ産地で，同じような骨材を用いた同程度のコンクリートが，予期される気象作用に対して満足な耐久性を示した実例がある場合，または実例がない場合でも，これを用いてつくったコンクリートの凍結融解試験結果から満足なものと認めた場合には，承認を得てこれを用いてよいとしている．もちろん，気象作用を受けない構造物に用いる骨材については，このような耐久性を考えなくてもよい．

4.2.4 アルカリシリカ反応

骨材の化学安定性に関する事項として**アルカリ骨材反応** (alkali aggregate reaction) がある．これは，主としてセメント中のアルカリ金属 (Na, K) が骨材中のある種の造岩鉱物と高湿度の条件下で化学反応を起こすため，コンクリートが過度に膨張してひ

び割れ，反りなどを起こすものである．

アルカリ骨材反応の種類は，現在のところ次の二つに分類される．
① アルカリシリカ反応 (alkali silica reaction，ASR と略記)
② アルカリ炭酸塩岩反応

②は岩石 (鉱物) が限定されているので，普通アルカリ骨材反応といわれているのは ASR を指すことが多く，わが国の被害例も現在のところほとんどが ASR といわれている．

ASR によってコンクリート中に膨張圧を発生する機構については種々の説があるが，ASR の反応は基本的には次の化学式で進行することがわかっている．

$$\underset{(\text{反応性シリカ})}{SiO_2} + \underset{(\text{アルカリ})}{2NaOH} + \underset{(\text{水})}{nH_2O} \to \underset{\text{けい酸ソーダ (水ガラス)}}{Na_2H_2SiO_4 \cdot nH_2O}$$

ASR を起こしやすい鉱物としては，クリストバライト，トリディマイト，オパール，カルセドニー，隠微晶質石英，微晶質石英，玉髄，火山ガラスなどである．これらの鉱物を含む可能性の高い岩石としては，安山岩，石英安山岩，流紋岩，砂岩，チャート，凝灰岩，玄武岩，頁岩，泥岩などがある．

アルカリシリカ反応に対する安定性に関する試験法としては，ASTM 規格の化学法 (JIS A 1145)，モルタルバーによる膨張試験 (JIS A 1146) などがある．アメリカなどでは，さらに厳しい条件を考慮した促進モルタルバー法 (ASTM C 1260，カナダ法) が用いられている．

旧建設省では ASR の抑制対策として次の四つをあげた (昭和 61 年審議官通達)．
① 安全と認められる骨材の使用 (化学法またはモルタルバー法による試験で判定)
② 低アルカリ形セメントの使用 (JIS R 5210 に規定のセメント)
③ 抑制効果のある混合セメントなどの使用 (スラグ混合率 50% 以上の高炉セメントなど)
④ コンクリート中のアルカリ総量の抑制 (総アルカリ量 $Na_2O < 3.0 \text{ kg/m}^3$)

土木学会の示方書では，上記の①，③，④の三つの方法のどれかを採用するようにしている．最近では③，④が優先されている．

4.3 比重，含水量および単位容積質量

4.3.1 比　重

骨材の比重 (specific gravity) は，一般に表面乾燥飽水状態の骨材粒の見掛け比重をいう．比重の大小により，骨材の強さ，吸水率 (図 4.2)・安定性 (図 4.3) などの数値をある程度類推することができる．また，コンクリートの配合設計，実積率，空隙率などの計算に用いる．

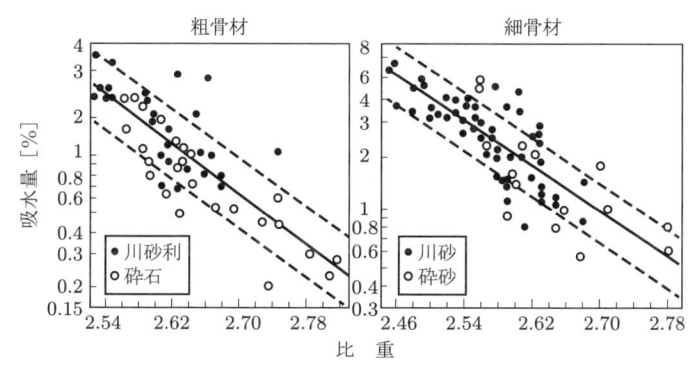

図 **4.2** 比重と吸水率との関係 (西沢)

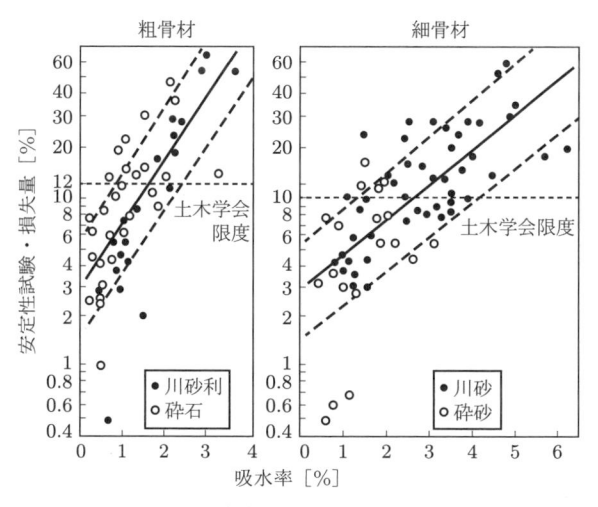

図 **4.3** 吸水率と安定性との関係 (西沢)

普通骨材の比重は，細骨材で 2.50〜2.65，粗骨材で 2.55〜2.70 の範囲にあり，一般に比重の大きいものは密実で吸水率が小さく，耐久性が大である．

比重および吸水率の試験方法は，JIS A 1109 および JIS A 1110 に規定してある．

4.3.2 含水量 ── 表面水量および吸水量

骨材の含水状態は，図 4.4 に示す四つのいずれかの状態にある．

含水量とは骨材粒に含まれるすべての水の量をいう．**吸水量** (absorption capacity) とは絶乾状態から表乾状態になるまでに吸水される水量で，通常 24 時間浸水における吸水量の絶乾状態における骨材質量の百分率 (**吸水率**) で表す．**表面水量** (surface moisture) とは，骨材粒の表面についている水量で，一般に表乾状態に対する試料質

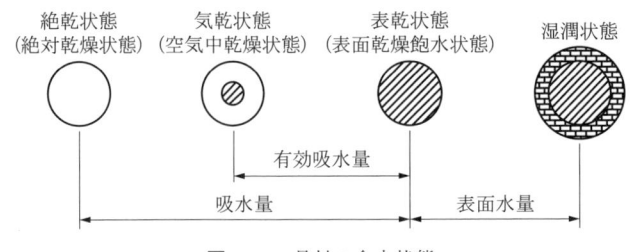

図 4.4 骨材の含水状態

量の百分率 (**表面水率**) で表す．

吸水量は骨材粒の内部空隙の量を示すものであるから，骨材品質の良否をかなりよく表す．また，その測定方法 (JIS A 1109, 1110) も簡単であるため，骨材選択のだいたいの目安を得るのに比重とともによく用いられる．わが国における河川産骨材の吸水率は，細骨材で 1～6%，粗骨材で 0.5～4% 程度である．

コンクリートの配合を示す場合は，骨材の表乾状態を基準としているので，骨材の表面水量または有効吸水量の変化に応じて，コンクリートの練混ぜ水量を調節しなければならない．砂の表面水率の測定方法には，JIS A 1111 による方法，メスシリンダーによる簡易法，赤外線水分計を用いる方法，中性子水分計を用いる方法などがある．参考のために骨材の状態による表面水量のだいたいの値を示すと表 4.2 のようである．

表 4.2 骨材の表面水率の近似値

骨材の状態	表面水率 [%]
湿った砂利または砕石	1.5～2
非常にぬれている砂 (にぎると手のひらがぬれる)	5～8
普通にぬれた砂 (にぎると形を保ち手のひらにわずかに水分がつく)	2～4
湿った砂 (にぎっても形はすぐくずれ，手のひらにわずかに湿りを感じる)	0.5～2

4.3.3 単位容積質量，実積率および空隙率

骨材の**単位容積質量** (unit weight) とは，$1\,\mathrm{m}^3$ の骨材の質量 [kg] をいい，骨材の比重・粒形・粒度・含水量・計量容器の形状と寸法，また容器への投入詰め方などによって異なる．この値は骨材の空隙率，コンクリート配合設計，現場における骨材計量などに必要である．

標準方法 (JIS A 1104) で測定した単位容積質量のだいたいの値は，普通骨材の細骨材では 1450～1700 kg/m^3，粗骨材では 1550～1850 kg/m^3 である．また，細粗混合骨材では 1780～2000 kg/m^3 となる．

骨材の単位容積中の空隙の割合を百分率で表したものを**空隙率** (percentage of voids) といい，これに対し骨材の実質部分の割合を百分率で表したものを**実積率**(percentage of solids) という．いま，空隙率を v，実積率を d，骨材の比重を ρ，単位容積質量を w [t/m^3] とすると

$$d\ [\%] = \frac{w}{\rho} \times 100$$

$$v\ [\%] = \left(1 - \frac{w}{\rho}\right) \times 100 = 100 - d$$

実積率が大きいと，セメントペースト量が少なくてすむので，乾燥収縮・水和熱を減らし，経済的に所要のコンクリート強度を得ることができるとともに，コンクリートの密度・すりへり・水密性・耐久性などが増大する．

4.4 最大寸法，粒形および粒度

4.4.1 粗骨材の最大寸法

粗骨材の最大寸法 (maximum size of coarse aggregate) とは，質量で少なくとも 90% が通るふるいのうち，最小のふるい目の呼び寸法で示される粗骨材の寸法をいう．

粗骨材の最大寸法が大きいほど，所要の品質のコンクリートを得るための単位水量およびセメント量は一般に減少し，経済的となる (図 4.5, 4.6)．しかし，圧縮強度が比較的高い場合 (図 4.6 で 35 N/mm^2 以上の場合) は，最大寸法を大きくするほどセメント量が増大する．また，施工面からは最大寸法が大きくなれば，練混ぜや取扱いが困難となり，分離が生じやすくなる．したがって，おのずから適当な最大寸法は構造物の種類，鉄筋間隔，施工機械などから定まってくる (規格値は表 5.18 参照)．

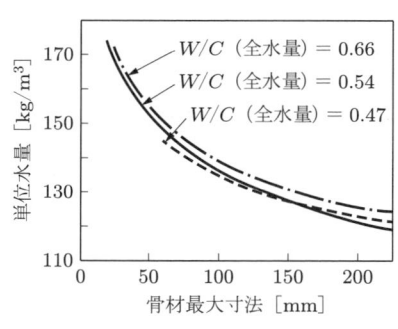

図 4.5 粗骨材の最大寸法と単位水量との関係 [コンクリートマニュアル]

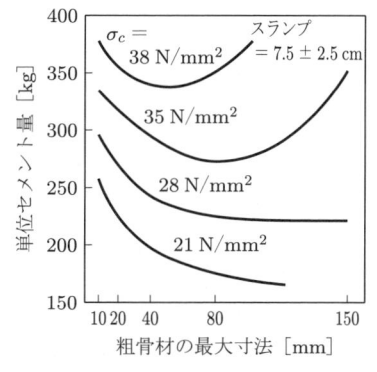

図 4.6 粗骨材の最大寸法と単位セメント量との関係 [コンクリートマニュアル]

4.4.2 粒 形

骨材粒の形状 (shape of aggregate particles) は，丸みをもった球形に近いものが望ましい．うすっぺら，または細長いものは折損しやすく不安定で，空隙率が大きくなり，また角ばっているものは空隙率が大きくなるとともに骨材粒間の摩擦が増加するので，ワーカブルなコンクリートをつくるためには，図 4.7, 4.8 に示すように，砂の多い配合にしなければならず，その結果セメントおよび水の使用量が増大する．また，鉄筋コンクリート部材においては，偏平な骨材や細長い骨材は鉄筋と鉄筋の間にまたがって，その下のコンクリートに水隙や空隙を生じるおそれもある．

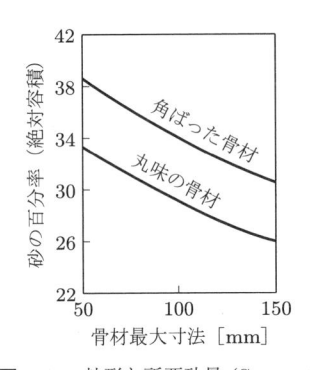

図 4.7 粒形と所要砂量 (Stewart) 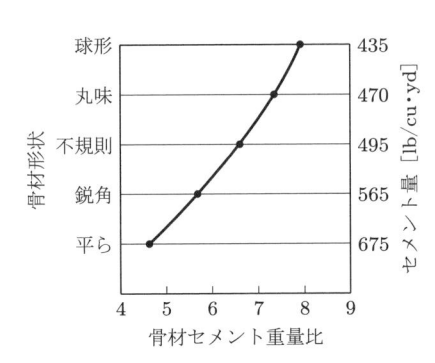　　図 4.8 骨材の形状と所要セメント量 (Stewart)

なお，骨材の粒形を評価する方法として，従来から多くの提案がなされている．Zing は，骨材粒を偏平楕円体と考え，その長径を a，中間径を b，短径を c とし，b/a および c/b の値によって分類している．この他，粒形を表す係数として次のようなものが提案されている．

容積係数　　$K = \dfrac{v}{abc}$　（K が大きいほどよい）

球形率　　　$R = \dfrac{6v}{\pi abc}$　（R が大きいほどよい）

細長率　　　$e = \dfrac{a}{c}$　（e が小さいほどよい）

偏平率　　　$f = \dfrac{ab}{c}$　（f が小さいほどよい）

方形率　　　$s = \dfrac{a}{b}$　（s が小さいほどよい）

ここで，v は粒子の容積である．

しかし，個々の粒子についてこれらの係数を求めるのは非常に手間がかかるうえ，コンクリートのワーカビリティーとの関連性もほとんど認められない．砕石の形状を評価する指数として実積率がよく用いられている (4.6 節参照)．

4.4.3 粒　度

骨材の**粒度** (grading) とは骨材の大小粒が混合している程度をいう．細・粗粒が適当に混合しているときは，粒の大きさがそろっているときや細粒が多いときに比べ，ワーカビリティー・強度・耐久性・水密性などの点で，所要の品質のコンクリートを比較的少ない単位セメント量で経済的につくることができる．

粒度は**ふるい分け試験** (sieve analysis test, JIS A 1102) によって求め，その結果を示すのに**粒度曲線** (grading curve, 図 4.9) を用いるのが普通である．

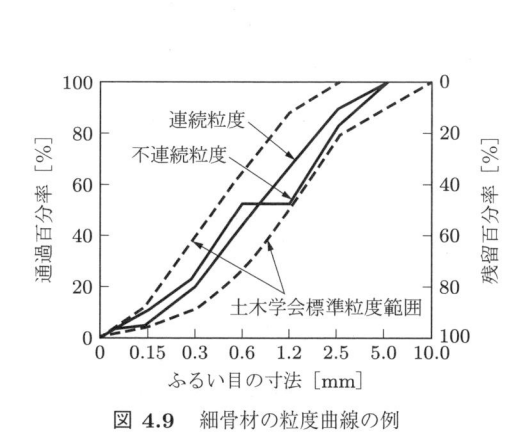

表 **4.3**　粗粒率の計算

ふるい目 [mm]	各ふるいに残留するものの質量百分率 r [%]	
	粗骨材	細骨材
80	0	
40	5	
20	65	
10	90	0
5	98	4
2.5	100	15
1.2	100	37
0.6	100	62
0.3	100	84
0.15	100	98
粗粒率 $\Sigma r/100$	7.58	3.00

図 **4.9**　細骨材の粒度曲線の例

骨材の粒度を数量的に示す一つの方法として**粗粒率** (fineness modulus または F.M. と略記する) があるが，これは 80，40，20，10，5，2.5，1.2，0.6，0.3 および 0.15 mm の一組のふるいを用い，各ふるいより粗いものの骨材全質量に対する百分率の総和を 100 で割った値である．表 4.3 に示す粗粒率 3.00 は，この細骨材の平均の粒の大きさが小さいほうから 3 番目のふるい 0.6 mm であることを意味している．

粗粒率がそれぞれ s，g の細骨材および粗骨材を質量比で $m:n$ の割合で混合した骨材の粗粒率 k は次の式で求められる．

$$k = \frac{m}{m+n}s + \frac{n}{m+n}g$$

1 本の粒度曲線には，ただ一つの粗粒率が存在するが，一つの粗粒率には無数の粒度曲線が考えられる．したがって，粗粒率は粒度を完全に表す指数ではない．しかし，同一産地から採取した骨材の粒度の均等性の判断やコンクリートの配合設計などに便利に用いられる．

86　第4章　骨材および水

　骨材の適性粒度は，粒形・表面状態・コンクリート配合などによって異なり，これを一律に規定することはできない．しかし，実験上・経験上から一般的な粒度範囲の標準を求めることはできるので，土木学会では，細粗骨材それぞれについて，表4.4および表4.5のように定めている．この規定の意味するところは，この程度の粒度のものを用いれば，通常，所要のコンクリートを経済的につくることができるということを示したものであって，工事現場に到着した骨材の粒度がこの範囲内にない場合，その骨材を決して用いてはならないというわけではない．

表 4.4　細骨材の粒度の標準 [土木学会：コンクリート標準示方書]

ふるいの呼び寸法 [mm]	ふるいを通るものの質量百分率	ふるいの呼び寸法 [mm]	ふるいを通るものの質量百分率
10	100	0.6	25〜65
5	90〜100	0.3	10〜35
2.5	80〜100	0.15	2〜10*
1.2	50〜90		

* 砕砂あるいは高炉スラグ細骨材を単独に用いる場合には，2〜15% にしてよい．

表 4.5　粗骨材の粒度の標準 [土木学会：コンクリート標準示方書]

ふるいの呼び寸法 [mm]		ふるいを通るものの質量百分率 [%]							
		50	40	30	25	20	15	10	5	2.5
粗骨材の最大寸法 [mm]	40	100	95〜100	–	–	35〜70	–	10〜30	0〜5	–
	25	–	–	100	95〜100	–	30〜70	–	0〜10	0〜5
	20	–	–	–	100	90〜100	–	20〜55	0〜10	0〜5
	10	–	–	–	–	–	100	90〜100	0〜15	0〜5

　一般に，細骨材の粗粒率は 2.3〜3.1 の間にあるのがよい．この範囲を外れる場合は，2種以上の細骨材を混合し，粒度調整を行うのがよい．なお，土木学会では，細骨材の粗粒率の変動の限度を ±0.2 と定めている．

4.5　有害物

　骨材に含有されている有害物 (deleterious substance) とは，ごみ・粘土塊・シルト・雲母質物質・泥炭質・腐食土などの有機物および化学塩類などで，コンクリートの強度・耐久性・安定性などを害する物質をいう．骨材の品質として JIS A 5308 では表4.6のように規定している．砂に対しては，この他有機不純物および塩分について規定している．

表 4.6　砂利および砂の品質 [JIS A 5308: 2009]

項　目	砂　利	砂
絶乾密度 [g/cm^2]	2.5 以上 *1	2.5 以上 *1
吸水率 [%]	3.0 以下 *2	3.5 以下 *2
粘土塊量 [%]	0.25 以下	1.0 以下
微粒分量 [%]	1.0 以下	3.0 以下 *3
有機不純物	−	同じ，または淡い *4
軟らかい石片 [%]	5.0 以下 *5	−
石炭・亜炭などで密度 1.95 g/cm^3 の液体に浮くもの [%]*6	0.5 以下 *7	0.5 以下 *7
塩化物量 (NaCl として) [%]	−	0.04 以下 *8
安定性 [%]*6,9	12 以下	10 以下
すりへり減量 [%]	35 以下 *10	−

*1 購入者の承認を得て，2.4 以上とすることができる．
*2 購入者の承認を得て，4.0 以下とすることができる．
*3 コンクリートの表面がすりへり作用を受けない場合は，5.0 以下とする．
*4 試験溶液の色合いが標準色より濃い場合でも，JIS A 5300: 2009 付属書 A 10.n) に規定する圧縮強度百分率が 90%以上であれば，購入者の承認を得て用いてよい．
*5 舗装コンクリートおよび表面の硬さがとくに要求される場合に適用する．
*6 この規定は，購入者の指定に従い適用する．
*7 コンクリートの外観がとくに重要でない場合は，1.0 以下とすることができる．
*8 0.04 を超すものについては，購入者の承認を必要とする．ただし，その限度は 0.1 とする．プレテンション方式のプレストレストコンクリート部材に用いる場合は，0.02 以下とし，購入者の承認があれば 0.03 以下とすることができる．
*9 JIS A 5308: 2009 付属書 A 10.h) の試験操作を 5 回繰り返す．
*10 舗装コンクリートに用いる場合に適用する．

4.5.1　微細物質 (粘土・シルト・雲母片など)

　粘土は骨材の表面に密着しないで均等に分布しているものであれば，貧配合のときは必ずしも有害でないが，骨材の表面に密着しているとセメントペーストとの付着を妨げるし，塊になっていると湿乾あるいは凍結融解などによって塊自身が破壊したり，コンクリートの表面を損じたりして有害である．粘土塊 (clay lumps) の試験はJIS A 1137 による．塊となっていない微粒物質が多いと単位水量が増加し，コンクリートの上面に浮かんで弱い層をつくる．この量は洗い試験 (JIS A 1103) の結果から判断できる．

4.5.2　石炭・亜炭などで比重の小さいもの

　軽い石炭 (coal)・亜炭 (lignite) などは強さが小さく，コンクリートの強度上の弱点となり，また外観を損じる．また，石炭・亜炭中の硫黄成分は，水および空気と反応して硫酸を生じ，さらに硫酸と石灰分とが反応して膨張性物質をつくる．また，鉄筋を腐食する．なお，試験法は JIS A 1141「骨材中の比重 1.95 の液体に浮く粒子の試験方法」に規定されている．

4.5.3 軟らかい石片

軟らかい石片 (死石, soft fragments) を多量に含有している骨材を用いたコンクリートの強度は低下する．また，これらの骨材は，一般に温・湿度の変化，凍結融解作用によって大きい体積変化を生じ，コンクリートにひび割れ・はく離・崩壊などの損傷を与えることがある．軟らかい石片の試験法は JIS A 1126 に規定されている．

4.5.4 有機不純物

腐食土・泥炭などの中にはフミン酸を含み，これがセメント中の石灰と化合して石灰フミン酸石けんを生成し，セメントの水和反応を阻害し，はなはだしいときには硬化しないことがある．とくに，フミン酸は洗浄によって除去することが困難で，アルカリ溶液で洗わなければ除去できない．

砂の有機不純物 (organic contamination) の有害量を判定するには，JIS A 1105 規定の比色試験によればよい．しかし，この試験は天然砂中の有機物含有量の概略値を示すだけであるから，この試験に不合格な砂の使用の可否は，モルタルの圧縮強度試験 (土木学会規準) 結果によって判断する．

4.5.5 塩　分

海砂など塩化物を含有している砂を鉄筋コンクリート用コンクリートに用いると，鉄筋を腐食させるおそれがある．

海砂の塩分含有量は，採取の場所，深さなどによって異なり，図 4.10 に示す実測例によると，海砂に付着している換算 NaCl 量はおよそ 0.004〜0.13% (砂の絶乾質量に対する百分率) である．

鉄筋コンクリート構造物に用いる**海砂の塩分含有量の許容限度**として JIS A 5308 では，一般の RC 構造物では NaCl 換算で 0.04%，プレテンション部材では 0.02% と規定している．さらに，JIS A 5308 では，細骨材の塩化物量のみならず，コンクリー

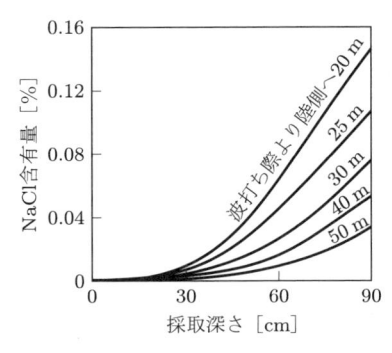

図 4.10　波打ち際よりの距離，採取深さと NaCl 量 (狩野，大島)

トに含まれる塩化物イオン量 (Cl^-) を 0.30 kg/m^3 (塩化物総量規制値) 以下にすることとしている．ただし，購入者の承認を受けた場合には，0.60 kg/m^3 以下とすることができる．

砂に付着している塩分 (salt impurities) を希釈するには，洗浄もしくは注水が有効である．なお，海砂の使用に際しては貝がら混入の問題が派生するが，イギリスの実験によると貝がら片の大きさが 10mm 程度以下で，混入量が 30% 程度以下であれば，コンクリートの諸性質に及ぼす影響は小さい．

4.5.6 有害鉱物

骨材中に化学的あるいは物理的に不安定な鉱物が含まれている場合，その変質によって，膨張，ひび割れ，はく離，ポップアウトなどの劣化現象が生じることがある．表 4.7 に，鉱物の変質による劣化事例を示す．

表 4.7 鉱物の変質によるコンクリート劣化
[日本コンクリート工学会：コンクリート技士研修テキストをもとに作成し，一部修正]

分　類	鉱物名	反応形態
	含鉄ブルーサイト コーリンガイト	含鉄ブルーサイト酸化・炭酸化による膨張を伴う新鉱物の形成
沸　石	ローモンタイト レオンダイト	乾湿の繰り返しによる粉状化
長　石*	正長石 曹長石	セメント中に放出した K, Na と共存，シリカ鉱物との膨張反応
粘土鉱物	モンモリロナイト サポナイト 加水雲母 イライト 絹雲母 膨張性緑泥石	吸水膨張乾燥収縮
硫化物	黄鉄鉱 白鉄鉱 磁硫鉄鉱 黄銅鉱	酸化して石こうを生成した後，さらにエントリガイトを生成し膨張
硫酸塩	石こう 硬石こう 明ばん	セメント中の C_3A と反応して，エントリガイトを生成し膨張
酸化物	ライム (CaO) ペリクレス (MgO) ウスタイト (FeO)	水和膨張

* アルカリシリカ反応の遠因になると考えられている．

4.6 砕 石

砕石 (crushed stone) は，川砂利と比較して形状が角ばっており，表面が粗い．したがって，空隙は大きく，骨材間の摩擦が大きい．川砂利を用いたコンクリートに比較して配合が同じなら，ワーカビリティーは悪くなる．しかし，モルタルとの付着性はよくなる．

砕石の粒形表現には，一般に実積率がよく用いられる．これは測定が簡便であるとともに，図 4.11，4.12 に示すように，実積率と最適細骨材率ならびにコンクリートのワーカビリティーとはよい相関があるためである．JIS A 5005「コンクリート用砕石」では，最大寸法 20 mm の砕石の実積率を 56% 以上を使用上の判定規準としている．

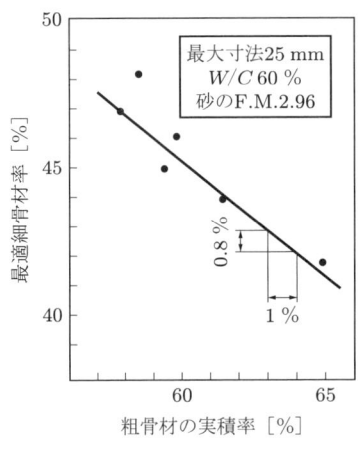

図 4.11 粗骨材の実積率と最適細骨材率 (山本)

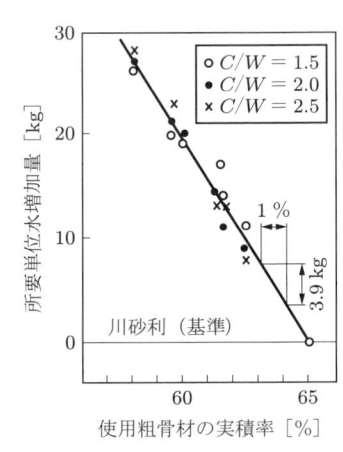

図 4.12 粗骨材の実積率と所要単位水量増加量との関係 (山本)

砕石は，川砂利に比べて一般に約 5% 程度実積率が小さいので，図 4.11 および図 4.12 からみると，砕石コンクリートの場合は川砂利コンクリートの場合と比べて細骨材率を約 4%，単位水量を約 20 kg/m^3 程度大きくする必要がある．

強度面から比較すると，スランプと水セメント比を同一とした場合はもちろんのこと，スランプと単位セメント量を同一にした場合でも，川砂利コンクリートと同等以上の強度が得られる．なお，水密性・耐久性などは主として，水セメント比に支配されるので，強度と同様な傾向を示さない．

JIS A 5005 による砕石および砕砂の品質規定を表 4.8 に示す．

表 4.8　砕石・砕砂の品質 [JIS A 5005: 2009]

項　目	砕　石	砕　砂
乾燥密度 [g/cm^3]	2.5 以上	2.5 以上
吸水率 [%]	3.0 以下	3.0 以下
安定化試験における損失質量分率 [%]	12 以下	10 以下
微粒分量 *1 [%]	3.0 以下 *2	9.0 以下
すりへり減量 [%]	40 以下	—
粒径判定実積率 [%]	56 以上 *3	54 以上

*1 微粒分量の許容誤差は砕石 ±1%, 砕砂 ±2%.
*2 粒径判定実積率が 58% 以上の場合は最大値を 5% としてよい.
*3 砕石 8040, 6040, 4020 には適用しない.

4.7　人工軽量骨材

軽量骨材の種類は多く, その性質もかなり異なる. JIS A 5002「構造用軽量コンクリート骨材」では, 表 4.9〜4.13 に示すように分類している. 土木構造物用の軽量骨材としては軽くて強い構造用人工軽量骨材が対象となる. 土木学会示方書では, 人工軽量骨材 (artificial light-weight aggregate) のうち, 比重が中程度 (表 4.10 の M), 実積率が大 (表 4.11 の A), コンクリートとしての圧縮強度が 30 N/mm^2 以上, コンクリート単位容積質量が 1.6〜1.8 kg/L であるものを採用している. ここでは構造用人工軽量骨材について述べる.

表 4.9　構造用軽量骨材の種類

種　類	説　明
人工軽量骨材	膨張性頁岩・膨張性粘土・膨張スレート・焼成フライアッシュなどの人工軽量骨材
天然軽量骨材	火山れきおよびその加工品
副産軽量骨材	膨張スラグなどの副産軽量骨材およびそれらの加工品

表 4.10　骨材の絶乾比重による区分

種　類	絶乾比重	
	細骨材	粗骨材
L	1.3 未満	1.0 未満
M	1.3 以上 1.8 未満	1.0 以上 1.5 未満
H	1.8 以上 2.3 未満	1.5 以上 2.0 未満

表 4.11　骨材の実積率による区分　[単位%]

種　類	モルタル中の細骨材の実積率	粗骨材の実積率
A	50.0 以上	60.0 以上
B	45.0 以上 50.0 未満	50.0 以上 60.0 未満

表 4.12　コンクリートの圧縮強度による区分

区　分	圧縮強度 [N/mm^2]
4	40 以上
3	30 以上 40 未満
2	20 以上 30 未満
1	10 以上 20 未満

表 4.13　コンクリートの単位容積質量による区分

種　類	単位容積質量 [kg/L]
15	1.6 未満
17	1.6 以上 1.8 未満
19	1.8 以上 2.0 未満
21	2.0 以上

4.7.1 製　法

原料は，頁岩・粘土・スレート・フライアッシュなどで，高温 (1000～1200°C) 焼成によってガスを発生し，膨張を起こすものである．軽量骨材の発泡は，次の二つの条件が満足されてはじめて達成される．

① 原料が高温に加熱された状態において，骨材内部から放出されるガスを封じこめておくことができる程度の粘稠（ねんちゅう）なガラス相を生成すること

② 高温で粘稠なガラス相が生成された後に，ガスを放出する物質を原料中に含有すること

これを逆にいえば，たとえ原料中にガス発生物質を含んでいても，ガスを放出する温度まで原料を加熱したとき，ガスを封じ込めておくだけの粘稠なガラス相を生成しなければ，発生したガスは大気中に放出されてしまうので発泡しない．また，原料が加熱されガスを封じ込めるだけの粘性を示すガラス相が生成しても，ガス発生物質の分解温度がそれ以上に高温であったり，ガス発生物質を含有していなければ発泡は起こらない．

製造方法は次の二つに大別される．

(1) 非造粒型　　非造粒型 (coated または round type) 製法の概略を図 4.13 に示す．製造上の特徴は，原料を粗砕したままで焼成できるので，工程が単純化できることである．その反面，原料成分の変動がそのまま製品の品質の変動となって現れる．細粗骨材全寸法のものが得られる．形状は回転がま内におけるローリング作用によって川砂・川砂利と同様，角のとれた形を示す．

(2) 造粒型　　造粒型 (pelletized type) 製法の概略を図 4.14 に示す．原料を微粉砕する工程があるため，原鉱石の鉱床に非造粒型の場合ほど均一性が要求されず，さらに異なった種々の原料を調合することができ，骨材の粒度・比重などを容易に管理できる．しかし，工程が増える欠点がある．また，1.2 mm 以下の細骨材は製造することができない．形状は真球に近い．

4.7.2　比重・吸水率および単位容積質量

人工軽量骨材 (膨張頁岩) の測定結果の概略値を表 4.14 に示す．

人工軽量骨材は，その種類によって吸水特性にかなり差があるので，品質を示すときの比重には絶乾比重が用いられる．この比重は粒径によって異なり，粒径が大きいほど小さくなる．なお，配合設計のときに必要となる表乾比重は，吸水時間によって変化するため，24 時間吸水状態を標準にしている．

人工軽量骨材は，瞬間吸水率が比較的大きい (24 時間吸水率の 30% 程度) ため，これを乾燥状態で用いると，コンクリートの練混ぜ・運搬中に吸水されるので，コンク

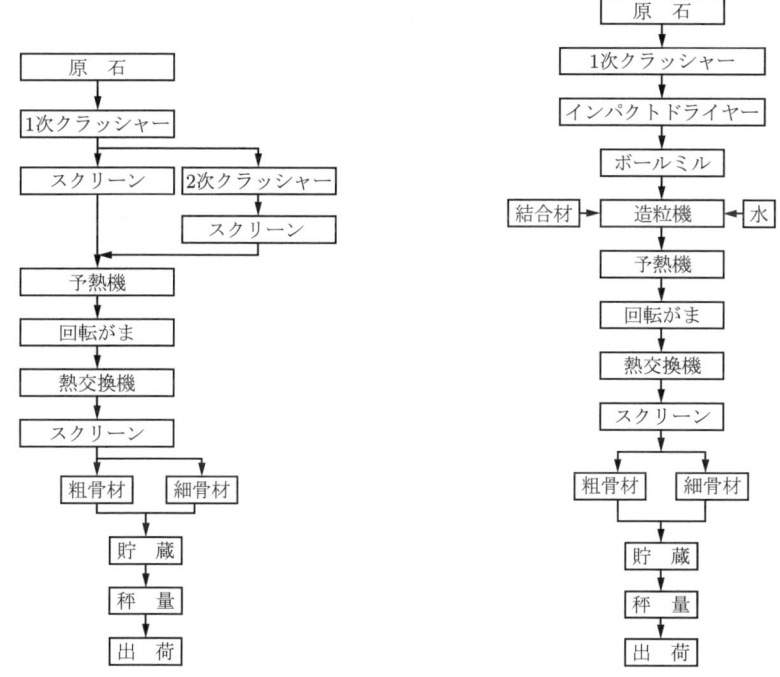

図 4.13 非造粒型骨材の製造工程　　**図 4.14** 造粒型骨材の製造工程

表 4.14 比重吸水率単位容積質量の概略値

乾燥比重		24 時間吸水率 [質量百分率]		単位容積質量 [kg/m³]		試験方法
細骨材	粗骨材	細骨材	粗骨材	細骨材	粗骨材	比重・吸水率：JIS A 1134, 1135
1.5〜1.8	1.2〜1.5	8〜12	6〜10	800〜1200	650〜900	単位容積質量：JIS A 1104 （ジャッキング法）

リートのコンシステンシーを低下させる．このため，骨材の使用前に吸水させる作業，すなわち，**プレウエッティング** (pre-wetting) を行うのが普通である．

単位容積質量は，比重・粒度・粒形などによって異なるため，骨材の均等性を判断する有力な資料となる．また，コンクリートの単位容積質量に強く反映する．

4.7.3　粒　度

人工軽量骨材では，粒の大きさにより比重・吸水率・強さなどが異なるから，軽量骨材の粒度およびその均等性は，普通骨材の場合より厳格に規制する必要がある．

土木学会では，人工軽量骨材の粒度の範囲，粗粒率および細骨材の洗い試験で失われるものの限度は JIS A 5002 の規定によるとしている．

4.7.4 有害物および耐久性

有害物含有量の限度として，土木学会では表 4.15 のように規定している．浮粒率以外の限度は JIS A 5002 の規定値が採用されている．

表 4.15　有害物含有量の限度 [質量百分率]

種　類	最大値	試験方法
強熱減量	1.0	JIS R 5202 の 6.1
三酸化硫酸 (SO_3 として)	0.5	JIS R 5202 の 6.8
塩化物 (NaCl として)	0.01	JIS A 5002 の 5.5
有機不純物	標準色より濃くないこと	JIS A 1105
粘土塊	1.0	JIS A 5002 の 5.8
粗骨材中の浮粒率	10.0	土木学会規準

軽量骨材の**浮粒率**は，骨材中の水に浮く粒の試料全質量に対する百分率で示される．浮粒は強度が小さく，また軟練りコンクリートでは浮き上がって分離しやすい．これらの量が多くなるとコンクリートの強度，耐久性を低下させる．

軽量骨材の硫酸ナトリウムによる安定性試験の損失量は，1〜5% で比較的小さいが，これらを用いたコンクリートの耐久性は，普通骨材を用いたコンクリートよりかなり劣っている．このため，土木学会では，軽量骨材コンクリートの過去の実例または凍結融解試験によって，その骨材の耐久性を確かめるように規定している．

4.8　副産物を利用した骨材

4.8.1　高炉スラグ粗骨材

高炉スラグ砕石とも呼ばれ，鉄溶鉱炉から出る鉱滓 (blast-furnace-slag) を空気中で徐冷して砕いたものである．砂利，砕石と同様に普通骨材とみなして使用することができ，JIS A 5011 に規定されている．

4.8.2　高炉スラグ細骨材

鉱滓を水で急冷して，ガラス質として固化したものを微粉砕したものであり，水硬性を有する．JIS A 5011 に規定されている．

4.8.3　フェロニッケルスラグ細骨材

ステンレス鋼などの原料として使用されるフェロニッケルを製造する際に生じる副産物である溶融スラグを，徐冷あるいは急冷したものであり，JIS A 5011 に規定されている．

4.8.4 銅スラグ細骨材

銅鉱石から銅を精錬する際に生じる副産物である溶融スラグを急冷したものであり，JIS A 5011 に規定されている．

4.8.5 電気炉酸化スラグ骨材

鉄スクラップを原料として電気炉で鋼を製造する際に生じる溶融スラグを徐冷 (粗骨材および細骨材) もしくは急冷したもの (細骨材) で，JIS A 5011 に規定されている．

4.8.6 溶融スラグ骨材

一般廃棄物，下水汚泥，あるいは，それらの焼却灰を溶融・冷却固化したもので，細骨材として利用され，JIS A 5031 で規定されている．利用に際しては，有害物質の溶出試験を行うことが定められている．また，金属アルミニウムが含有されている場合，膨張性を有することがあり，モルタルの膨張率で 2.0%以下になるように規定されている．JIS A 5308-2009 規格のコンクリートとして使用することは認められておらず，今後の利用拡大は課題となっている．

4.9 再生骨材

鉄筋コンクリート構造物を解体した際のコンクリート塊を原料とする骨材であり，再生粗骨材と再生細骨材に区分される．また，骨材の処理の程度によって，再生骨材 H，再生骨材 M，再生骨材 L として JIS で規定されている．再生骨材 H については，普通コンクリートおよび舗装コンクリートとして JIS A 5308 で規定されている．再生骨材 M，L については，用途を定めた適用として規定されている．表 4.16 に，物理的性質の JIS 規格値を示す．

表 4.16 再生骨材の物理的性質 [JIS A 5021, JIS A 5022, JIS A 5023]

	再生粗骨材				再生細骨材			不純物量の合計限度[*2] [%]	備考
	絶乾密度 [g/cm^3]	吸水率 [%]	すり減り減量[*1] [%]	微粒分量 [%]	絶乾密度 [g/cm^3]	吸水率 [%]	微粒分量 [%]		
再生骨材 H	2.5 以上	3.0 以下	35 以下	1.0 以下	2.5 以上	3.5 以下	7.0 以下	3.0	JIS A 5021
再生骨材 M	2.3 以下	5.0 以下	–	1.5 以下	2.2 以上	7.0 以下	7.0 以下	3.0	JIS A 5022
再生骨材 L	–	7.0 以下	–	2.0 以下	–	13.0 以下	10.0 以下	–	JIS A 5023

*1 舗装版に用いる場合に適用する．
*2 A～F の分類ごとに個別の上限値．

4.10 水

練混ぜ水として，上水道水，河川水，湖沼水，地下水および回収水が用いられるが，油，酸，塩類，有機物，その他コンクリートおよび鋼材に影響を及ぼす物質を有害量

表 4.17　上水道水以外の水の品質
[JIS A 5308：2009]

項　目	品　質
懸濁物質の量	2 g/L 以下
溶解性蒸発残留物の量	1 g/L 以下
塩化物イオン (Cl⁻) 量	200 ppm 以下
セメント凝結時間の差	始発は 30 分以内，終結は 60 分以内
モルタルの圧縮強さの比	材齢 7 日および材齢 28 日で 90%以上

表 4.18　上水道水以外の水の品質
[土木学会 JSCE-B 101-2007]

項　目	品　質
懸濁物質の量	2 g/L 以下
溶解性蒸発残留物の量	1 g/L 以下
塩化物イオン (Cl⁻) 量	200 ppm 以下
モルタル圧縮強度比	材齢 1，7 および 28 日[*1]で 90%以上
空気量の増分	±1%

[*1] 材齢 91 日における圧縮強度比を確認しておくことが望ましい．

含んでいてはならない．上水道水以外の水については，表 4.17 の JIS A 5308 基準，表 4.18 の土木学会基準を満たす必要がある．

また，工場排水によって汚染された河川水などには，各種塩類や糖類，有機物が含まれていることがあり，凝結特性，強度発現，収縮特性，ワーカビリティーに影響を及ぼすことがある．

演習問題

4.1 一般構造用コンクリートの骨材として要求される性質について述べよ．

4.2 骨材の含水状態について説明せよ．

4.3 骨材の性質のうち，コンクリートのワーカビリティーに影響を与えるものを列挙せよ．

4.4 湿潤状態の砂 806 g の試料を絶対乾燥したら 767 g となった．一方，この砂の別の試料を表乾状態として 850 g を絶対乾燥したら 835 g となった．この砂の表面水率と吸水率とを計算せよ．

4.5 粗粒率 (F. M) はどんな意味をもっているか説明せよ．

4.6 粗粒率が 1.55 である砂 A と 3.01 である砂 B を混合して，粗粒率 2.80 の砂 C をつくりたい場合，砂 A, B の混合比を求めよ．

第5章　コンクリート

5.1　概　説

　コンクリート (concrete) とは，セメント・水・細骨材・粗骨材および必要に応じて混和材料を構成材料として，これらを練混ぜやその他の方法によって一体化したものをいう．なお，**モルタル** (mortar) はコンクリートのうち粗骨材を欠くもの，**セメントペースト** (cement paste) は，モルタルのうち細骨材を欠くものをいう．

　一般に用いられるコンクリートの材料構成割合は，図 5.1 のように，容積で約 70% が骨材で，残りの約 30% がセメントペーストである．

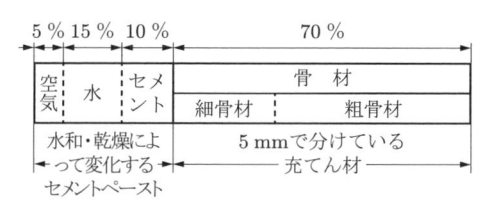

空気	水	セメント	骨　材	
			細骨材	粗骨材
	水和・乾燥によって変化する セメントペースト		5 mm で分けている 充てん材	

5% 15% 10% 　　　　70%

図 **5.1**　コンクリート材料の容積比率の概略

　セメントペーストは骨材間の空隙を満たし，**フレッシュコンクリート** (fresh concrete, まだ固まらないコンクリート) に流動性を与え，水和した後は骨材を結合して強さを発揮する．**硬化コンクリート** (hardened concrete) の性質は，セメントペーストの品質に支配されることはもちろんのこと，コンクリートの容積の大部分を占める骨材の性質によって大きな影響を受ける．

　コンクリートは，図 5.2 に示すように，必要な強度と耐久性，さらには施工性の三つの条件を同時に満足するものでなければならない．このようなコンクリートをつくるためには，材料配合を適正に選定し，練混ぜ・運搬・打込み・締固め・養生などの施工を行い，これらの全工程が釣合いのとれていることが肝要である．

　コンクリートは，建設用材料として次のような長所と短所をもっている．長所として，
　① 形状や寸法に制限なく，部材や構造物をつくることができる．
　② 材料の入手や運搬が容易である．
　③ 耐久的・耐火的・耐震的である．

98　第5章　コンクリート

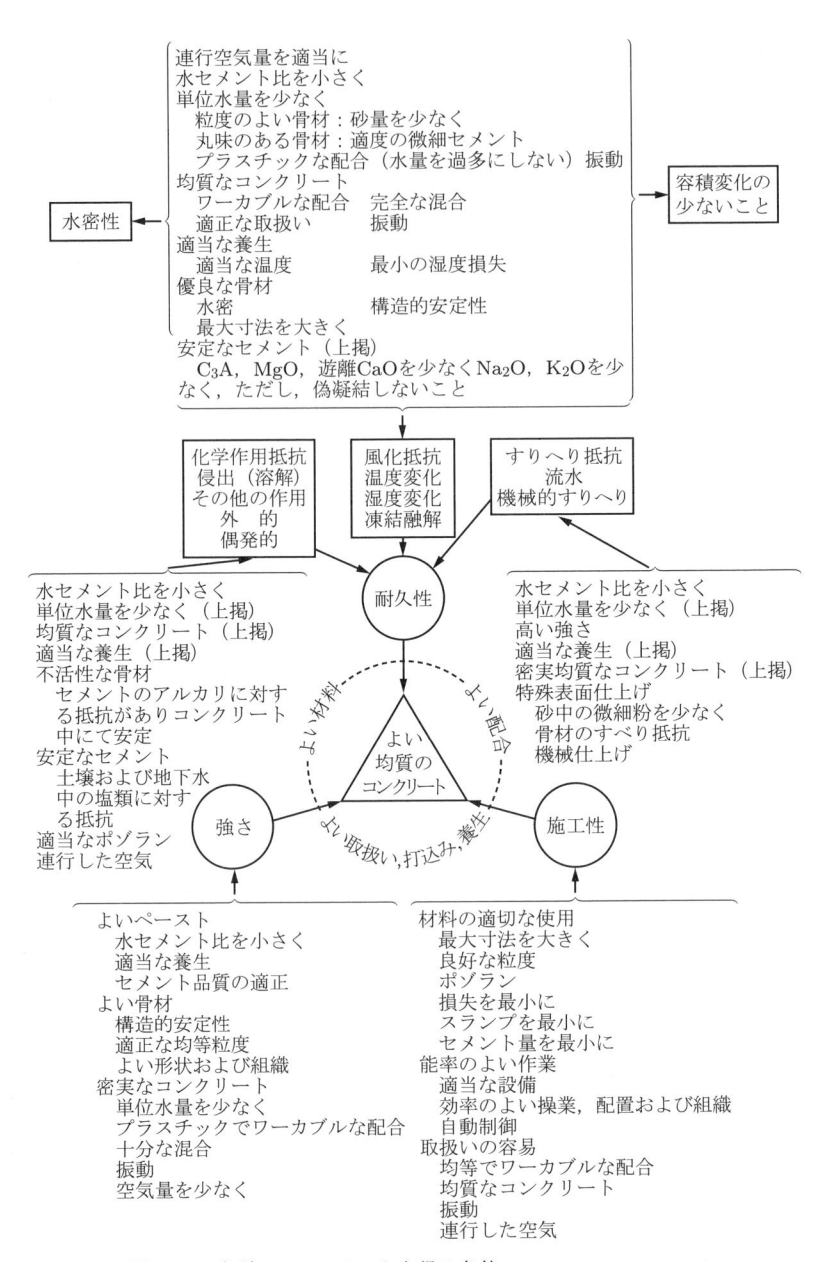

```
                    ┌─ 連行空気量を適当に
                    │  水セメント比を小さく
                    │  単位水量を少なく
                    │    粒度のよい骨材：砂量を少なく
                    │    丸味のある骨材：適度の微細セメント
                    │    プラスチックな配合（水量を過多にしない）振動
                    │  均質なコンクリート
   ┌─────┐        │    ワーカブルな配合　完全な混合            ┌─────┐
   │ 水密性 │───│    適正な取扱い　　　振動                    │容積変化の│
   └─────┘        │  適当な養生                                  │少ないこと│
                    │    適当な温度　　　　最小の湿度損失          └─────┘
                    │  優良な骨材
                    │    水密　　　　　　　構造的安定性
                    │    最大寸法を大きく
                    │  安定なセメント（上掲）
                    │    C₃A, MgO, 遊離CaOを少なくNa₂O, K₂Oを少
                    └  なく，ただし，偽凝結しないこと
```

```
   ┌──────┐  ┌────┐  ┌──────┐
   │化学作用抵抗│  │風化抵抗│  │すりへり抵抗│
   │ 侵出（溶解）│  │温度変化│  │ 流水      │
   │ その他の作用│  │湿度変化│  │ 機械的すりへり│
   │   外　的  │  │凍結融解│  └──────┘
   │   偶発的  │  └────┘
   └──────┘
```

図 5.2　良質のコンクリートを得る条件 [コンクリートマニュアル]

左側（強さ）:
- 水セメント比を小さく
- 単位水量を少なく（上掲）
- 均質なコンクリート（上掲）
- 適当な養生（上掲）
- 不活性な骨材
  - セメントのアルカリに対する抵抗がありコンクリート中にて安定
- 安定なセメント
  - 土壌および地下水中の塩類に対する抵抗
- 適当なポゾラン
- 連行した空気

右側（施工性）:
- 水セメント比を小さく
- 単位水量を少なく（上掲）
- 高い強さ
- 適当な養生（上掲）
- 密実均質なコンクリート（上掲）
- 特殊表面仕上げ
  - 砂中の微細粉を少なく
  - 骨材のすべり抵抗
  - 機械仕上げ

中央三角形:
- よい材料
- よい配合
- よい取扱い，打込み，養生
- よい均質のコンクリート

下左（強さ）:
- よいペースト
  - 水セメント比を小さく
  - 適当な養生
  - セメント品質の適正
- よい骨材
  - 構造的安定性
  - 適正な均等粒度
  - よい形状および組織
- 密実なコンクリート
  - 単位水量を少なく
  - プラスチックでワーカブルな配合
  - 十分な混合
  - 振動
  - 空気量を少なく

下右（施工性）:
- 材料の適切な使用
  - 最大寸法を大きく
  - 良好な粒度
  - ポゾラン
  - 損失を最小に
  - スランプを最小に
  - セメント量を最小に
- 能率のよい作業
  - 適当な設備
  - 効率のよい操業，配置および組織
  - 自動制御
- 取扱いの容易
  - 均等でワーカブルな配合
  - 均質なコンクリート
  - 振動
  - 連行した空気

④ 安価である．
短所として，
① 自重が大きいため，橋梁などでは経済的スパンが短くなる．しかし，重力ダムやコンクリートまくら木として利用する場合は長所となる．
② 圧縮強度に比較して，引張・曲げ強度が小さい．この欠点を補うために鉄筋コンクリート (reinforced concrete) やプレストレストコンクリート (prestressed concrete) が発達した．
③ 乾燥収縮などによりひび割れを生じやすい．
④ 取り壊しが困難である．
⑤ 再生利用が限定される．
⑥ 施工日数が長い．

5.2 フレッシュコンクリートの性質

5.2.1 概　説

フレッシュコンクリートに要求される性質は，運搬・打込み・締固め・仕上げが容易で，しかも材料が分離したり，過度の浮き水が生じたりすることなく，適当な軟らかさと組成をもっていることである．

フレッシュコンクリートの性質を表すのに，次の用語が用いられている．
① コンシステンシー (consistency)：変形あるいは流動に対する抵抗性の程度で表されるフレッシュコンクリートの性質をいう．
② ワーカビリティー (workability)：コンシステンシー，および材料分離に対する抵抗性の程度によって定まるフレッシュコンクリートの性質であって，運搬，打込み，締固め，仕上げなどの作業の容易さを表す性質をいう．
③ プラスチシティー (plasticity)：容易に型に詰めることができ，型を取り去るとゆっくり形を変えるが，崩れたり，材料が分離したりすることのないような，フレッシュコンクリートの性質をいう．
④ フィニッシャビリティー (finishability)：粗骨材の最大寸法，細骨材率，細骨材の粒度，コンシステンシーなどによる仕上げの容易さを示すフレッシュコンクリートの性質をいう．

以上のように，各性質は相互に関連するものであるが，ワーカビリティーは他の性質に比べて最も包括的な内容をもつ性質である (図 5.3)．

なお，土木学会では，ワーカビリティーとして，充てん性，ポンプ圧送性，凝結特性について規定している．充てん性とは，振動締固めを通じて，コンクリートが材料分離することなく，鉄筋を円滑に通過し，かぶり部や隅角部あるいは PC 定着部など

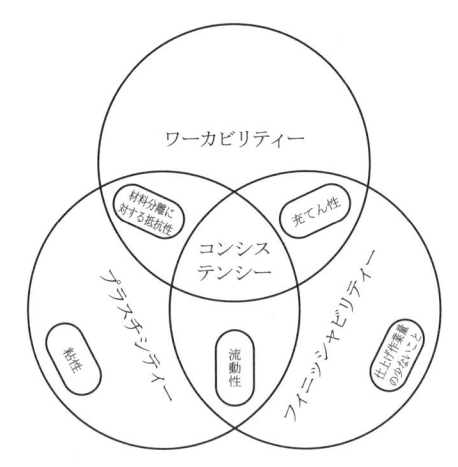

図 5.3　フレッシュコンクリートの諸性質の関係

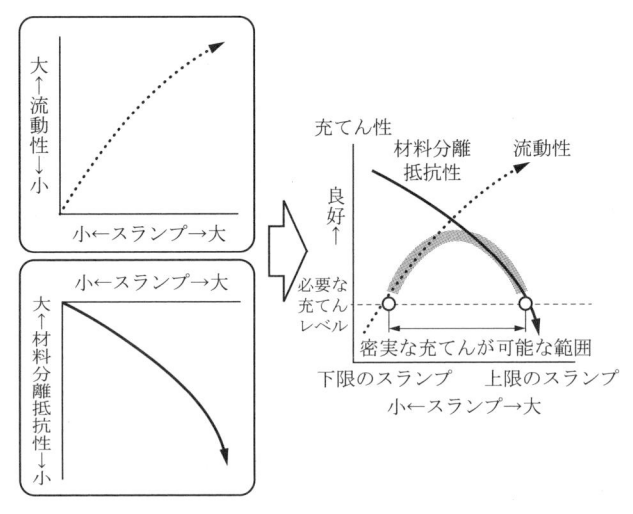

図 5.4　充てん性の検討イメージ [土木学会：コンクリート標準示方書]

に密実に充てんできる性能であり，図 5.4 に示すように，振動締固め時の流動性 (スランプ) と材料分離抵抗性の相互のバランスによって定まるものである．

5.2.2　ワーカビリティー

(1) ワーカビリティーに影響する要因

● セメント　　単位セメント量・セメントの種類・粉末度・粒形・風化の程度などによって，ワーカビリティーが変わる．単位セメント量が大きいコンクリートほどプラスチシティーが大きい．比表面積が $2800\ \mathrm{cm}^2/\mathrm{g}$ 以下のセメントを用いるとプラスチ

シティーが減少し，ブリーディングが大きくなる．

● 水　量　　単位水量が多ければ，コンシステンシーが大きくなり作業は容易となるが同時に材料分離の傾向も大きくなる．

● 骨　材　　細粒分が多いほどプラスチシティーを増す．とくに，0.3 mm 以下の含有量の影響は顕著である．細骨材率によっても大きく影響を受ける (図 5.5)．

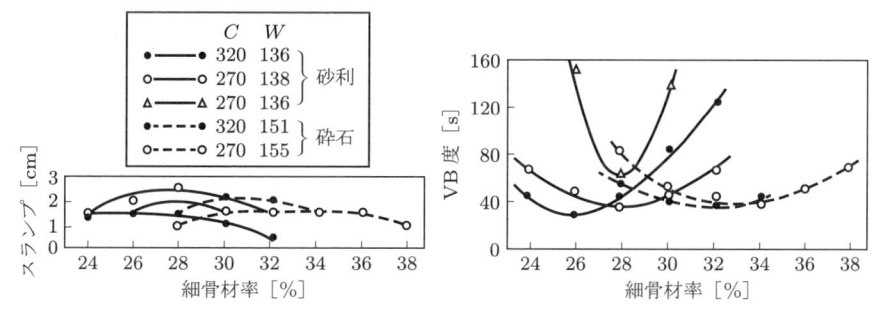

図 5.5　細骨材率の異なるコンクリートのスランプおよび沈下度についての実験例 (伊東・磯崎・養王田)

粗骨材に関しては，粒形の影響が最も大きい．粒度については，一般に連続粒度がよいが，**不連続粒度** (gap grading) がよい場合もある．

● 混和材料　　AE 剤・減水剤・フライアッシュなどの使用はワーカビリティーの改善に有効である．

● 温　度　　温度が高くなるとスランプは小さくなる (図 5.6)．

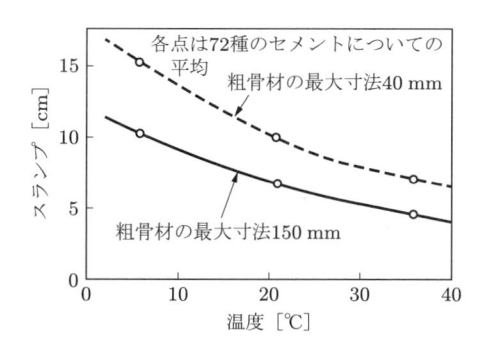

図 5.6　コンクリートの温度とスランプ [コンクリートマニュアル]

● **運搬**などによる経時変化　　スランプは，コンクリートの運搬などにより低下する．土木学会では，図 5.7 に示すように，充てん性を確保するための流動性について，打込み時の最小スランプを基準とすることとしており，製造から打込みまでの運搬な

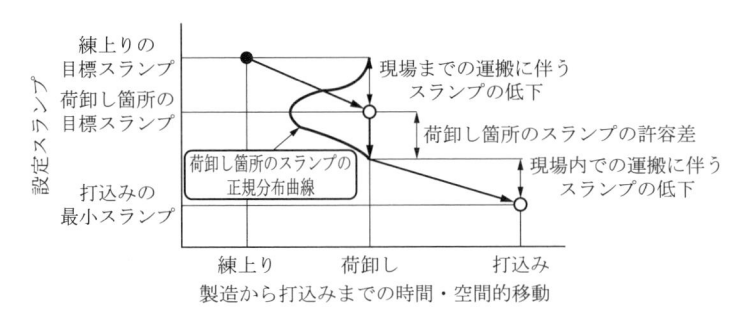

図 5.7 運搬などによるスランプの経時変化 [土木学会：コンクリート標準示方書]

どによるスランプ低下をあらかじめ考慮した目標スランプを製造時に設定することにしている．

(2) ワーカビリティーの測定方法　　ワーカビリティーの試験方法としては，
① 変形に対する抵抗，すなわちせん断抵抗，または流動しはじめるときの力，流動がはじまった後の流動速度
② 凝集性あるいは材料分離に対する抵抗性

を測定できるものでなければならない．この相反する両性質を迅速・的確かつ同時に測定できるような試験方法は現在まだない．

コンクリートのワーカビリティーはコンシステンシーに左右されるところが大きいので，一般にはコンシステンシーを測定して，その結果に基づいてワーカビリティーの程度を判断するようにしている．

現在提案されている試験方法には，
① コンクリートに一定の外力を与えたときの変形量をコンシステンシーの尺度とするもの (スランプ試験・フロー試験・貫入試験・球貫入試験など)
② コンクリートに所定の変形量を与えるのに必要な仕事量を尺度とするもの (リモルジング試験・振動式コンシステンシーメーター・ドロップテーブル試験など)

およびその他 (締固め係数試験など) がある．

上記のうち，主要な試験方法の概要を次に述べる．

● **スランプ試験**　　スランプ試験 (slump test, JIS A 1101, 図 5.8) は世界的に広く行われている標準試験で，簡便であるため現場でも実験室でも，最も多く用いられている．これは主としてコンクリートのコンシステンシーを測定する方法である．

スランプ試験によってコンクリートのコンシステンシー (スランプを用いて示す) を測った後，コンクリートをタッピング (tapping) することによる変形状態を観察すれば，プラスチシティーをかなり正確に判定できる．

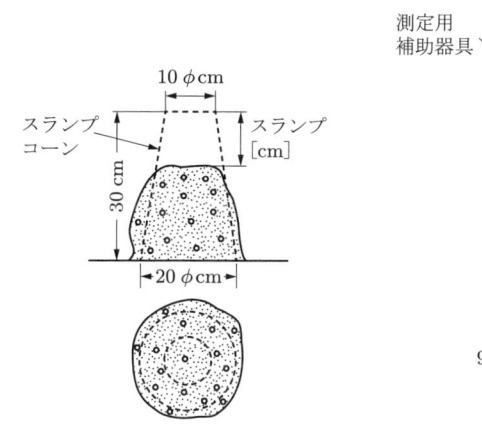

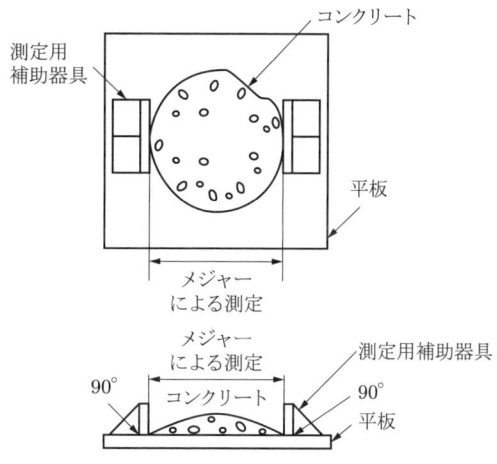

5.2 フレッシュコンクリートの性質　**103**

図 **5.8**　スランプ試験 [JIS A 1101]

図 **5.9**　スランプフロー測定例 [JIS A 1150]

スランプが 3〜18 cm 程度以外のコンクリートに対しては鋭敏でないので，他の試験法によって判断するのがよい．

● **スランプフロー試験**　スランプフロー試験 (slump flow test, JIS A 1150, 図 5.9) は，流動性の高いコンクリートの変形抵抗をスランプコーン試験体の広がりによって測定するものである．また，あわせてフローの流動停止時間を測定することもある．

● **VB コンシステンシーメーター**　VB コンシステンシーメーター (Vee Bee consitency-meter, 図 5.10(a)) は，1940 年 Bährner によって提案されたもので，

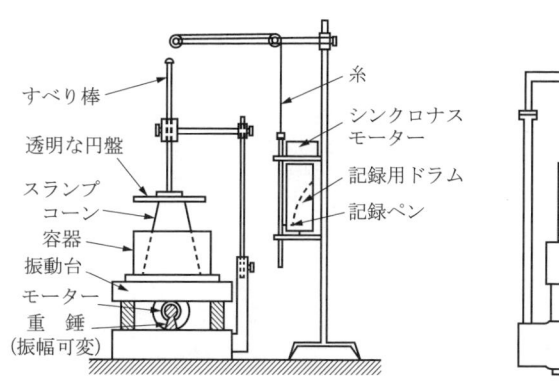

（a）VBコンシステンシーメーター

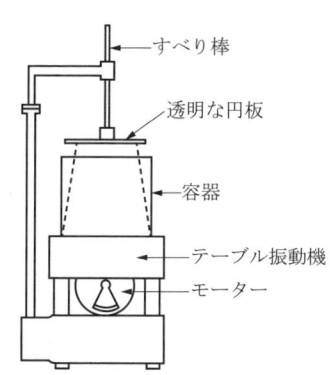

（b）振動台式コンシステンシー試験機
[土木学会：コンクリート標準示方書]

図 **5.10**　コンシステンシー試験

Powers のリモルジング試験 (remolding test) に似た方法である．わが国では，この試験機を多少改良して土木学会規準「振動台式コンシステンシー試験方法 (舗装用)」に採用されている．

振動台上の容器の中のコンクリートを振動し，平らになるまでの時間 [秒] を測る．これを **VB 値** あるいは **沈下度** という．

スランプ試験では区別しにくいような比較的硬練りコンクリート (スランプ 5 cm 以下) のコンシステンシーの差も測定できる特徴がある (図 5.11)．

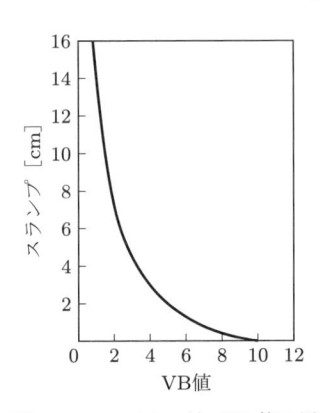

図 5.11 スランプと VB 値の例

なお，土木学会では，PC 用コンクリートのコンシステンシー測定に適した **VF 試験** (vibration flow test) を規準に採用している．

● **締固め係数試験**　締固め係数試験 (compacting factor test，BS 1881，図 5.12) は，容器 A，B，C と順次コンクリートを落下させて，容器 C に満たしたコンクリートの質量 w を測定し，一方同じ容器にコンクリートを十分締め固めて詰めた場合の質量 W を測定する．締固め係数 $CF = w/W$ により求める．スランプの非常に小さい場合の締固めやすさの程度の測定に有効である．

硬練りコンクリートの締固め係数とスランプとの関係は正確にはつかみにくいが，表 5.1 は VB 値とともに比較したものである．

5.2.3　材料の分離

材料の分離 (segregation of concrete) とは，振動・重力などの外力や，毛管作用・粘着・吸着などの材料の内部や相互間の力が原因で，まだ固まらないコンクリート中の材料が，比重の大小，粒子の形や大きさの差，液状や粒状の差などの性質の相違によって，別個に移動して，均等質でなくなり，各部分の配合が異なってしまうことをいう．コンクリートに現れる豆板，蜂の巣，レイタンス，砂すじ，多孔質な弱い層，

表 5.1 スランプと締固め係数と VB 値との関係

ワーカビリティー	スランプ [cm]	締固め係数	VB 値 [秒]
極度に悪い	0	0.65〜0.68	32〜18
悪 い	0 〜 2.5	0.75〜0.78	18〜 5
中程度	1.5〜 5.0	0.83〜0.85	5〜 3
よ い	2.5〜10.0	0.90〜0.92	3

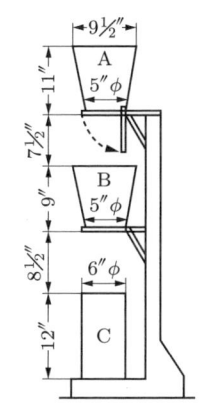

図 5.12 締固め係数試験装置 (BS 1881)

表面の小穴，ひび割れ，はげ落ちなどの欠陥の主な原因は材料の分離である．

(1) 作業中における材料分離 一般に，粗骨材の最大寸法が過大な場合，細骨材率が過小の場合，コンシステンシーが過大または過小の場合など，配合が適正でないコンクリートは，粗骨材とモルタルとが分離する傾向が大きく，豆板ができやすい．

材料分離を少なくするためには，コンクリートのプラスチシティーを増すことが有効で，一般に富配合コンクリート，およびスランプが 5〜10 cm 程度のコンシステンシーのコンクリートは分離が少なく，また AE コンクリートも分離が少なくなる傾向がある．

コンクリート材料の分離状態を調べるには，JIS A 1112 (洗い分析試験) によれば，比較的信頼できる資料が得られる．

(2) コンクリート打込み後の材料分離 型わく内にコンクリートを打ち込んだ後，粒子の沈下に伴い水が上昇し，コンクリート上面に浮き出てくる．この現象をブリーディング (bleeding) という．

ブリーディングは一種の材料分離であって，ブリーディングが多いと，上部のコンクリートが多孔質になって強度，水密性および耐久性を減じ，また骨材粒や水平鉄筋の下面に水膜をつくり，セメントペーストとの付着が弱められたり，水密性が減少する．

ブリーディングを少なくするためには，単位水量を少なくすること，骨材粒度が適当であること，とくに 0.15〜0.3 mm 付近の細粒部分の存在の影響が大きい．また，減水剤・AE 剤・ポゾランなどの使用は，保水効果があり，いずれもブリーディングを少なくする (図 5.13)．

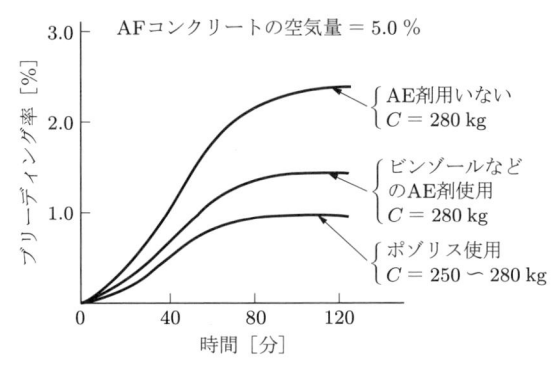

図 5.13 ブリーディングへの混和材の影響 (国分)

ブリーディングは 2〜4 時間で終了するが，これはコンクリートの深さ，温度，遅延剤の有無などによって影響される．なお，ブリーディングの測定は，JIS A 1123 に規定されており，浮き水の累加量からブリーディング量とブリーディング率を算定する．

ブリーディングによってコンクリート表面に浮かび出て沈殿した微細な物質を**レイタンス** (laitance) という．これはセメントおよび砂中の微粒子の混合物で，固まっても強さがほとんどなく，コンクリートの打継ぎ面の大きな弱点の原因にもなるので，必ず除去しなければならない．

コンクリートを構成する粒子が沈下し，収縮する現象を**沈降収縮** (settlement shrinkage) という．

コンクリートの沈降量は，スランプ，セメントの凝結時間，打込み速度，締固めの程度，コンクリート深さ，型わくの材料，気象条件などによって異なるが，普通には，30〜100 cm の深さで約 0.5〜2.0% 程度である．

5.3 硬化コンクリートの性質

5.3.1 圧縮強度

単に強度といえば圧縮強度 (compressive strength) をさす．これは圧縮強度が他の強度に比べて著しく大きく，鉄筋コンクリート部材の設計でも圧縮強度が活用されることが多いからであり，また圧縮強度から他の強度の概略値やコンクリートの品質も推定できるからである．

コンクリートの強度は，一般に材齢 28 日における圧縮強度を基準とする．ただし，ダム用コンクリートでは材齢 91 日の圧縮強度を，舗装用コンクリートでは材齢 28 日における曲げ強度を基準としている．

コンクリートの強度は主として次の事項に関係する．

① 材料の品質：セメント・骨材・水・混和材料の品質
② 配合：水セメント比・セメント量・水量・混和剤の量
③ 施工方法：練混ぜ法・打込み法・締固め程度
④ 養生方法 (温度，湿度など) と材齢
⑤ 試験方法：供試体の形状や寸法，載荷速度など

以上の要因中，⑤はコンクリートの固有の強度に関係ない．固有強度への主な影響要因は太字の 4 要因である．

(1) 材料の品質の影響

● セメント　骨材の強度がセメントペーストの強度より大きければ，コンクリート強度 f_c' はセメントペーストの強度 (JIS R 5021 による規格試験によるセメント強度 K) に左右され，f_c' と K との関係は一般に次の式で表される．

$$f_c' = K(AX + B) \tag{5.1}$$

ここに，X はセメント水比 (C/W，質量比)，A, B は定数

● 骨　材　軟質の軽石や死石のような低強度の骨材を用いると C/W を増加させてもコンクリート強度は大きくならず，図 5.14 のように，頭打ちの現象がみられる．骨材の形状は，偏平なものや細長いものは折れやすくよくない．骨材の表面状態は，砕石のように粗なものが，付着の点から有利で，一般に大きい強度が得られる．また，粒度は大小粒が適当に混合され，密なコンクリートが得られるようなものが強度が大となる．

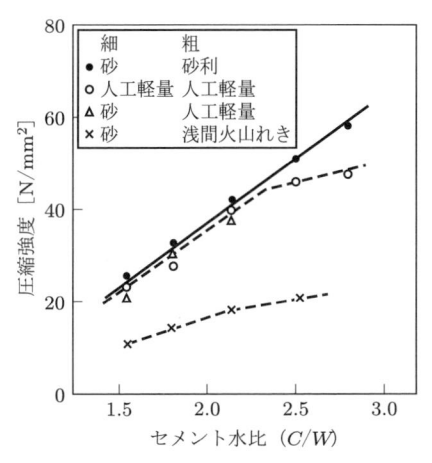

図 5.14 圧縮強度と C/W との関係 (村田)

● **混和水**　水はコンクリートの他の材料に比べてあまり関心がもたれていないが，水質はコンクリート強度，施工時の凝結時間，硬化後のコンクリートの諸性質などに影響を及ぼす重要な材料である (4.10 節参照).

(2) 配合の影響　コンクリート強度に影響する数多くの因子のうちで，最大の影響を及ぼすのは水セメント比である．次に，主要な強度理論について略述する．

● **水セメント比説**　水セメント比説 (water-cement ratio theory) は，1919 年，D.A. Abrams によって提唱されたもので，コンクリートがワーカブルでプラスチックであれば，その強度は配合のいかんにかかわらず，単に水セメント比だけで決まるというものであり，次の式で与えている．

$$f'_c = \frac{A}{B^x}$$

ここに，A, B はセメントの品質などによって決まる定数

$$x = \frac{W}{C} \tag{5.2}$$

図 5.15 は，これを図式化したもので，破線部分はコンクリートがワーカブルでない範囲である．

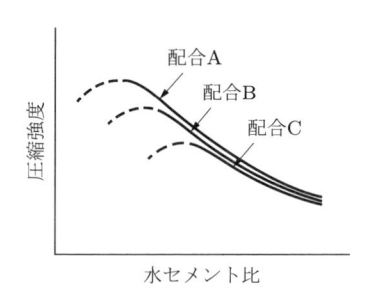

図 5.15　水セメント比説による f'_c と W/C との関係

● **セメント水比説**　セメント水比説 (cement-water ratio theory) は，1925 年ごろ，I.Lyse によって提唱されたもので，f'_c と C/W が直線関係にあるという説である．

$$f'_c = A + B\frac{C}{W} \tag{5.3}$$

ここに，A, B は実験定数

これは利用上の簡便さと，普通に用いられるコンクリートでは十分有用なもので配合設計でよく用いられる．

● **セメント空隙説**　セメント空隙説 (cement-void ratio theory) は，1921 年，A.N. Talbot によって提唱されたもので，コンクリート強度はセメント空隙比 (c/v) によっ

て支配されるという説で，次の式で表される．

$$f'_c = A + B\frac{c}{v} \tag{5.4}$$

ここに，c はセメントの絶対容積，v は単位水量の容積とコンクリート 1 m^3 中の空気の容積との和．A, B は定数

上記の説は，非常に硬練りのコンクリートで空隙が残っている場合や，AE コンクリートなどの場合によく適用される．

● **空気量の影響** W/C が一定のとき，空気量 1% の増加によって強度は 4〜6% 減少する．しかし，AE コンクリートにすれば，あるワーカビリティーを得るのに必要な単位水量を減少することができるので，スランプ・単位セメント量を一定にした場合には AE 剤を用いないコンクリートとほぼ同等になる．

(3) 施工方法の影響

● **練混ぜ** 最適混ぜ時間は，配合，ミキサの種類などによって異なるが，練上がりが均等な色合になるまで練るのがよい．土木学会では原則として練混ぜ時間は試験によって定めるとしているが，試験を行わない場合の標準練混ぜ時間を，可傾式ミキサの場合 1 分 30 秒，強制練りミキサの場合 1 分としている．貧配合のものほど，硬練りのものほど，骨材最大寸法が小さいものほど長くする必要がある．連続ミキサの場合，コンクリートを少量ずつ強力に練混ぜることになるので，練混ぜ時間は 10〜20 秒ときわめて短い．土木学会では「連続ミキサの練り混ぜ性能試験方法 (案)」を 1986 年に定めた．

● **練置き，練返し** コンクリートを練混ぜ後に放置したものを，水を加えずに練り返して打ち込むと，強度は一般に大となる．しかし，ワーカビリティーが悪くなるから締固めが困難となり，逆に強度が低下することもある．なお，コンクリートが固まりはじめた後に，再び練り混ぜる作業を**練返し** (retempering) といい，まだ固まりはじめないが，練混ぜ後相当な時間 (一般には 1 時間以内) がたった場合や，材料が分離した場合に再び練り混ぜる作業を**練直し** (remixing) という．

● **打込み** コンクリートを打ち込む際には，鉄筋，型枠，その他が所定の配置で堅固に固定されていることを確認しなければならない．打込みの一層の高さは，40〜50 cm 以下を標準とし，2 層以上に分けて打ち込む場合には，コールドジョイントが発生しないように，上層と下層が一体となるように施工しなければならない．また，打ち込む際には，鉄筋などへの衝突による材料分離を抑えるために，打込みの落下高さを 1.5 m 以下とする．

● **振動締固め** 棒形振動機 (vibrator) を使用して締固めを行う場合，硬練りのコンクリートでは強度は大となるが，軟練りコンクリートではその効果が少ない．これ

は，振動によってコンクリート中の気泡が少なくなり，密実なコンクリートが得られるからである．軟練りの場合に振動時間が長すぎると材料が分離し，逆に強度が低下する．コンクリートを打ち重ねる場合，上層と下層が一体となるように，棒形振動機を下層のコンクリート中に 10 cm 程度挿入する．

● **成型圧力**　コンクリートは成型時に加圧して硬化させると，一般に強度は大となる (遠心力法・真空法・機械的加圧・転圧法)．これは加圧によって気泡や水分が押し出されるためで，軟練りのとき効果が大きい．

(4) **養生方法・材齢の影響**　養生 (curing) とは，コンクリートに十分な湿度と適当な温度を与え，有害な応力を与えないようにすることである．養生の方法には種々のものがあるが，普通は湿潤状態に保持し，コンクリート中の水分が急激に逸散しないようにする．これを**湿潤養生** (wet curing) という．湿潤状態とする方法には，水中・湿砂・噴霧・散水・被膜などがある．セメントの水和反応を促進させるための高温養生には，蒸気 (大気圧と高圧)・温水，とくに寒中コンクリートに対しては電気・電熱養生などがある．JIS A 1132 による標準養生とは，$20\pm3°C$ に保ちながら，水中または湿度 100%に近い湿潤状態をいう．養生の目的と具体的方法の一覧を表 5.2 に示す．

表 5.2　養生の基本 [土木学会：コンクリート標準示方書]

目的	対象	対策	具体的な手段
湿潤状態に保つ	コンクリート全般	給水	湛水，散水，散布，養生マットなど
		水分逸散抑制	せき板存置，シート・フィルム被覆，膜養生剤など
温度を制御する	暑中コンクリート	昇温抑制	散水，目覆いなど
	寒中コンクリート	給熱	電熱マット，ジェットヒータなど
		保温	断熱性の高いせき板，断熱材など
	マスコンクリート	冷却	パイプクーリングなど
		保温	断熱性の高いせき板，断熱材など
	工場製品	給熱	蒸気，オートクレーブなど
有害な作用に対して保護する	コンクリート全般	防護	防護シート，せき板存置など
	海洋コンクリート	遮断	せき板存置など

● **乾　湿**　コンクリートの強度発現の様相は養生条件によってかなり異なるが，実験例を図 5.16 に示す．

この図より次のことがわかる．

① 湿潤養生後，空気中で乾燥させると強度は 20〜40 % 増加する．

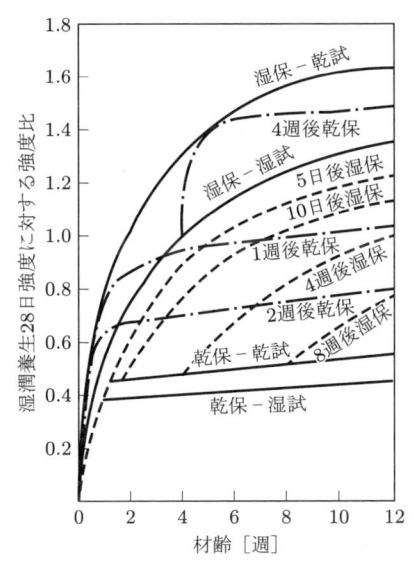

図 5.16 湿潤養生 28 日強度に対する各種養生方法の場合の強度比
(J.S. Green の実験結果)

② この強度増加は一時的であって，そのまま乾燥状態に保っておくと増加しなくなる．
③ 乾燥状態の供試体を再び湿潤状態に保つと強度は再び増加する．

なお，土木学会では，普通ポルトランドセメントを用いる場合，打込み後少なくとも 5 日間常に湿潤状態に保たなければならないと規定している．

● 温　度　コンクリートの打込み時の温度が低すぎると硬化が著しく遅れたり，急に気温が低下するとき凍結のおそれがある．逆に高すぎると，材齢 28 日以後の強度発現に悪影響を及ぼす．土木学会では打込み時温度として，寒中コンクリートの場合 5〜20°C，暑中コンクリートでは 35°C 以下と規定している．

コンクリートの打込み後の養生温度は低すぎても，高すぎても悪く (図 5.17)，普通 4〜40°C の範囲では高いほど材齢 28 日程度までの強度は大きい．−0.5〜2.0°C 以下になるとコンクリート中の水分が凍結し，とくに初期材齢では，激しい凍害を受ける (図 5.18)．土木学会では，養生日数の目安として表 5.3 を与えている．

● 材　齢　コンクリート強度 f'_c は一般に材齢 t とともに増加し，その割合は若材齢ほど著しい．湿潤養生したときの実験式 (D.A. Abrams) としては，

$$f'_c = A \log t + B \quad (A, B：定数)$$

温度をも加味した，温度と材齢との積算値 M (maturity) との関係式 (Plowman)

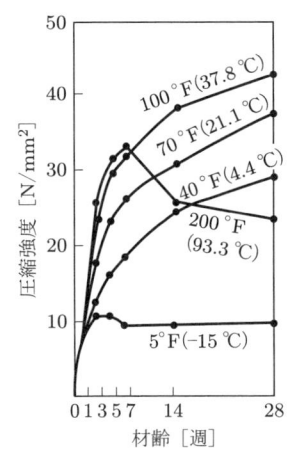

図 5.17 養生温度と圧縮強度との関係

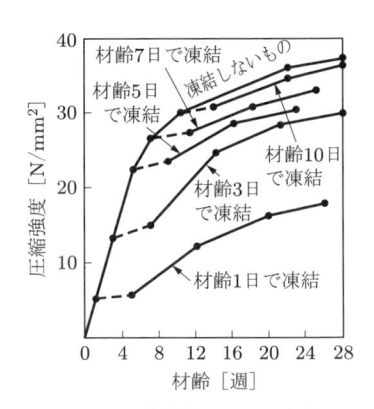

図 5.18 若材齢における凍結の強度に及ぼす影響

表 5.3 湿潤養生期間の標準 [土木学会：コンクリート標準示方書]

日平均気温	普通ポルトランドセメント	混合セメントB種	早強ポルトランドセメント
15°C 以上	5日	7日	3日
10°C 以上	7日	9日	4日
5°C 以上	9日	12日	5日

としては，

$$f'_c = \alpha \log_{10} M + \beta \quad (\alpha, \beta : 定数) \tag{5.5}$$

ここに，M は $\sum (10+T)[°C] \times t\,[日]$

図 5.19 に実証例を示す．

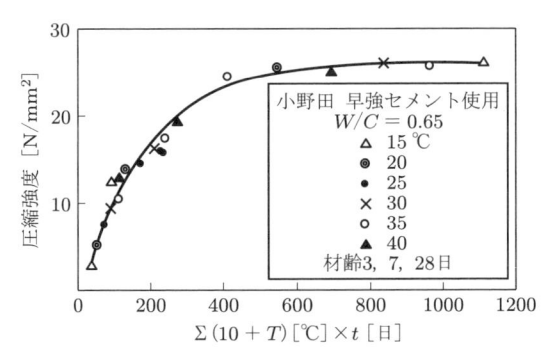

図 5.19 圧縮強度と成熟係数 M との関係 (高野)

(5) 試験方法の影響

● **供試体の形状・寸法** 　実験結果の一例を表 5.4 に示す．表 5.4 より次のようなことがわかる．

① 円柱形・角柱形を問わず，直径または辺長 D と高さ H との比 H/D の値が小さいほど圧縮強度は大きくなる (載荷面の摩擦の影響，図 5.20〜5.22 参照)．
② H/D が同じであれば，円柱形のほうが角柱形より大きい強度を示す (角の応力集中)．
③ 15 cm の立方体の強度は，$\phi 15 \times 30$ cm の円柱体の強度の 1.16 倍である．
④ 形状が相似であれば寸法の小さい供試体ほど大きい強度を示す (材料，養生の均一性)．

表 5.4　円柱供試体，立方体および角柱体各強度相互の関係
(6×12 in 円柱供試体 28 日強度を 1 としたときの値)

材　齢	円柱供試体 [in]			立方体 [in]		角柱体 [in]	
	6×6	6×12	6×18	6	8	6×12	8×16
7 日	0.67	0.51	0.48	0.72	0.66	0.48	0.48
28 日	1.12	1.00	0.95	1.16	1.15	0.93	0.92
3 月	1.47	1.49	1.27	1.55	1.42	1.27	1.27
1 年	1.95	1.70	1.78	1.90	1.74	1.68	1.60

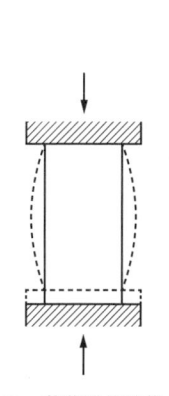

図 5.20　載荷時供試体の変形

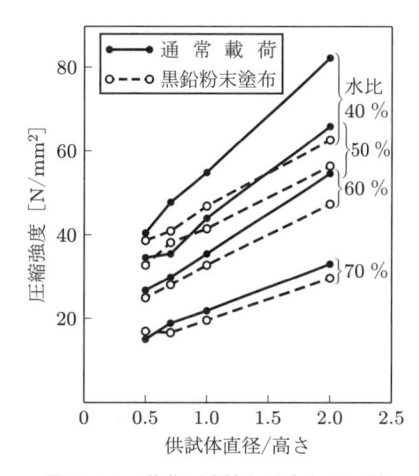

図 5.21　載荷面摩擦と強度との関係

JIS A 1132 では，円柱供試体を採用しており，高さは直径の 2 倍としている．直径は粗骨材の最大寸法の 3 倍以上，かつ，10 cm 以上としている．粗骨材の最大寸法が 30 mm 以下のときは $\phi 10 \times 20$ cm が用いられる．

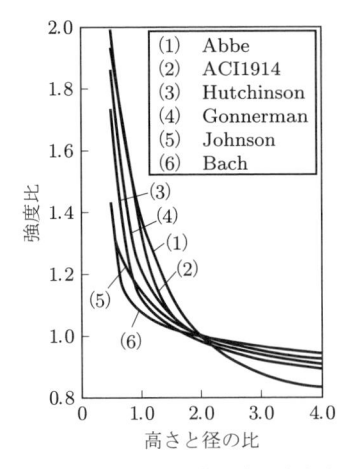

図 5.22 円柱供試体の高さと径との比と強度との関係

凡例:
(1) Abbe
(2) ACI1914
(3) Hutchinson
(4) Gonnerman
(5) Johnson
(6) Bach

表 5.5 補正係数

直径と高さの比	標準供試体についての強度を得るために掛けるべき係数
2.00	1.00
1.75	0.98
1.50	0.96
1.25	0.93
1.00	0.87

コンクリート構造物から切り取ったコアの寸法比が $H/D = 2$ でない場合，標準供試体の強度に換算するのに測定値に掛ける補正係数として，JIS A 1107 では表 5.5 を与えている．

● **加圧面の凹凸**　供試体の端面の凹凸の程度によって強度は影響され，凸のときとくに大きい (図 5.23)．JIS A 1132 では，載荷面の表面度は直径の 0.05%以下の精度が要求されている．キャッピング (capping) はできるだけ薄くするのがよいが，JIS A 1132 では直径の 2%以下としている．

なお，ヨーロッパで使用されている立方供試体は，キャッピングが不要であり，型

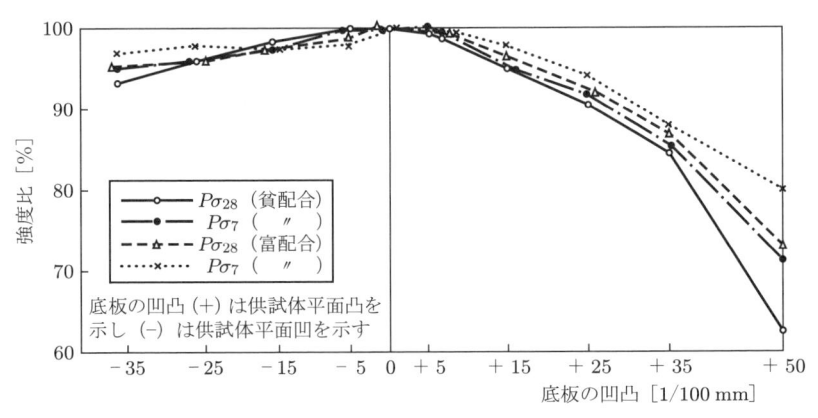

凡例:
- $P\sigma_{28}$ （貧配合）
- $P\sigma_7$ （ 〃 ）
- $P\sigma_{28}$ （富配合）
- $P\sigma_7$ （ 〃 ）

底板の凹凸 (+) は供試体平面凸を示し (−) は供試体平面凹を示す

図 5.23 底板誤差とコンクリート強度の低下 (児玉)

わくの運搬が便利である．

● **載荷速度**　一般に載荷速度が大きくなると，強度は見掛け上大きくなり，この傾向は毎秒 10 N/mm² を超えると顕著になる (図 5.24)．JIS A 1108 では毎秒 0.6 ± 0.4 N/nm² とするように規定している．

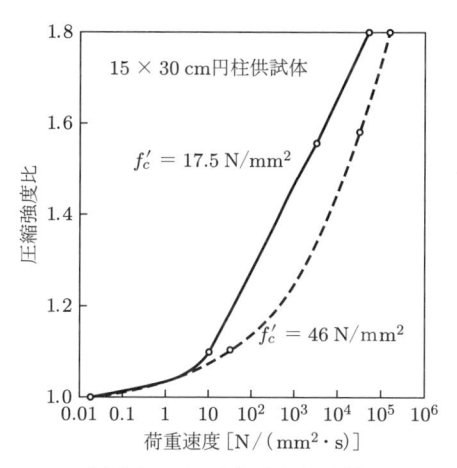

図 5.24　圧縮強度に及ぼす荷重速度の影響 (Watstein)

● **湿潤ふるい分け**　マスコンクリートなどで粗骨材最大寸法が大きいときには，湿潤ふるい分け (wet screening) を行って供試体をつくるが，供試体の大きさが同じであれば，これを行ったものは一般に強度が大きくなる．

5.3.2　圧縮強度以外の諸強度

(1) 引張強度　コンクリートの引張強度 (tensile strength) f_t は圧縮強度 f'_c に比べてきわめて小さく，だいたい 1/14～1/10 である．f'_c/f_t (ぜい度係数) の値は f'_c が大きくなるほど大きくなる (表 5.6)．また，f_t は乾燥すると湿潤のときより低下するが，この傾向は吸水量の多い人工骨材コンクリートにおいて著しい．

一般の鉄筋コンクリート (RC) 部材の設計では引張強度は無視されるが，舗装版・水槽などでは重要であり，プレストレストコンクリート (PC) 部材の設計には用いられている．また，ひび割れ荷重予知の計算に用いられる．

引張強度試験方法としては，JIS A 1113 の**割裂強度試験** (splitting tension test) が一般に用いられている．これは，図 5.25 に示すような載荷を行い，破壊荷重 P を求め，弾性学より導かれた次の式によって f_t を計算する．

$$f_t = \frac{2P}{\pi dt} \quad (d：直径, \ l：長さ) \tag{5.6}$$

表 5.6 コンクリートの圧縮 f'_c, 引張 f_t, 曲げ f_b の各強度ならびにこれらの強度比
(アメリカポルトランドセメント協会試験結果)

強度 [N/mm²]	強度比		
f'_c	f'_c/f_t	f_b/f_t	f'_c/f_b
10	9.6	1.97	4.9
20	10.8	1.78	6.1
30	12.0	1.70	7.0
40	12.9	1.67	7.7
50	13.5	1.64	8.2
60	14.1	1.60	8.8

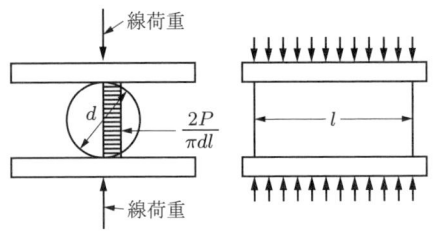

図 5.25 引張強度試験方法

(2) 曲げ強度 曲げ強度 (flexural strength, または modulus of rupture) f_b は, f'_c の 1/8〜1/5 で, $f_b/f_t = 1.6〜2$ であり (表 5.6), 因子の影響は f_t の場合とだいたい同様の性状をもつ. 舗装用コンクリートの品質決定その他に用いられる.

JIS A 1106 による試験方法は, 供試体 ($15 \times 15 \times 53$ cm, または $10 \times 10 \times 40$ cm) に 3 等分点載荷を行い, 図 5.26 に示すように, 最大曲げモーメント M を求め, 次の式で f_b を計算する.

$$f_b = \frac{M}{Z} \quad \left(Z = \frac{bh^2}{6}, \ b: 幅, \ h: 高さ\right) \tag{5.7}$$

式 (5.7) によって求めた f_b が f_t より大きい (表 5.6) のは, コンクリートが破壊近傍の応力状態で塑性的性質を示し, 応力が直線分布をしなくなる (図 5.27) ためで, 本

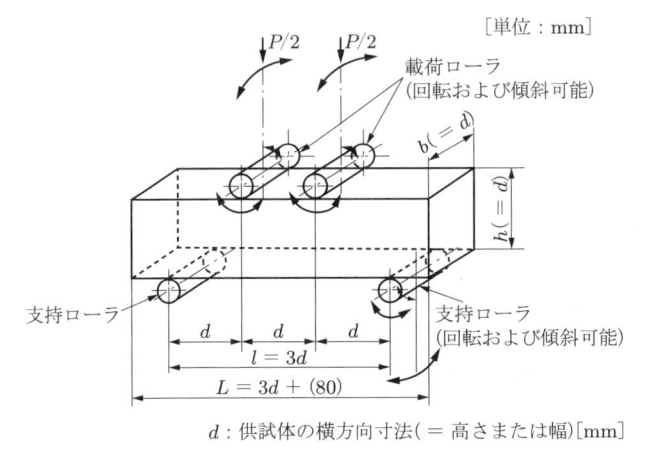

図 5.26 3 等分点載荷装置の一例
[土木学会: コンクリート標準示方書]

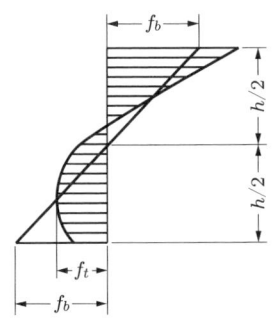

図 5.27 f_b と f_t との関係

質的に強度が大きいのではない.

(3) せん断強度 コンクリートが**押抜きせん断** (punching shear) のような荷重を受けるときのいわゆる**直接せん断強度** τ_s は, 図 5.28(a), (b) に示すような方法で載荷し, 破壊荷重 P を断面積 A で割って求める. $\tau_s/f_c' = 1/6 - 1/4$ で, f_c' が大きくなるほど τ_s/f_c' の値は小さくなる. 真のせん断強度を求める方法としてはねじり試験方法 (c) や, 3軸試験によって**モールの破壊包絡線**を描いて求める方法がある. せん断強度 (shear strength) の簡単な推定方法として, 次の式 (図 5.29 参照) を用いることもある.

$$\tau_B = \frac{\sqrt{f_c' f_t}}{2} \tag{5.8}$$

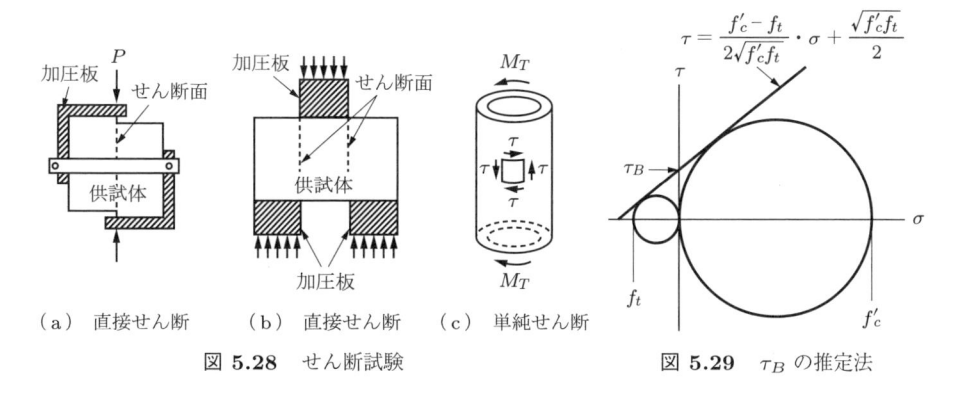

（a）直接せん断　（b）直接せん断　（c）単純せん断

図 5.28　せん断試験

図 5.29　τ_B の推定法

(4) 付着強度 鉄筋コンクリート構造は鉄筋とコンクリートが一体となって荷重に抵抗する構造であるから, 鉄筋とコンクリートの間には十分な付着強度が必要である. コンクリート中に埋め込んだ鉄筋を引き抜くか, 押し抜くときの抵抗力を**付着** (bond) と呼び, 鋼表面の単位面積あたりの力を付着強度 (bond strength) と呼んでいる.

付着力を構成する要因は,
① 鉄筋とセメントペーストの**純付着力**
② 鉄筋とコンクリート間の側圧力に基づく**摩擦力**
③ 鉄筋表面の凹凸による**機械的抵抗力**
である.

付着強度は, 鉄筋の種類, コンクリート中の鉄筋の位置および方向, 埋込み長さ, コンクリートのかぶり厚さ, コンクリートの品質などによって変化する.

付着強度を求めるのに, 図 5.30 に示すような各種の試験方法が提案されている.

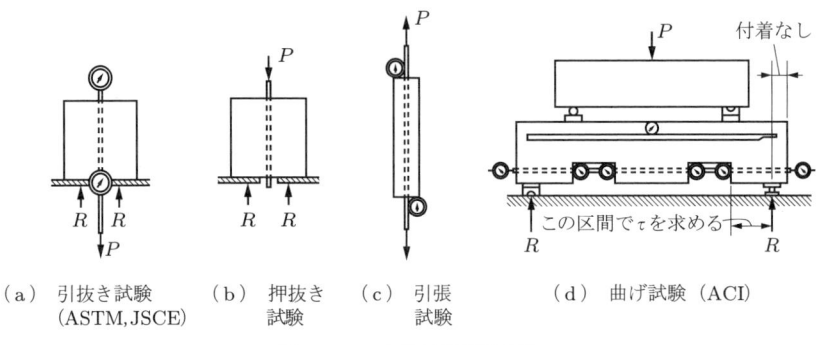

(a) 引抜き試験 (ASTM, JSCE)　(b) 押抜き試験　(c) 引張試験　(d) 曲げ試験（ACI）

図 5.30　各種付着試験方法

一般によく用いられるのは**引抜き試験** (pull-out test) で，これはコンクリート中に埋め込んだ鉄筋に引張力を与えてコンクリートに対する鉄筋のすべり量を測定し，所定のすべり量のときの付着応力 f_{bs}，最大荷重の付着応力 f_{bu} でもって付着性能を評価するものである．f_{bs}, f_{bu} は次の式で計算する．

$$f_b = \frac{P}{\pi dl} \quad (d：鉄筋の直径，l：埋込み長さ) \tag{5.9}$$

図 5.31 は，自由端のすべり量が 0.1 mm のときの平均付着応力 f_{bs} を求めたドイツの実験の一例である．

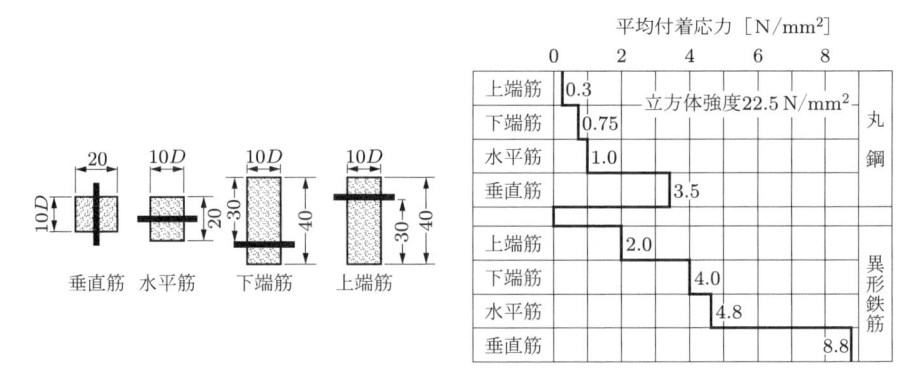

図 5.31　鉄筋の位置と付着強度

図 5.30(a), (b) の方法は試験が簡単である．図 (c) は鉄筋コンクリートはりの引張部分の応力状態をかなりよく再現するので，引張部分のひび割れ特性に関連する付着性状の比較ができる．図 (d) は実際の状態で試験できるが，供試体が大形になり試験も面倒である．

(5) 支圧強度　　橋脚の支承部やプレストレストコンクリートの緊張材定着部などでは，部材面の一部分だけに圧縮力が作用する．このような局部荷重を受ける場合のコンクリートの圧縮強度を支圧強度 (bearing strength) と呼ぶ．支圧強度は図 5.32 に示すように局部応力による最大圧縮荷重 P を局部載荷面積 (支圧面積) A' で割って求める．

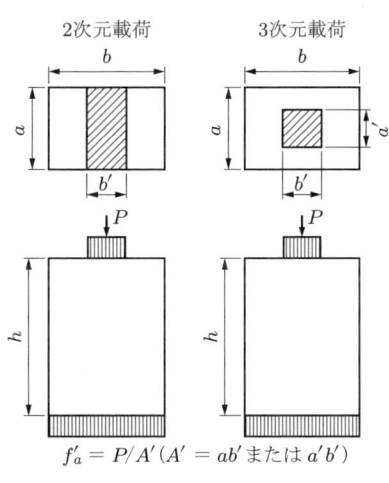

$$f'_a = P/A' \quad (A' = ab' \text{ または } a'b')$$

図 5.32　支圧強度試験

支圧強度 f'_a は，コンクリートの圧縮強度 f'_c，コンクリート供試体の断面積 (支承面積) A と支圧面積 A' との比 (A/A')，供試体の寸法比 $\{h(a+b)/(ab)\}$ などによって変化し，一般に次の式で表される．

$$\frac{f'_a}{f'_c} = \alpha \sqrt[n]{\frac{A}{A'}} \tag{5.10}$$

ここに，α, n は実験定数で $\alpha = 0.7 \sim 1$，$n = 2 \sim 3$

実験定数 α の値はコンクリート強度 σ_c が大きい場合小さくとる．これは，支圧強度 f'_a が，荷重方向と直角方向に生じる引張応力 (割裂応力 σ_y) によるひび割れによって支配されるためである．したがって，割裂応力に抵抗させるように補強筋を配置すると見掛けの支圧強度は増大する．補強筋に囲まれたコンクリートはいわゆる 3 軸圧縮応力状態になっており，補強筋が側圧を分担している．

なお，実際の構造物における応力状態は非常に複雑で，いわゆる**組合せ応力** (combined stress；同時に作用している方向の異なる 2 種以上の応力) 状態となっている．したがって，その設計には組合せ応力を受けるときのコンクリート強度を用いて設計するのが合理的であり，従来多くの各種の研究がなされてきた (表 5.7) が，未解決の問題

表 5.7 組合せ応力実験の供試体と載荷方法

応力状態	供試体	載荷方法	応力状態	供試体	載荷方法
3軸圧縮	$15\phi \times 30$ cm 円柱形供試体		圧縮－引張り		
3軸圧縮	$15\phi \times 30$ cm 内径7.5 cm 円筒形供試体		圧縮－引張り	$7.5 \times 10 \times 40$ cm $15 \times 15 \times 54$ cm 角柱供試体	
2軸圧縮	$15 \times 15 \times 54$ cm 角柱供試体		引張り －引張り	$80 \times 25 \times 3$ cm スラブの組合せ	
3軸圧縮	$10.5 \times 10.5 \times 10.5$ cm 立方体供試体		引張り －せん断	$23 \times 15 \times 260$ cm $15 \times 15 \times 60$ cm $20 \times 20 \times 150$ cm 角柱供試体	
圧縮－引張り	$15 \times 15 \times 54$ cm 角柱供試体		圧縮－せん断	$20\phi \times 60$ cm 内径10 cm 円筒形供試体	
圧縮－引張り	$35\phi \times 60$ cm 内径25 cm $15\phi \times 30$ cm 内径5 cm $25\phi \times 25$ cm 内径10 cm 円柱形供試体		圧縮－せん断	$4 \times 4 \times 16$ cm 角柱供試体	
圧縮－引張り					

も少なくない．

(6) 疲労強度　コンクリートも他の材料と同様に繰返し荷重を加えたり，また一定の荷重を持続して加えておくと，疲労のため静的破壊荷重よりも小さい荷重で破壊する．このときの強度を疲労強度 (fatigue strength) という．疲労による強度低下の主な原因は，コンクリート中の**微細ひび割れ** (micro crack) の発達であると考えられている．

　コンクリートの200万回疲労強度は，一般に静的強度の50〜55% (圧縮・曲げ・引張り)，40%程度 (付着) である．また，コンクリートのクリープ限は静的強度の70〜80% (圧縮) である．

5.3.3 弾性および塑性

（1）応力ひずみ曲線　コンクリートは完全な弾性体ではないので，応力とひずみの関係は最初から曲線となり，比較的小さな荷重を加えても残留ひずみを生じる．全ひずみ δ と残留ひずみ η との差を弾性ひずみ ϵ_e という（図 5.33）．η/δ の値は応力が大きいほど大きく，破壊強度の 50% 程度の応力でおよそ 10% 程度である．

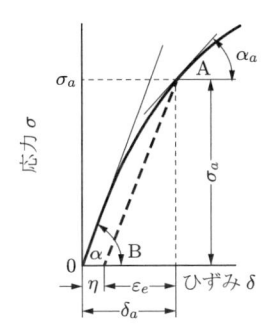

図 **5.33**　コンクリートの応力ひずみ曲線模式図

σ-δ の曲線については，従来多数報告されているが，破壊に至るまでの関係式の一例をあげると，

$$\sigma = a\delta + b\delta^2 + c\delta^3 \quad (圧縮)$$
$$\sigma = a\delta + 9b\delta^2 \quad\quad (引張)$$

ここに，a, b, c はコンクリート強度および材齢による定数．

（2）弾性係数　静的載荷によって得られた応力ひずみ曲線から求めた弾性係数 (modulus of elasticity) を**静弾性係数**といい，これには初期弾性係数 $E_i = \tan\alpha$，割線弾性係数 (secant modulus) $E_c = \sigma_a/\delta_a$ および接線弾性係数 $E_t = \tan\alpha_a$ がある．通常弾性係数あるいはヤング係数といわれるのは E_c である．E_c は応力の大きさによって異なり，実用的には圧縮強度の 1/3 に相当する応力点での E_c を用い，$E_{1/3}$ と表示する．

E_c は一般にコンクリートの圧縮強度 f_c' および密度 ρ が大きいほど大きくなる（図 5.34）．

土木学会では，鉄筋コンクリート構造の不静定力または弾性変形の計算に用いる弾性係数の値を表 5.8 のように与えている．

引張応力に対する弾性係数は，圧縮応力に対するよりもやや小さいが実用上等しいとして差し支えない．

コンクリート供試体に縦振動またはたわみ振動を与えてその固有振動数を測定する

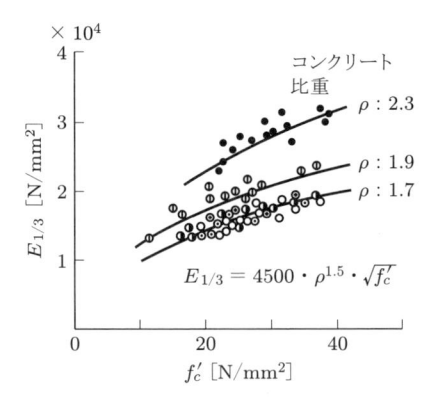

図 5.34 割線係数 $E_{1/3}$ と圧縮強度 f'_c との関係 (奥島・小阪)

表 5.8 コンクリートのヤング係数 [土木学会：コンクリート標準示方書]

f'_{ck} [N/mm^2]		18	24	30	40	50	60	70	80
E_c [kN/mm^2]	普通コンクリート	22	25	28	31	33	35	37	38
	軽量骨材コンクリート *	13	15	16	19	–	–	–	–

＊骨材の全部を軽量骨材とした場合

(JIS A 1127) か，または供試体中を伝わる弾性波速度を測定すれば，次の関数を利用して，動的な弾性係数 E_d (動弾性係数という) を求めることができる．

$$v = 2fl = \sqrt{\frac{E_d}{\rho}} \tag{5.11}$$

ここに，f は共振周波数，l は供試体長さ，ρ は密度，v は弾性波速度．

E_d は微小応力下で，しかも短時間での測定であるため E_i よりいくぶん大きく $E_d/E_i = 1.04 \sim 1.37$ である．

(3) ポアソン比 ポアソン比 (Poisson's ratio) は弾性係数と同様，使用材料・強度・応力などによって異なるが，一般に許容応力付近では $1/7 \sim 1/5$，破壊応力付近で $1/4 \sim 1/2$ である．ACI，土木学会では，設計に用いるポアソン比を普通および軽量コンクリートとも $1/6$ としている．

(4) せん断弾性係数 コンクリートでは，せん断試験の実施が簡単ではないので，せん断弾性係数 (shear modulus of elasticity) G は，圧縮試験によって実測した静弾性係数 E とポアソン比 μ を用いて，次の関係式から算出することが多い．

$$G = \frac{E}{2} \cdot \frac{1}{\mu + 1} \tag{5.12}$$

いま，$\mu = 1/6$ とすると，$G = 0.43E$ となる．

(5) クリープ　持続荷重のもとで時間の経過とともに初期のひずみが増大する現象をクリープ (creep) という．図 5.35 にひずみ変化の模式図を示す．①は初期の弾性ひずみであり，その後，持続荷重のもとで，②クリープひずみが生じる．ある時点で除荷されると，③除荷時弾性ひずみの分だけひずみが減り，その後，時間の経過に伴って④回復クリープひずみ (遅延弾性) の分が徐々に減る．最終的に残存するひずみを，⑤非回復クリープひずみ (永久変形) という．

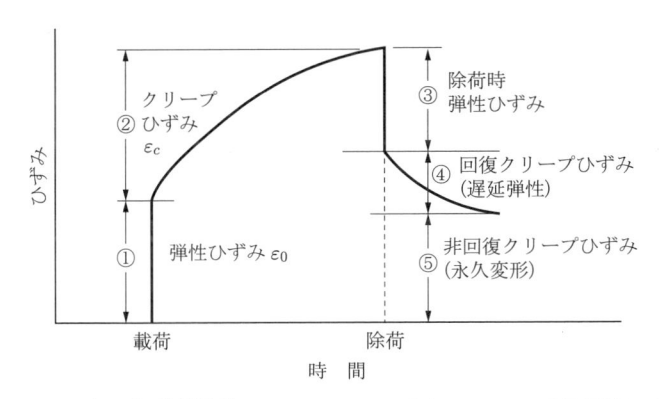

図 5.35　クリープ-時間曲線 [日本コンクリート工学会：コンクリート技士研修テキスト]

コンクリートのクリープの原因についてはまだ十分解明されていないが，一般的には巨視的にみてセメントペーストの粘弾性的性質と，骨材間あるいはセメントペーストと骨材間の塑性的性質との複合によるものと考えられている．クリープに関してこれまでわかっていることを列挙すると，
① 載荷期間中の大気湿度が低いほどクリープは大きい．
② 部材寸法が小さいほどクリープは大きい．
③ 配合のセメント量が多いほど，また水セメント比が大きいほどクリープは大きい．
④ 組織が密実でない骨材を用いたり，粒度が不適当で空隙が多いコンクリートはクリープは大きい．
⑤ 早強セメントは普通セメントよりクリープは小さい．
⑥ 載荷応力が大きいほどクリープは大きい．
⑦ 載荷時材齢が若いほどクリープは大きい．

クリープ解析に関してよく用いられる重要な原則として次の二つがある．

● **Davis-Granville の法則**　「コンクリートの持続応力がその強度の 1/3 程度以内であれば，クリープひずみは応力に比例し，圧縮に対しても引張に対しても比例定数は相等しい」．すなわち，$\epsilon_{cp} = \varphi_t(\sigma_c/E_c) = \varphi_t \cdot \epsilon_i$ で，φ_t をクリープ係数という．

● **Whitney の法則**　「$t = t_1$ で付加された荷重に対するクリープの進行は,$t = t_0$ ($t_0 < t_1$) で載荷された場合の t_1 以後の部分の進行状態に等しい」.これは載荷時材齢とクリープとの関係を示したもので,図式表示すると次のようである.図 5.36 に示すように,全ひずみを ε とし,$t = t_0$ から載荷されたものは

$$\varepsilon = \varepsilon_i + \varepsilon_{cp} = \varepsilon_i(1 + \varphi_{t1})$$

$t = t_1$ から載荷されたものは

$$\varepsilon = \varepsilon_i + \varepsilon_{cp} - \varepsilon_{cp1} = \varepsilon_i(1 + \varphi_t - \varphi_{t1}) \tag{5.13}$$

クリープ係数 φ_t についての実験式は種々提案されているが,土木学会 (2007 年制定示方書) では表 5.9(a), (b) のように与えている.

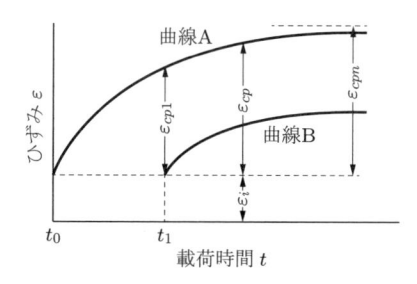

図 5.36　クリープひずみ – 時間曲線

表 5.9　コンクリートのクリープ係数 [土木学会:コンクリート標準示方書 2007]

(a) 普通コンクリート

環境条件	プレストレスを与えたときまたは載荷するときのコンクリートの材齢				
	4〜7 日	14 日	28 日	3 箇月	1 年
屋　外	2.7	1.7	1.5	1.3	1.1
屋　内	2.4	1.7	1.5	1.3	1.1

(b) 軽量骨材コンクリート

環境条件	プレストレスを与えたときまたは載荷するときのコンクリートの材齢				
	4〜7 日	14 日	28 日	3 箇月	1 年
屋　外	2.0	1.3	1.1	1.0	0.8
屋　内	1.8	1.3	1.1	1.0	0.8

5.3.4　体積変化

硬化コンクリートの体積は水分の変化,温度の変化によって変化する.この体積変化 (volume change) はコンクリート構造物に種々の悪影響を及ぼすもので,たとえば,拘束されたコンクリートに収縮が起これば,引張強度が不足のときはひび割れが発生する.

(1) 収　縮　コンクリートは湿潤状態で膨張し,乾燥すれば収縮する.基本的な因子はセメントペースト自身の収縮である.単位水量 W,単位セメント量 C,W/C とコンクリートの乾燥収縮 (drying shrinkage) との関係を示す一例を図 5.37 に示す.

この他，骨材の品質，空気量，養生方法，部材の寸法などによっても影響される．土木学会 (2007 年制定示方書) では通常の普通コンクリートの乾燥収縮ひずみとして表 5.10 の値を定めている．

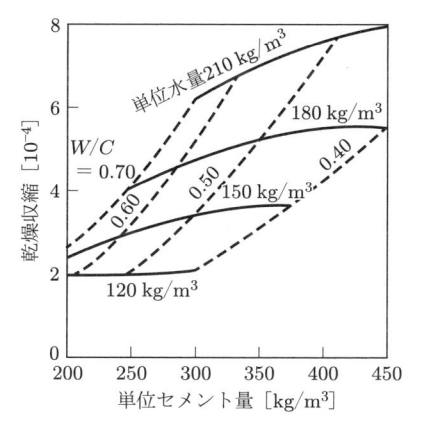

図 5.37 単位水量，単位セメント量，水セメント比による収縮の変化 (ACI)

表 5.10 コンクリートの収縮ひずみ [土木学会：コンクリート標準示方書 2007]

[$\times 10^{-6}$]

環境条件	コンクリートの材齢 *				
	3日以内	4〜7日	28日	3箇月	1年
屋　外	400	350	230	200	120
屋　内	730	620	380	260	130

* 設計での収縮を考慮するときの乾燥開始材齢

一方，水和反応そのものによっても収縮が生じる．これを自己収縮 (autogeneous shrinkage) といい，比較的高強度で単位セメント量が多い場合に顕著に生じる．表 5.11 に，土木学会 (2007 年制定示方書) で示された自己収縮ひずみの最終値の例を示す．

表 5.11 材齢 t_0 [日] 以降に生じる自己収縮ひずみに最終値 ($\times 10^{-6}$)
[土木学会：コンクリート標準示方書 2007]

28日圧縮強度 [N/mm^2]	t_0 [日]		
	1	3	7
100	230	110	50
80	160	80	40
60	150	90	50

* 圧縮強度は 28 日水中養生の値，自己収縮ひずみの予測誤差は ±40%
結合材に普通ポルトランドセメントを用いた場合の値

また，収縮 (乾燥収縮および自己収縮) の特性値は，JIS A 1129 試験 ($100 \times 100 \times 400$ mm 供試体，水中養生 7 日後，温度 20°C，相対湿度 60%の環境下で 6 箇月乾燥後の収縮ひずみ) によるが，土木学会 (2012 年制定示方書) では，以下の式により算定される収縮ひずみを用いてもよいこととしている．本式には，骨材の吸水率がパラメー

タとなっており，骨材の品質により収縮量が影響を受けることが考慮されている.

$$\varepsilon'_{sh} = 2.4 \left(W + \frac{45}{-20 + 30 \cdot C/W} \cdot \alpha \cdot \Delta\omega \right) \tag{5.14}$$

ここに，ε'_{sh} ： 収縮の試験値の推定値 ($\times 10^{-6}$)
W ： コンクリートの単位水量 [kg/m^3] ($W \leqq 175$ kg/m^3)
C/W ： セメント水比
α ： 骨材の品質の影響を表す係数 ($\alpha = 4\sim 6$). 標準的な骨材の場合には $\alpha = 4$ としてよい．
$\Delta\omega$ ： 骨材中に含まれる水分量

$$\Delta\omega = \frac{\omega_S}{100 + \omega_S}S + \frac{\omega_G}{100 + \omega_G}G$$

ω_S および ω_G ： 細骨材および粗骨材の吸水率 [%]
S および G ： 単位細骨材量および単位粗骨材量 [kg/m^3]

なお，式 (5.14) による推定値は，全国で実際に使われている種々の骨材を用いた収縮の JIS 試験値の平均値であり，個々の試験値に対してはばらつきが最大±50%程度あることが明らかとなっている．

(2) 温度変化による体積変化 セメントペーストの熱膨張係数は (15～18) × 10^{-6}/°C で，コンクリートでは材料配合などによって異なるが，通常の温度変化の範囲では (7～13) × 10^{-6}/°C である．軽量コンクリートでは普通コンクリートの 70～80%である (表 5.14 参照)．設計計算では，便宜上普通骨材コンクリートと同じく 10×10^{-6}/°C としている．

マスコンクリートではセメントの水和熱で 20～30°C，あるいはこれ以上の温度上昇を生じることがある．構造物が拘束されている場合，温度が上昇している初期材齢では，コンクリートの弾性係数 E_c は小さく，クリープも大きいので膨張による圧縮応力は比較的小さいが，その後温度が降下しはじめると，E_c は大きく，クリープも小さくなるため，収縮による引張応力によってコンクリートにひび割れが生じやすい．温度によるひび割れについては 5.3.7 項で述べる．

5.3.5 水密性

水工構造物はいうまでもなく，すべての構造物において，吸水・透水に対する抵抗性，すなわち水密性 (防水性; watertightness) はきわめて重要な要件である．しかし，コンクリートは本質的に多孔質で，吸水および透水を許す多くの要素をもっている．すなわち，

5.3 硬化コンクリートの性質

① セメントの水和に必要な水量以上の水を用いてコンクリートをつくるために，内部に生じた毛細管水隙
② ブリーディングによる水みち，骨材あるいは鉄筋下面の水隙
③ 施工が不十分で豆板・不完全処理の打継ぎ目，硬化後のひび割れ

などである．

水密コンクリートを施工するためには，上記の欠点をできるだけなくするようにすればよいが，具体的には次に示すコンクリートの**透水係数** (coefficient of permeability) k_c に関する研究結果が参考となる．

① 水セメント比 W/C と k_c との関係は図 5.38 に示すように，55% より大きくなると k_c は急に大になる．また，粗骨材の最大寸法が大きくなると，その下面の水隙が大きくなって，k_c は大となる．
② 締固めが不十分なほど k_c は大となる．
③ 湿潤養生が十分なほど，材齢が進むほど，ゲルが発達して空隙を減少するので，k_c は減少する．逆に，早期材齢における乾燥は著しく k_c を増大させる．
④ 良質の減水剤または AE 剤の使用は水密性に効果がある．また，ポゾラン材料，膨張性混和材料の使用も有効である．

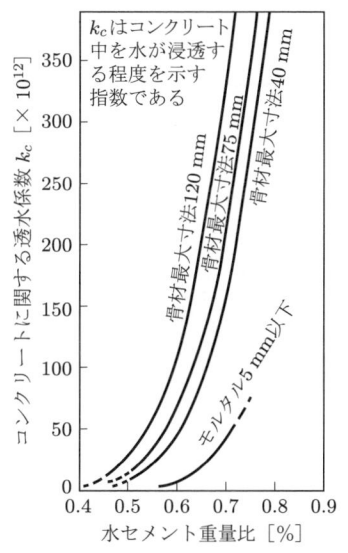

図 5.38 水セメントと透水係数 (ACI)

5.3.6 耐久性

(1) 気象作用に対する耐久性 気象作用によるコンクリートの劣化は，凍結融解作用，炭酸ガスの作用，乾湿の繰返し作用，温度変化，流水の作用などによるもので，一般に体積変化が小さく，水密性の高いコンクリートほど耐久性 (durability) が大きいといえる．

凍結融解作用 (freezing-and-thawing) による劣化の機構は，図 5.39 に示すようであり，コンクリート中の水分の一部が凍結すると，凍結していない水に圧力が加えられ，微細なひび割れが生じ，凍結と融解を繰り返すときは損傷が大きくなる．AE コンクリートのように微細な空気が連行されている場合には，**エントレインドエア**によって形成された気泡が圧力を緩和する役目を果たし，組成破壊が非常に少なくなる．

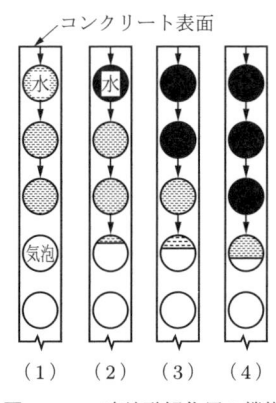

図 5.39 凍結融解作用の機構

図 5.40 および図 5.41 に凍結融解試験結果の例を示す．これらの図から明らかなように，吸水性の小さい骨材を用いた，小さい水セメント比の AE コンクリートは耐久性に優れている．

コンクリートが大気中にさらされると，これに含まれる炭酸ガス (CO_2) と化合して表面から徐々に炭酸化し，アルカリ性を失う．これを**中性化** (炭酸化, carbonation) という．コンクリート中で鉄筋がさびないのはコンクリートがアルカリ性を示しているためであり，中性化帯が鉄筋位置まで到達すれば鉄筋保護の条件が崩れ，鉄筋は腐食される．中性化に影響する要因は，セメントの種類，水セメント比 W/C，AE 剤や減水剤の使用，骨材の種類などである．中性化深さはフェノールフタレン 1% 溶液の噴霧によって判定される．中性化速度の計算式として，岸谷は次の式を提示している．

① $W/C \geqq 60\%$

$$t = \frac{0.3(1.5 + 3W/C)}{R^2(W/C - 0.25)^2}x^2$$

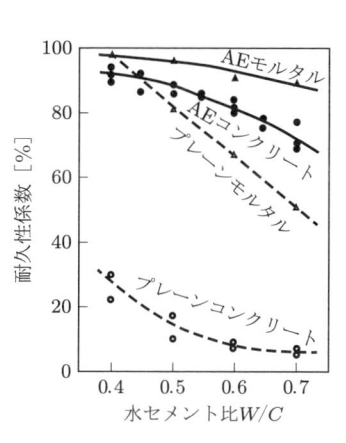

図 5.40　コンクリートおよびモルタルの水セメント比と凍結抵抗性との関係 (水倉)

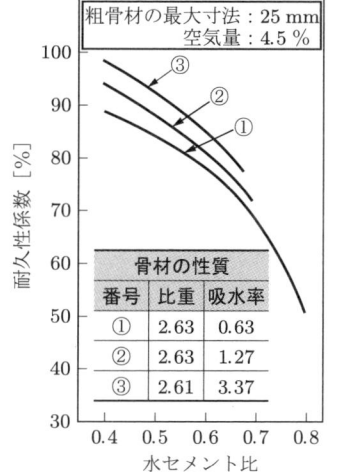

図 5.41　水セメント比と耐久性係数 (土研)

② $W/C < 60\%$

$$t = \frac{7.2}{R^2(4.6W/C - 1.76)^2}x^2$$

ここに，x は中性化深さ [cm]，t は期間 [年]，R は中性化比率 (表 5.12).

表 5.12　中性化比率 R の値

セメント ＼ 骨材 ＼ 表面活性剤	川砂・川砂利			川砂・軽砂利			軽砂・軽砂利		
	プレン	AE 剤	減水剤	プレン	AE 剤	減水剤	プレン	AE 剤	減水剤
普通ポルトランドセメント	1	0.6	0.4	1.2	0.8	0.5	2.9	1.8	1.1
早強ポルトランドセメント	0.6	0.4	0.2	0.7	0.4	0.3	1.8	1.0	0.7
高炉セメント(スラグ 30〜40%)	1.4	0.8	0.6	1.7	1.0	0.7	4.1	2.4	1.6
高炉セメント(スラグ 60%前後)	2.2	1.3	0.9	2.6	1.6	1.1	6.4	3.8	2.6
シリカセメント	1.7	1.0	0.7	2.0	1.2	0.8	4.9	3.0	2.0
フライアッシュセメント	1.8	1.1	0.8	2.3	1.4	0.9	5.5	3.3	2.2

コンクリートが絶えず流水中にある場合には，長年月の間には $Ca(OH)_2$ が溶け出し，次第に浸食される．CO_2 が溶けている水の場合にはとくに著しい．

(2) 酸・塩類・油類および海水の作用に対する耐久性　硫酸・塩酸・硝酸などの無機酸は，セメント水和物中の石灰・けい酸・アルミナなどを溶解するので，コンクリートは激しく侵食され崩壊する．酢酸・乳酸などの有機酸の作用は無機酸に比べや

や弱いが，相当の被害を与える．下水施設においては，硫化水素が発生し，硫黄酸化細菌が原因で硫酸が生成されることにより，コンクリートが浸食される．

ナトリウム・マグネシウムおよびカルシウムの硫酸塩は，セメント中の$Ca(OH)_2$，C_3A と反応してエトリンガイト(セメントバチルス)をつくり，膨張してコンクリートを破壊させる．海水によるコンクリートの侵食は主として海水中に含まれる化学作用の他に，海水位付近では乾湿，凍結融解の繰返し，波浪による破壊作用を受けるため，水セメント比の小さい，密実なコンクリートにすることが必要である．

鉱油はコンクリートに対してほとんど害を与えない．しかし，植物性および動物性の油は，空気中の石灰と化合して容易に分解され脂肪酸を生成し，脂肪酸はコンクリート中の石灰と化合して有機酸の塩類を生成するのでコンクリートは侵食される．

(3) その他に対する耐久性　　コンクリート表面の損食 (erosion) としては，流水中の砂などによる摩耗，交通によるすりへり，キャビテーション (cavitation) による損食などがある．損食に対する抵抗性の大きいコンクリートを得るには，水セメント比を小さく，硬練りとし，高強度・高密度とする．

鉄筋コンクリートでは，直流電流が鉄筋からコンクリートに向かって流れると鉄筋が酸化してさび，膨張してコンクリートにひび割れが生じることがある．$CaCl_2$ などの塩類を含むコンクリートでは**電食**は一層助長される．コンクリートから鉄筋に電流が流れる場合は，鉄筋には影響がないが，鉄筋周囲のモルタルが軟化現象を起こし，付着強度が減少する．

交流電流の場合は極がたえず変化するので上記のような現象は起こりにくく，被害はほとんどない．また，無筋コンクリートでは，直流でも一般に害はない．

5.3.7　ひび割れ

(1) 概　説　　過度のひび割れは美観上，耐久性上などの点で支障をきたし，ひび割れはコンクリート構造物をつくるうえにおいて最も重要な問題である．

ひび割れの原因としては多くのものが考えられるが，主なものは施工の不良，乾燥収縮，温度応力，損食，化学反応，異常荷重，設計上のミス，設計細目の不良などである．次に，凝結硬化過程中に生じるひび割れと硬化後に生じるひび割れに分けて，その原因と対策について簡単に述べる．

(2) 硬化前のひび割れ　　凝固硬化過程中に比較的早期に生じるひび割れを総称して**プラスチックひび割れ** (plastic crack) という．この種のひび割れは発達しないのが普通であり，微小であれば構造上有害ではないが，外観を悪くするだけではなく，硬化後のコンクリートに悪い影響を与えるおそれがある．

図 5.42 は Mercer によるプラスチックひび割れの原因と対策を示したものである．

5.3 硬化コンクリートの性質　131

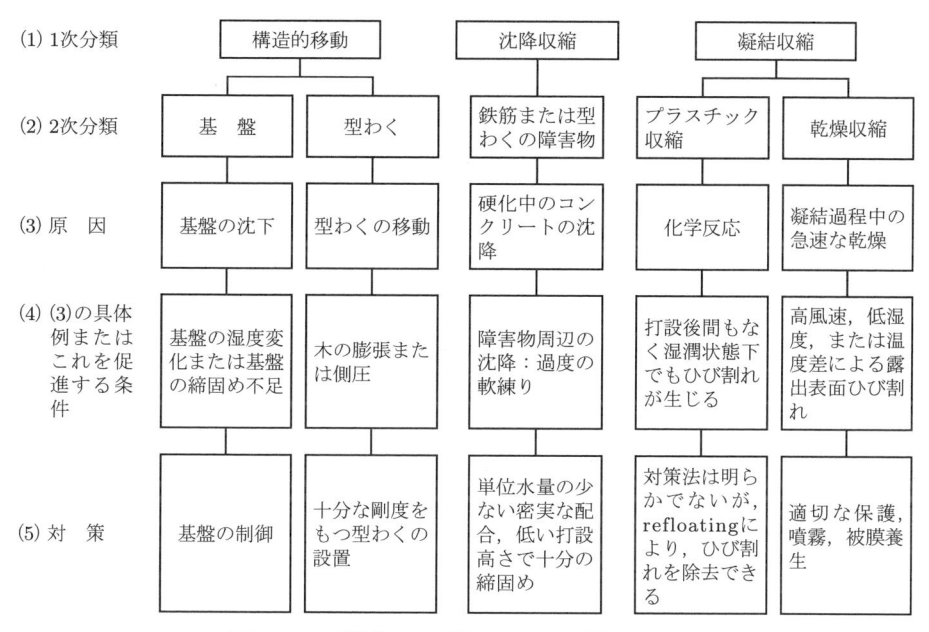

(1) 1次分類	構造的移動		沈降収縮	凝結収縮	
(2) 2次分類	基盤	型わく	鉄筋または型わくの障害物	プラスチック収縮	乾燥収縮
(3) 原因	基盤の沈下	型わくの移動	硬化中のコンクリートの沈降	化学反応	凝結過程中の急速な乾燥
(4) (3)の具体例またはこれを促進する条件	基盤の湿度変化または基盤の締固め不足	木の膨張または側圧	障害物周辺の沈降：過度の軟練り	打設後間もなく湿潤状態下でもひび割れが生じる	高風速，低湿度，または温度差による露出表面ひび割れ
(5) 対策	基盤の制御	十分な剛度をもつ型わくの設置	単位水量の少ない密実な配合，低い打設高さで十分の締固め	対策法は明らかでないが，refloatingにより，ひび割れを除去できる	適切な保護，噴霧，被膜養生

図 5.42　硬化前のひび割れの原因と対策 (Mercer)

　コンクリートの沈降収縮と構造的移動によって生じるひび割れを**沈みひび割れ**という．このひび割れは，コンクリートの打込み後1〜3時間程度の間に発生する．ひび割れ幅は3 mm程度まで，長さは2〜3 mまで，深さは大部分5 cm以下であるが，薄いスラブでは全高を貫くものもある．ひび割れ模様はスラブの場合主鉄筋方向のものが多い．図5.43は沈みひび割れの主な発生機構を図示したものである．

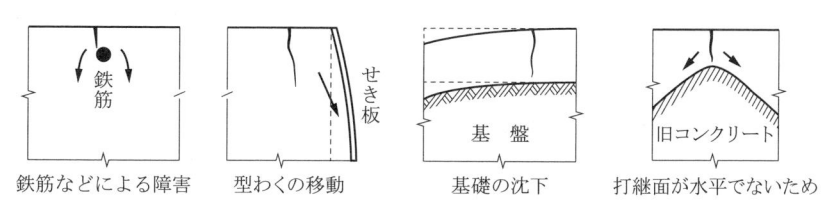

図 5.43　沈みひび割れの主な発生機構
（鉄筋などによる障害／型わくの移動／基礎の沈下／打継面が水平でないため）

　凝結収縮によって生じるひび割れを**プラスチック収縮ひび割れ**（または初期収縮ひび割れ）という．これは細かく浅いひび割れである．この種のひび割れのうち最も多発するのは，コンクリート表面からの水分の急激な蒸発によるものである．とくに，凝結から硬化に移行する時期はセメントの水和反応が最も活発に行われる時期であり，ブリーディング水がコンクリートの内部に吸収されて収縮が助長されるので，ひび割れが発生しやすい．ひび割れ発生の限界蒸発水量はおよそ$1.0〜1.5 \text{ kg/(m}^2\cdot\text{h)}$と

いわれる．

（3）硬化後のひび割れ　図 5.44 は，Mercer による硬化したコンクリートに生じるひび割れの原因と対策を示したものである．コンクリートの力学的性質の欠点は，
① 破壊時ひずみが圧縮で $2〜4 \times 10^{-3}$，引張で $1〜2 \times 10^{-4}$ と小さいこと
② 引張強度が低いこと
③ 体積変化（乾燥収縮・温度伸縮・湿度伸縮）が大きいこと
などである．これらの欠点は，すべてひび割れの問題と直結する．

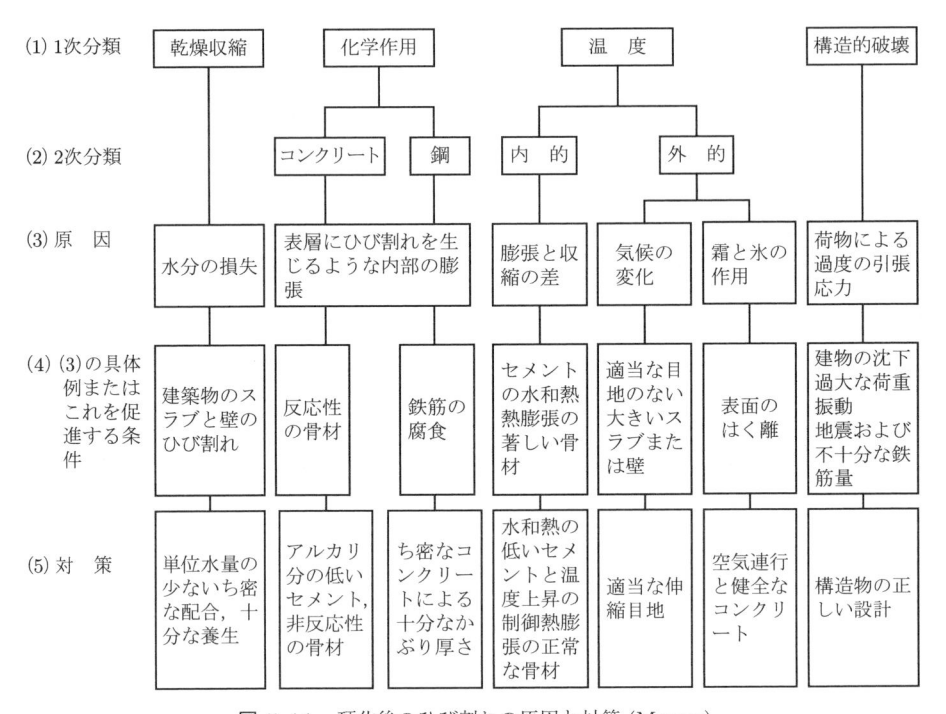

(1) 1次分類	乾燥収縮	化学作用		温　度			構造的破壊
(2) 2次分類		コンクリート	鋼	内的	外的		
(3) 原　因	水分の損失	表層にひび割れを生じるような内部の膨張	膨張と収縮の差	気候の変化	霜と氷の作用	荷物による過度の引張応力
(4) (3)の具体例またはこれを促進する条件	建築物のスラブと壁のひび割れ	反応性の骨材	鉄筋の腐食	セメントの水和熱膨張の著しい骨材	適当な目地のない大きいスラブまたは壁	表面のはく離	建物の沈下・過大な荷重・振動・地震および不十分な鉄筋量
(5) 対　策	単位水量の少ないち密な配合，十分な養生	アルカリ分の低いセメント，非反応性の骨材	ち密なコンクリートによる十分なかぶり厚さ	水和熱の低いセメントと温度上昇の制御熱膨張の正常な骨材	適当な伸縮目地	空気連行と健全なコンクリート	構造物の正しい設計

図 5.44　硬化後のひび割れの原因と対策 (Mercer)

● **収縮ひび割れの機構と対策**　乾燥収縮は，程度の差こそあれすべてのコンクリートに生じるので，この収縮量が部材断面の表面と内部で差があるか，鉄筋などによって拘束されるか，構造物の他の部分によって拘束を受けるかによって，コンクリートに引張応力を生じる．この引張応力が成長し，ある時点でそのときのコンクリートの引張強度を追い越せば，ひび割れが発生する．ひび割れを生じるまで引張応力が発達するかどうかは，収縮ひずみの大きさ，拘束の程度，コンクリートのクリープ・弾性係数・引張強度などの要因に依存する．現在これらを時間関数として定量的に表現する段階に至っていない．しかし，多くの研究の結果，収縮ひび割れに関して次のよう

なことが明らかにされている.
① 収縮曲線が一定であれば，コンクリートの弾性係数の小さい若材齢に乾燥を開始したほうが，ひび割れ発生の有無に限っては有利である．
② 収縮曲線が一定であれば，早強性のコンクリートはひび割れが発生しやすい．
③ 終局収縮量が一定でも，収縮速度が早いほどひび割れが発生しやすい．したがって，急激な乾燥は避ける．壁・スラブなど薄い部材では乾燥が急激になりやすい．厚い部材では自然に乾燥が遅れ，収縮量自体も小さくなる．
④ 長期にわたって徐々に乾燥させるほど収縮応力が小さくなり，強度の発現にもよい．
⑤ 温度による体積変化についても，収縮と同様のことがいえる．水和熱が急激に失われないよう，またそれが乾燥と同様に進行しないよう注意を要する．
⑥ 拘束が構造物の他の部分で完全に行われている場合，対象部材に配置された鉄筋はひび割れ発生の有無には関係ない．発生したひび割れの分散には有効である．
⑦ 収縮 (または膨張) がある期間で終了し，それ以後にもクリープは進行するものとすると，収縮応力 (または膨張圧) は次第に減退してしまう．これは膨張セメントによるプレストレス，または収縮補償を目的とするとき重要な性質である．

対策としては，図 5.44 に示される配合，養生上の注意の他に，膨張セメントまたは無収縮性セメントの利用，さらには収縮ひび割れの発生は避けられないという前提で，適当な間隔で目地を設けること，また鉄筋を密に配置してひび割れを分散させる方法などがあげられる．

● **鉄筋の腐食によるひび割れの機構と対策**　コンクリート中の鉄筋が腐食すると，その体積はもとの約 2.5 倍に膨張し，その膨張圧によってかぶりコンクリートにひび割れが生じる．ひび割れが生じると，鉄筋の腐食は容易に促進され，ひび割れはさらに大きくなり，かぶりコンクリートがはく離する場合がある．コンクリート中の鉄筋の腐食は，電気化学的反応の結果生じるといわれている．この反応は，アノード反応 (陽極部の反応) とカソード反応 (陰極部の反応) とからなる．前者は鉄筋が溶出する反応であり，後者は Fe^{2+} の溶解時に生じた電子を消費して，鉄筋の腐食作用を助長するものである．鉄筋コンクリート中に Cl^- が存在すると，鉄筋表面の不動態被膜が破壊され，鉄がイオン化 (Fe^{2+}) して溶出し，図 5.45 に示すように，水 (H_2O) や溶存酸素 (O_2) の存在により，腐食反応が進行していく．

Cl^- をコンクリート中にもたらす要因としては，
・海砂その他コンクリート材料に含まれる塩分
・塩化カルシウム，塩化ナトリウムなど凍結防止剤による

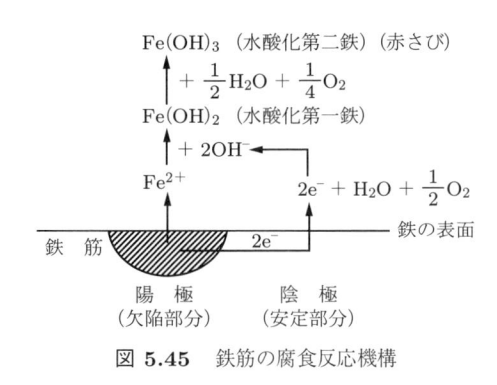

```
Fe(OH)₃ （水酸化第二鉄）（赤さび）
  ↑ + ½ H₂O + ¼ O₂
Fe(OH)₂ （水酸化第一鉄）
  ↑ + 2OH⁻
Fe²⁺           2e⁻ + H₂O + ½ O₂
```

図 5.45　鉄筋の腐食反応機構

- 波しぶきや潮風によってコンクリート表面に塩分が付着し，これが内部に浸透する

などがあげられる．これらの要因によるコンクリート中の鋼材の腐食する現象を塩害と称している．

塩害の基本対策としては，

- コンクリート材料中の塩分量を減らす
- 外部から供給される塩分の浸透を阻止ないしは抑制する

具体策としては，

① 鋼材のかぶりの増加
② ひび割れの制御
③ コンクリート品質の向上 (H_2O, O_2)
④ コンクリート表面塗装あるいは樹脂含浸処理
⑤ エポキシ樹脂塗装鉄筋の使用

などがあげられる．その他，電気防食なども有効な方策である．

● **温度ひび割れの機構と対策**　　温度上昇が原因で起こるひび割れを，簡単に**温度ひび割れ**と呼ぶ．温度ひび割れを他のひび割れから区別する特徴としては，次をあげることができる．

① 温度ひび割れを起こしたコンクリートには，相当に大きな温度上昇が生じている．
② 温度ひび割れは材齢の若いうちに発生する．その時期は，温度上昇がピークに達し，温度降下に移った直後とだいたい一致する．
③ 発生した温度ひび割れの方向や位置および開き幅にはかなりの規則性が認められる．

図 5.46 は，温度ひび割れが発生する機構を概念的に示したものである．温度上昇が最大に達してから温度降下に移るとコンクリートは収縮する．この収縮が妨げられる

5.3 硬化コンクリートの性質

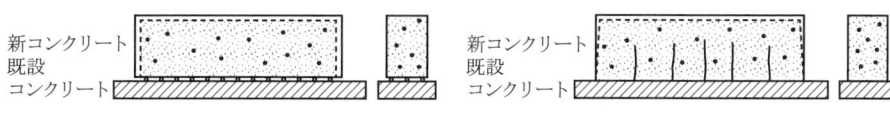

(a) 拘束がない場合（点線は温度下降後の自由変形）

(b) 拘束がある場合（点線は温度下降後の拘束された変形）

図 5.46 温度ひび割れの発生機構

と引張応力が発生し，これがひび割れの直接原因となる．図 (a) の拘束がない場合，自由に変形してひび割れを生じない．図 (b) の拘束がある場合，ひび割れを生じる．断面の大きいコンクリートでは，表面に近い部分と表面から深い部分でかなり温度差があり，図 5.47 に示すように，温度の低い側のコンクリートに引張応力を生じる．

どちらの場合にも，温度差が大きいほど引張応力は増加するので，温度ひび割れを少なくするには，温度上昇を小さくして温度差を少なくするのが基本的な対策であり，温度上昇の程度を予測して対策を立てることが重要である．

温度上昇の程度は，セメントの種類，単位セメント量，打込み温度，骨材の種類，断面寸法などによって変化する．図 5.48 は，単位セメント量 310 kg/m^3 (普通セメン

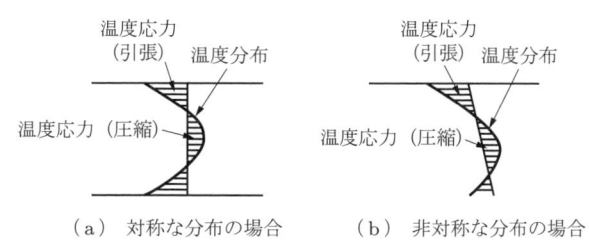

(a) 対称な分布の場合   (b) 非対称な分布の場合

図 5.47 断面内の温度差による引張応力の発生

断熱温度上昇 $T = 37.6(1 - e^{-1.0t})$

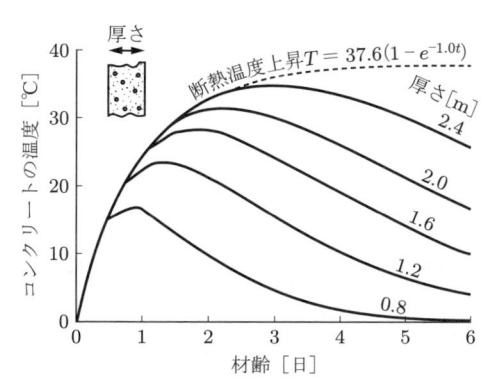

図 5.48 コンクリートの厚さと温度上昇の関係 (壁の場合)

ト) の場合におけるコンクリートの厚さと温度上昇との関係を示したものである．これによると，厚さ 1 m から 2 m の間で，厚さの増加による温度上昇量の増加が著しく，2 m 以上となるとあまり増加しない．

土木学会 (2012 年制定示方書) では，断熱温度上昇特性の設計値として次式を提示している．また，日本コンクリート工学会が示した各種セメントにおける回帰式を表 5.13 に示す．

$$Q(t) = Q_\infty(1 - e^{-rt}) \tag{5.15}$$

ここに，$Q(t)$ は材齢 t 日における断熱温度上昇量 [°C]，Q_∞ は終局断熱温度上昇量，r は温度上昇速度に関する定数で，いずれも実験により定まる定数，t は材齢 [日] である．

表 **5.13** 式 (5.15) における Q_∞, r の標準値 [土木学会：コンクリート標準示方書]

セメントの種類	$Q(t) = Q_\infty(1 - e^{-rt})$				
	$Q_\infty = a + b \times T_a$*1		$r = g + h \times T_a$*1		
	a	b	g	h	
普通ポルトランドセメント	$17.5 + 0.113 \times C$*2	$-0.146 + 0.000308 \times C$	$-0.426 + 0.00207 \times C$	$0.0471 + 0.0000188 \times C$	
中庸熱ポルトランドセメント	$8.0 + 0.118 \times C$	$0.0709 - 0.00016 \times C$	$-0.101 + 0.000811 \times C$	$0.00679 + 0.0000631 \times C$	
早強ポルトランドセメント	$15.9 + 0.135 \times C$	$-0.106 + 0.0000257 \times C$	$-0.601 + 0.0031 \times C$	$0.0989 - 0.0000688 \times C$	
低熱ポルトランドセメント*3	$12.2 + 0.0912 \times C$	$0.0946 - 0.000159 \times C$	$0.218 + 0.0003 \times C$	$-0.00179 + 0.0000598 \times C$	
高炉セメント B 種*4	$17.9 + 0.115 \times C$	$-0.149 + 0.000314 \times C$	$-0.325 + 0.00156 \times C$	$0.0216 + 0.000039 \times C$	
フライアッシュセメント B 種*5	$3.03 + 0.138 \times C$	$0.0741 - 0.00016 \times C$	$-0.0212 + 0.00033 \times C$	$0.00762 + 0.00013 \times C$	

*1 T_a：打込み時の温度 [°C]
*2 C：単位セメント量 [kg/m³]，$250 \leq C \leq 400$ [kg/m³]
*3 低熱ポルトランドセメントを使用する場合，断熱温度上昇曲線は，$Q(t) = Q_\infty\{1 - \exp(-rt^s)\}$ で近似する．ただし，s は断熱温度上昇速度に関する係数であり，以下の式によって求められる．

$$s = (0.302 + 0.00104 \times C) + (0.00293 - 0.0000216 \times C) \times T_a$$

*4 高炉スラグの混入率が 40%（プレーン値：4200 cm²/g）の場合，混入率が 40% 以外の場合については，既往のデータあるいは試験により求めるのがよい．
*5 フライアッシュの混入率は 18%

施工上の対策方法を列挙すると，
① 単位セメント量を少なくする．
② 水和熱の低いセメントを選ぶ．
③ 材料の**プレクーリング** (pre-cooling，冷水，氷，液体窒素など) を行う．
④ 生コンクリートの冷却．
⑤ 養生方法に注意する．
⑥ 1 回の打上がり高さを低くする．
⑦ 収縮目地を設ける．

⑧ パイプクーリングをする.
⑨ いろいろな対策を総合的に考える.

● **荷重による曲げひび割れ**　曲げひび割れについては，多くの研究が行われ，その性質については設計法に組み込める段階まで比較的解明されてきた．その特性については，次のような一般的傾向があることが広く認められるようになった．
① ひび割れ幅は鉄筋の応力にほぼ比例して増大する．
② ひび割れ幅は鉄筋のかぶり厚さに支配され，鉄筋位置のひび割れ幅はかぶり厚さにほぼ比例する．
③ はりの引張部分に鉄筋を数多く配置するのがひび割れ分散に有効で，鉄筋比よりむしろ鉄筋本数を増すことが有効である．
④ 鉄筋径の影響はかなり少ない．

このようなひび割れ特性を考慮し，土木学会ほか各国で種々のひび割れ式が提案されている．

ひび割れ計算式を用いて最大ひび割れ幅をある限度内に収めるのであるが，この許容ひび割れ幅は種々の環境条件に対して表 5.14 のような値が提案されている．

表 5.14　許容ひび割れ幅提案値

提案者	環境条件	最大許容ひび割れ値 [mm]	
Brice	過　酷	0.10	
	有　害	0.20	
	普　通	0.30	
Rusch	有害 (塩水)	0.20	
	普　通	0.30	
Efsen	過　酷	0.05〜0.15	
	普通 (屋外)	0.15〜0.25	
	普通 (屋内)	0.25〜0.35	
ACI 318-71	普通 (屋外)	0.24	
	普通 (屋内)	0.325	
CEB	有害および遮水	0.10	
	有　害	0.20	
	普　通	0.30	
US Bureau of Public Roads　作用荷重下の鉄筋レベルでの最大許容幅		DL で圧縮 LL で圧縮	DL で引張 LL で引張
	空気，または保護層	0.30	0.25
	塩，空気＋水＋土	0.25	0.20
	化学的除水，湿気，	0.20	0.15
	海水，乾燥湿潤交番	0.20	0.15

5.3.8 その他の性質

(1) 質 量　コンクリートの質量は，軽量コンクリート，ダムコンクリートあるいは重量コンクリートにおいては設計施工条件として重要な要素である．コンクリートの質量は，単位容積質量 [kg/m^3] あるいは気乾比重で示され，主として使用する骨材の比重によって変化するが，その他に骨材の粒度・粒形・最大寸法・配合などによっても異なる．表 5.15 に種々の骨材を用いたコンクリートの比重を示す．

表 5.15　種々の骨材を用いたコンクリートの比重

コンクリートの種類	骨材の種類		比　重
	細骨材	粗骨材	
重量コンクート	重晶石	重晶石	3.40～3.62
	赤鉄鉱	赤鉄鉱	3.03～3.86
	磁鉄鉱	磁鉄鉱	3.40～4.04
	磁鉄鉱	鉄　片	3.80～5.12
普通コンクリート	川　砂／砕　砂	川砂利／砕　石	2.30～2.55
軽量コンクリート	川　砂	人工軽量骨材／天然軽量骨材	1.60～2.00
	天然軽量骨材	天然軽量骨材	0.90～1.60
	人工軽量骨材	人工軽量骨材	1.40～1.70
気泡コンクリート			0.55～1.00

(2) 熱的性質　コンクリートの熱膨張係数・比熱・熱伝導率・熱拡散係数などの熱的性質は，配合・材齢などによる影響は少なく，主として骨材の性質によって変化することが知られている．表 5.16 にコンクリートの熱的性質の一例を示す．

表 5.16　コンクリートの熱的特性の参考値 [土木学会：コンクリート標準示方書]

	熱伝導率	2.6 W/m°C
	比　熱	1.05 kJ/kg°C
	熱拡散率	0.83×10^{-6} m^2/s
熱膨張係数	ポルトランドセメント	10×10^{-6}/°C
	高炉セメント B 種	12×10^{-6}/°C

(3) 超高低温に対する性質　コンクリートは高温を受けると強度および弾性係数が低下し，また鉄筋とコンクリートとの付着も害される．コンクリートの**耐火性**は，骨材の岩質によって異なり，石英質の花崗岩・砂岩などは 500°C 前後で急に膨張し，575°C で変質してコンクリートを崩壊させる．

超低温下のコンクリートの強度は常温下より増大し，その程度は湿潤状態のときに著しい (図 5.49, 5.50)．これはコンクリート内部の自由水の氷結がコンクリートの間

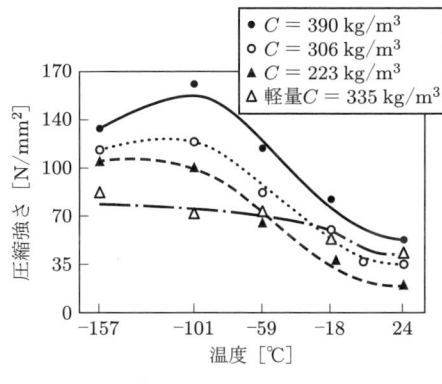

図 5.49　低温における湿潤コンクリートの強度 (PCA)

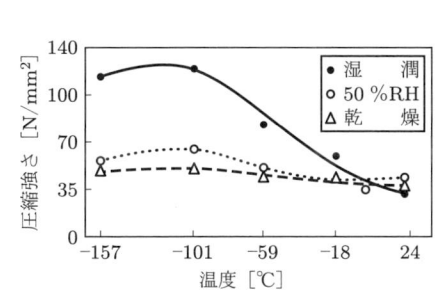

図 5.50　低温強度に及ぼす乾湿の影響 (PCA)

隙の減少を促すためとみられている．

5.4　コンクリートの配合

5.4.1　概　説

　コンクリートの**配合** (mix, mix proportion) とは，コンクリートをつくる各材料の割合または使用量をいう．コンクリートの**配合設計** (design of mix proportion) とは，所要の強度・耐久性・水密性および作業に適するワーカビリティーをもつ範囲内で，単位水量をできるだけ少なくするように各材料の割合を定めることである．

5.4.2　配合の表し方

　土木学会では，配合を表 5.17 のように表している．ただし，人工軽量骨材コンクリートの場合，軽量骨材の量は絶対容積で示す．

表 5.17　配合の表し方 [土木学会：コンクリート標準示方書]

粗骨材の最大寸法 [mm]	スランプ[*1] [cm]	空気量 [%]	水セメント比[*2] W/C [%]	細骨材率 s/a [%]	単位量 [kg/m³]					
					水 W	セメント[*3] C	混和材[*3,4] F	細骨材 S	粗骨材 G	混和剤[*5] A
									mm〜mm	mm〜mm	

*1 標準として荷卸しの目標スランプを表示する．必要に応じて，打込の最小スランプや練上がりの目標スランプを併記する．
*2 ポゾラン反応性や潜在性硬性を有する混和剤を使用する場合は，水セメント比は水結合材比となる．
*3 材料分離抵抗性の目安として，セメントおよび混和剤の総量として単位粉体量を併記するのがよい．
*4 複数の混和剤を用いる場合は，必要に応じて，それぞれの種類ごとに分けて別欄に併記する．
*5 混和剤の単位量は，mL/m³ または g/m³ で表し，薄めたり溶かしたりしない原液の量を記述する．

5.4.3 配合設計の方法

 土木学会による配合設計の手順を図 5.51 に示す．まず，STEP-1 として，特性値 (設計基準強度，耐久性やその他の性能) の確認を行う．次に，STEP-2 として，ワーカビリティー (充てん性，圧送性，凝結特性) の設定を行う．STEP-3 として，粗骨材最大寸法，スランプ，配合強度，水セメント比，単位セメント量とセメントの種類，空気量を設定する．STEP-4 として，使用材料の選定および暫定配合の設定を行い，最後に STEP-5 として，試し練りに基づいて使用材料の単位量の調整を行う．その結果，フレッシュコンクリートの品質および硬化コンクリートの品質が所用の性能を満足するかどうかを確認する．満足しない場合には，STEP-4 あるいは STEP-5 を再度行うものとし，最終的に品質が満足した場合に，STEP-6 として，配合の決定を行う．また，図 5.52 に，ワーカビリティー，設計基準強度，耐久性を満足するための配合設計の考え方を示す．ここで，単位粉体量 (単位セメント量) は，材料分離抵抗性の指標として使用されている．

5.4.4 配合条件の設計

(1) 粗骨材の最大寸法の設定　コンクリートを経済的につくる，あるいは単位水量を小さくするという観点からは，なるべく大きい粗骨材を用いるのが一般に有利である．しかし，最大寸法が過大であると，コンクリートの取扱いが困難となったり，材料の分離が著しくなったりする．土木学会では，粗骨材の最大寸法は，部材寸法や鉄筋のあきを考慮して設定するものとしている．粗骨材の最大寸法の標準は，表 5.18 に示すとおりである．

(2) スランプの設定　コンクリートのスランプは，作業に適する範囲内で，できるだけ小さい値を設定する．スランプが大きい場合，一般に材料分離が生じやすく，乾燥収縮も大きい．しかし，スランプが小さすぎると，締固めが不足した場合など，構造物の隅々までコンクリートが行きわたらず，空洞，豆板やコールドジョイントなどの初期欠陥を生じることがある．また，配合設計においては，打込みの最小スランプを設定する．表 5.19 に，一例として，土木学会による，はり部材の最小スランプの目安を示す．実際には，この打込みのスランプに対して，運搬に伴うスランプの低下，製造から打込みまでの時間経過に伴うスランプの変化，製造段階で品質のばらつきを考慮して，荷卸しの目標スランプおよび練上りの目標スランプを設定する．図 5.53 に土木学会により示された各施工段階でのスランプの経時変化のイメージを示す．

5.4 コンクリートの配合　**141**

```
設計図書
├─ コンクリートの目標性能
│   ├─ <特性値>
│   │   設計基準強度，中性化速度係数，塩化物イオンに対する拡散係数，透水量(透水係数)，凍結融解試験における相対動弾性係数，収縮ひずみなど
│   └─ <参考値>
│       粗骨材の最大寸法，スランプ，水セメント比，単位セメント量およびセメントの種類，空気量
```

【STEP-1】 特性値の確認
・設計基準強度　・耐久性に関わる特性値
・その他の性能に関わる特性値

【STEP-2】 ワーカビリティーの設定　← 施工条件など
・充てん性　・圧送性
・凝結特性

【STEP-3】 配合条件の設定
(1) 粗骨材の最大寸法
(2) スランプ
(3) 配合強度
(4) 水セメント比，単位セメント量およびセメントの種類
(5) 空気量

適正配合の選定が困難

【STEP-4】 使用材料の選定および暫定の配合の設定

試し練り

【STEP-5】 使用材料の単位量の調整
(1) 単位水量の調整(単位水量175 kg/m³以下)
(2) 単位セメント量の調整(水和熱の抑制：単位セメント量の確認)
(3) 細骨材率の調整
(4) 混和材料の単位量の調整

フレッシュコンクリートの品質の確認 — NO →
↓ YES
硬化コンクリートの品質の確認 — NO →
↓ YES

【STEP-6】 計画配合の決定(使用材料の単位量の決定)

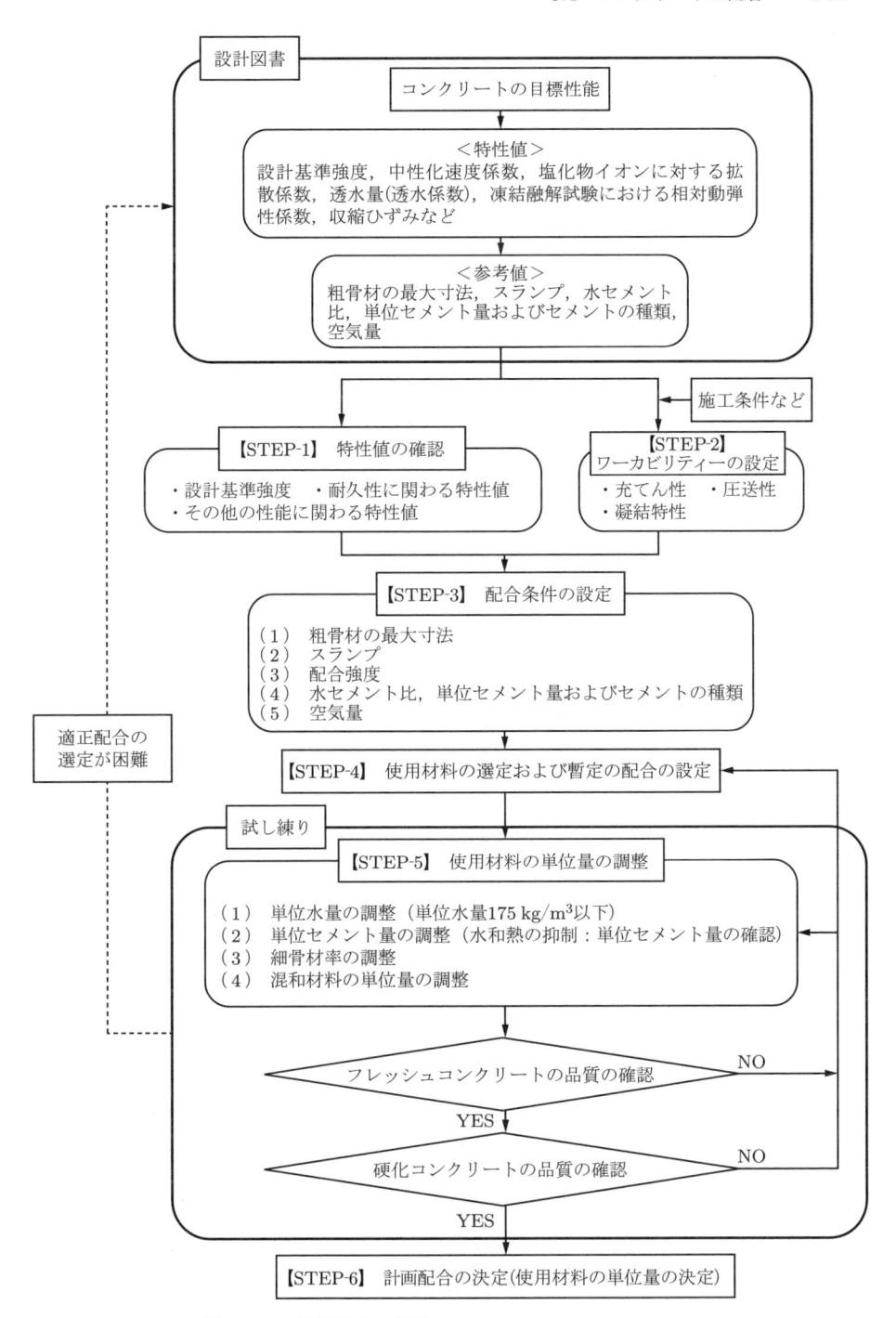

図 **5.51**　配合設計の手順 [土木学会：コンクリート標準示方書]

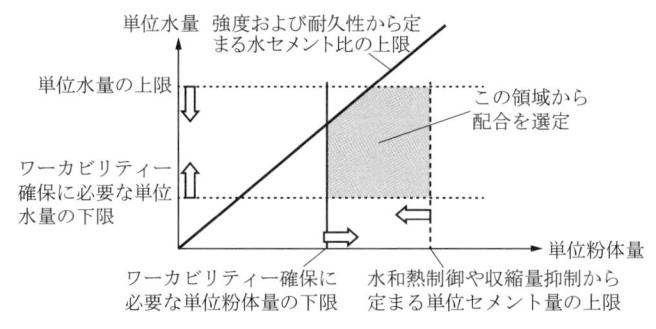

図 5.52　配合選定の考え方 [土木学会：コンクリート標準示方書]

表 5.18　粗骨材の最大寸法の標準値 [日本コンクリート工学会：コンクリート技士研修テキスト]

構造物の種類		粗骨材の最大寸法 [mm]
鉄筋コンクリート*1	一般の場合	20 または 25
	断面の大きい場合*2	40
		部材最小寸法の 1/5，鉄筋の最小あきの 3/4 およびかぶりの 3/4 を超えてはならない．（工場製品では，40 mm 以下で，最小厚さの 2/5 以下でかつ鋼材の最小あきの 4/5 を超えない）
無筋コンクリート		40 mm 以下を標準，部材最小寸法の 1/4 を超えてはならない．
舗装コンクリート		40 mm 以下
ダムコンクリート		有スランプのコンクリートの場合一般に 150 mm 程度以下，RCD 用の場合一般に 80 mm が多い．

*1 土木学会示方書より
*2 最小寸法が 1000 mm 以上，かつ，鋼材の最小あきおよびかぶりの 3/4 > 40 mm の場合

表 5.19　はり部材における打込の最小スランプの目安 [土木学会：コンクリート標準示方書]

[cm]

鋼材の最小あき	締固め作業高さ*		
	0.5 m 未満	0.5 m 以上〜1.5 m 未満	1.5 m 以上
150 mm 以上	5	6	8
100 mm 以上〜150 mm 未満	6	8	10
80 mm 以上〜100 mm 未満	8	10	12
60 mm 以上〜 80 mm 未満	10	12	14
60 mm 未満	12	14	16

* 締固め作業高さ別の対象部材例
  - 0.5 m 未満：小ばりなど，0.5 m 以上 1.5 m 未満：標準的なはり部材，1.5 m 以上：ディープビームなど．
  - ϕ40 mm 程度の棒状バイブレータを挿入でき，十分に締め固められると判断できるかどうかに基づいて打込みの最小スランプを選定する．
    ① 十分な締固めが可能であると判断される場合は，打込みの最小スランプを 14 cm とする．
    ② 十分な締固めが不可能であると判断される場合は，高流動コンクリートを使用する．
  - スランプが 21 cm を超えるような場合，所要の材料分離抵抗性を確保し密実に充てんするために，高流動コンクリートを使用するのがよい．

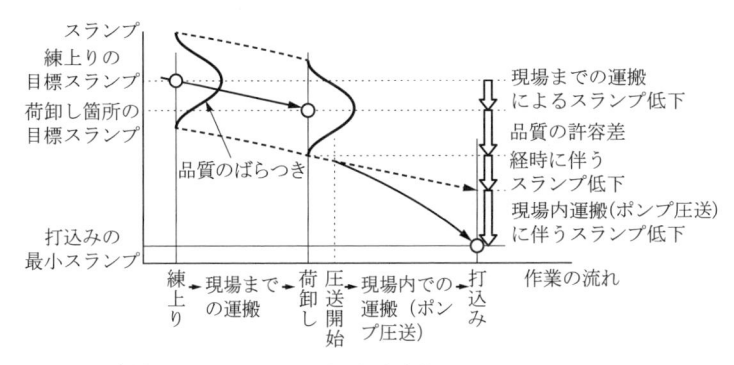

図 5.53　各施工段階でのスランプの経時変化 [土木学会：コンクリート標準示方書]

(3) 配合強度の設定　コンクリートの配合設計においては，コンクリート構造物の安全性を確保するために，設計基準強度 f'_{ck} に割増し係数 α を掛けて得られる配合強度 f'_{cr} を用いる．割増し係数は現場で予測されるコンクリートの強度の変動係数および構造物の重要度に応じて定める．土木学会では次のような規定を設けている．

「コンクリートの配合強度は，一般の場合現場におけるコンクリートの圧縮強度の試験値が，設計基準強度を下回る確率が 5% 以下となるように，これを求める $(p_a \leqq 0.05)$」

図 5.54 において，品質の分布が正規分布をしている場合に，平均値を m，標準偏差を σ とすれば，平均値より標準偏差の t 倍だけ小さい品質 $x_0 = m - t\sigma$ が生じる確率 p は表 5.20 のようになる．

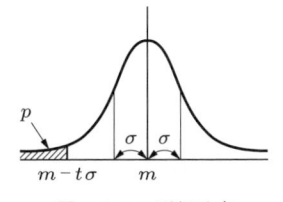

図 5.54　正規分布

表 5.20　$m - t\sigma$ 以下の品質が生じる確率 p

t	0	0.5	0.674	0.842	1.0	1.282	1.5
p	0.500	0.308	1/4	1/5	1/6	1/10	0.067
t	1.645	1.834	2.0	2.054	2.327	3.0	
p	1/20	1/30	0.023	1/50	1/100	0.0013	

変動係数を V [%] とし，表 5.20 を用いると，前記の条件に対する割増し係数 α は次のようになる．

$$f'_{cr} \geqq \frac{1}{1 - 1.645V/100} f'_{ck} \tag{5.16}$$

$$\alpha = \frac{f'_{cr}}{f'_{ck}} \geqq \frac{1}{1 - 1.645V/100} \tag{5.17}$$

図示すると，図 5.55 の実線のようになる．同図には JIS A 5808-1986 の割増し係数

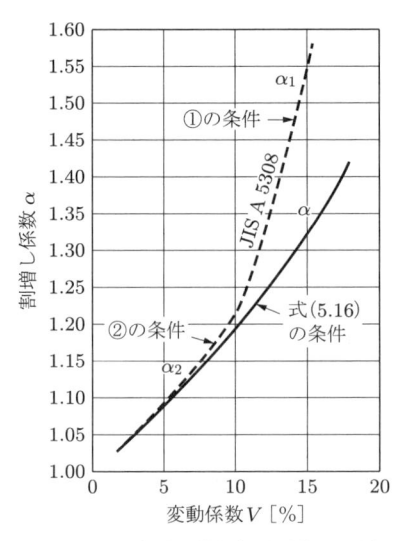

図 5.55 変動係数と割増係数の関係

も併記してある.

土木学会では, 舗装コンクリートにおいては曲げ強度の平均値が次の条件を同時に満足するように定めることにしている.

配合強度は
・設計基準曲げ強度 f_{bk} の 80% を 1/30 以上の確率で下らないこと
・f_{bk} を 1/5 以上の確率で下がらないこと

配合設計にあたって割増し係数を定めるには, まず強度の変動係数を予想しなければならない. しかし, 工事の初期において変動係数を適切に予想することは一般に困難であるから, 最初は十分安全な変動係数を仮定して配合を設計し, そのコンクリートを用いて工事を開始し, 実際の変動係数が明らかとなるに従って, それに応じるように配合を改めていくのが適当である. 変動係数の概略値は表 5.21 が参考となる.

表 5.21 現場コンクリートの管理状態による変動係数のだいたいの値
(無筋および鉄筋コンクリートの σ_{28})

管理の状態		変動係数 [%]			
		優 秀	良 好	普 通	不 良
全体の変動	工事現場	10 以下	10〜15	15〜20	20 以上
	実験室	5 以下	5〜7	7〜10	10 以上
バッチ内の変動	工事現場	4 以下	4〜5	5〜6	6 以上
	実験室	3 以下	3〜4	4〜5	5 以上

(4) 水セメント比の設定　土木学会示方書によると，水セメント比は，コンクリートに要求される強度，耐久性，水密性，ひび割れ抵抗性および鋼材を保護する性能から必要となるそれぞれの水セメント比のうちで，最も小さい値を設定する．

● **コンクリートの圧縮強度をもとにして水セメント比を定める場合**　適当と考えられる範囲内で3種以上の異なった C/W を用いたコンクリートをつくって，圧縮強度 f'_c と C/W の関係を求める．

AEコンクリートの場合には，f'_c と C/W の関係は空気量によって異なるので，供試体は所定の空気量をもったコンクリートでつくり，f'_c-C/W 関係を求める．

一般に次の直線式で表される．

$$f'_c = A\frac{C}{W} + B \tag{5.18}$$

配合に用いる水セメント比 W/C は，f'_c-C/W 線において，配合強度 f'_{cr} に相当する C/W の値の逆数として求める．配合強度 f'_{cr} は設計基準強度 f'_{ck} に適当な割増し係数 α を掛けて求める．割増し係数については (3) において述べたとおりである．

● **コンクリートの耐久性をもとにして水セメント比を定める場合**　耐久性に富むコンクリートをつくるにはAEコンクリートとし，水セメント比はできるだけ小さくするのがよい．ただし，水セメント比を小さくすることにより単位セメント量が増える場合，温度ひび割れやアルカリ骨材反応について注意する必要がある．土木学会では，耐凍害性に対しては構造物の露出条件，断面，気象条件などに応じて，AEコンクリートの最大水セメント比を表 5.22(a) のように定めている．その他関連の規定値を表 5.23～5.25 に示す．

● **空気量の設定**　AEコンクリートの空気量は，粗骨材の最大寸法その他に応じて，コンクリート容積の 3～7%程度とする．

空気量の試験には，質量方法 (JIS A 1116)，容積方法 (JIS A 1118)，圧力方法 (JIS A 1128) などのいずれを用いてもよい．

● **単位水量の設定**　所用のスランプを得るのに必要な単位水量は，粗骨材の最大寸法，骨材の粒度および粒形，混和剤量，空気量によって相違するので，土木学会では，用いる材料について試験をして単位水量を定めなければならないとしている．また，単位水量の上限は 175 kg/m³ を標準とし，上限値を超える場合には，所定の耐久性を満足していることを確認しなければならないとしている．また，下限値はとくに定めないが，砕石や砕砂を用いる場合の単位水量は少なくとも 145 kg/m³ 以上を目安としている．表 5.26 に単位水量の推奨値を示す．また，表 5.27 に標準的な配合における単位水量の概略値を示す．

表 5.22 耐久性から定まるコンクリートの水セメント比の最大値 [土木学会：コンクリート標準示方書]

(a) コンクリートの耐凍害性をもととして水セメント比を定める場合における AE コンクリートの最大の水セメント比 [%]

構造物の露出状態	断面	気象作用が激しい場合，または凍結融解がしばしば繰り返される場合		気象作用が激しくない場合，氷点下の気温となることがまれな場合	
		薄い場合[*1]	一般の場合	薄い場合[*1]	一般の場合
① 連続してあるいはしばしば水で飽和される部分[*2]		55	60	55	65
② 普通の露出状態にあり，①に属さない場合		60	65	60	65

*1 断面の厚さが 20 cm 程度以下の構造物の部分．
*2 水路，水槽，橋台，橋脚，擁壁，トンネル覆工などで水面に近く水で飽和されてる部分および，これらの構造物のほか，けた，床版などで水面から離れているが融雪，流水，水しぶきなどのため，水で飽和される部分．

(b) コンクリートの化学作用に対する耐久性をもととして水セメント比を定める場合
- SO_4 として 0.2% 以上の硫酸塩を含む土や水に接するコンクリートに対して表 5.21 ③ に示す値以下とする．
- 凍結防止剤を用いることが予測されるコンクリートに対しては表 5.23 ② に示す値以下とする．

(c) コンクリートの水密性をもととして水セメント比を定める場合には 55% 以下を標準とする．

表 5.23 耐久性から定まる AE コンクリートの最大の水セメント比 [%] [土木学会：コンクリート標準示方書]

施工条件 環境区分	一般の現場施工の場合	工場製品または材料の選定および施工において，工場製品と同等以上の品質が保証される場合
① 海上大気中	45	50
② 飛沫帯	45	45
③ 海　中	50	50

* 実績，研究成果などにより確かめられたものについては，5〜10 程度加えた値としてよい．

表 5.24 舗装コンクリートにおいてコンクリートの耐久性をもとにして水セメント比を定める場合の最大の水セメント比 [%] [土木学会：コンクリート標準示方書]

とくに厳しい気候で凍結融解がしばしば繰返される場合	45
凍結融解がときどき起こる場合	50

表 5.25 ダムの外部コンクリートにおいてコンクリートの耐久性をもととして水セメント比を定める場合の AE コンクリートの最大の水結合材比 [%] [土木学会：コンクリート標準示方書]

気象作用が激しい場合，凍結融解がしばしば繰り返される場合	60
気象作用が激しくない場合，氷点下の気温となるのがまれな場合	65

表 5.26 コンクリートの単位水量の推奨範囲 [土木学会：コンクリート標準示方書]

粗骨材の最大寸法 [mm]	単位水量の範囲 [kg/m³]
20〜25	155〜175
40	145〜165

5.4 コンクリートの配合　147

表 5.27　コンクリートの単位粗骨材容積，細骨材率および単位水量の概略値 [土木学会：コンクリート標準示方書]

粗骨材の最大寸法 [mm]	単位粗骨材容積 [%]	AEコンクリート			
^	^	空気量 [%]	AE剤を用いる場合		AE減水剤を用いる場合	
^	^	^	細骨材率 s/a [%]	単位水量 W [kg/m³]	細骨材率 s/a [%]	単位水量 W [kg/m³]
15	58	7.0	47	180	48	170
20	62	6.0	44	175	45	165
25	67	5.0	42	170	43	160
40	72	4.5	39	165	40	155

*1 この表に示す値は，全国の生コンクリート工業組合の標準配合などを参考にして決定した平均的な値で，骨材として普通の粒度の砂 (粗粒率 2.80 程度) および砕石を用い，水セメント比 0.55 程度，スランプ約 8 cm のコンクリートに対するものである．
*2 使用材料またはコンクリートの品質が *1 の条件と相違する場合は，上記の表の値を下記により補正する．

区　分	s/a の補正 [%]	W の補正
砂の粗粒率が 0.1 だけ大きい (小さい) ごとに	0.5 だけ大きく (小さく) する	補正しない
スランプが 1 cm だけ大きい (小さい) ごとに	補正しない	1.2%だけ大きく (小さく) する
空気量が 1%だけ大きい (小さい) ごとに	0.5～1 だけ小さく (大きく) する	3%だけ小さく (大きく) する
水セメント比が 0.05 大きい (小さい) ごとに	1 だけ大きく (小さい) する	補正しない
s/a が 1%大きい (小さい) ごとに	—	1.5 kg だけ大きく (小さい) する
川砂利を用いる場合	3～5 だけ小さくする	9～15 kg だけ小さくする

* なお，単位粗骨材容積による場合は，砂の粗粒率が 0.1 だけ大きい (小さい) ごとの単位粗骨材容積を 1%だけ小さく (大きく) する．

● **単位セメント量の選定**　単位セメント量は，単位水量と水セメント比から定める．ただし，鉄筋コンクリートの場合，強度だけでなく，鉄筋の防せい，鉄筋とコンクリートの付着が十分でなければならないので，相当量のセメントを用いなければならない．一般に，単位セメント量を 300 kg 以上とすれば，これらの目的を十分に達し得ることが経験的に確かめられている．また，舗装コンクリートでは 280～350 kg を標準とし，ダムコンクリートでは最小セメント量を内部コンクリートで 140 kg 程度とする．

● **細骨材率の選定**　一般に，細骨材率を小さくすると，所要のコンシステンシーのコンクリートを得るために必要な単位水量が減るので，単位セメント量が少なくなり，経済的になる．しかし，細骨材率をある程度より小さくするとコンクリートが荒々しくなり，材料の分離する傾向が大きくなり，ワーカブルでなくなる．単位水量が最小となるような細骨材率は，用いる細骨材の粒度，コンクリートの空気量，単位セメント量，混和材料の種類などによって異なるので，試験によって定める．試験に

際して，細骨材率のだいたいの目安を得るには表 5.27 が参考となる．

舗装コンクリートでは，細骨材率の代わりに**単位粗骨材容積** (コンクリート 1 m³ に用いる粗骨材の質量 ÷ JIS A 1104 に示す方法で求めた粗骨材の単位容積質量) が用いられる．

5.4.5 配合設計例

(1) 配合設計条件　　与えられた材料を用いて，厳しい寒冷気象条件の土地につくる鉄筋コンクリート擁壁 (最小寸法：25 cm，鉄筋の純間隔：6 cm) に用いる AE コンクリートの配合を設計せよ．ただし，コンクリートの設計基準強度 $f'_{ck} = 24$ N/mm² とする．また，工事の変動係数を 10% と仮定する．

(2) 材料の性質
① セメント：普通ポルトランドセメント，比重 3.15
② 細骨材：標準粒度に合致し，F.M. = 2.85，表乾比重 = 2.62
③ 粗骨材：標準粒度に合致し，最大寸法 25 mm，表乾比重 = 2.65

(3) 試験配合の設計

● **粗骨材最大寸法**　　試験の結果，粗骨材の最大寸法は 25 mm であり，部材の寸法，鉄筋の純間隔，表 5.18 に示す値と照合して適当であるのでそのまま用いる．

● **スランプ**　　表 5.19 を参考にし，スランプを 10 cm とする．

● **空気量**　　粗骨材の最大寸法を 25 mm としたので，表 5.27 より 5% とする．AE 減水剤の使用量はメーカの推奨量 (たとえばセメント質量の 1%) を用いる．

● **単位水量**　　表 5.27 より $W = 160$ kg であるが，スランプの相違による補正を行うと，

$$160 \times \left(1 + \frac{10-8}{1} \times 0.012\right) \fallingdotseq 164 \text{ kg}$$

● **水セメント比**

● 強度よりの要求　　変動係数 $V = 10\%$ であるので，図 5.55 より割増し係数 $\alpha \fallingdotseq 1.20$ となる．配合強度 $f'_{cr} = \alpha f'_{ck} = 1.20 \times 24 \fallingdotseq 29$ N/mm² となる．

ここで，式 (5.18) により，配合強度 f'_{cr} に相当する C/W の値を求めるが，ここでは，仮に過去のデータに基づいて求められた C/W の逆数 $W/C = 0.5$ であったとする．

● 耐久性よりの要求　　表 5.22 より $W/C \leqq 0.65$．したがって，W/C としては強度より要求される $W/C = 0.5$ となる．

● **単位セメント量**　　$W/C = 0.5$, $W = 164$ kg であるから，$C = 164/0.5 = 328$ kg となり，鉄筋コンクリートの付着，防せい上の要求も十分満足している．

● 細骨材率　　表 5.27 より，$s/a = 43\%$ であるが，F.M. の相違による補正を行うと，

$$43 + \frac{2.85 - 2.80}{0.1} \times 0.5 \fallingdotseq 43.3\%$$

W/C の相違による補正 $\{43.3 - (0.55 - 0.5)/0.05 \times 1 = 42.3\%\}$ については，仕上げやすさから考えて，第 1 バッチにおいては，一応 $s/a = 42.3\%$ を用いることにする．

● 各材料の単位量

	[質量]	[絶対容積]
単位水量	$W = 164$ kg $\longrightarrow$	$164/1 = 164$ L
単位セメント量	$C = 328$ kg $\longrightarrow$	$328/3.15 = 104.1$ L
空気量 5%	$\longrightarrow$	50 L (+
	合計	318.1 L

骨材 $= 1000 - 318.1 = 681.9$ L

単位細骨材量　$S = 295.3 \times 2.62 = 774$ kg　$\longleftarrow$　$681.9 \times 0.433 = 295.3$ L
単位粗骨材量　$G = 386.6 \times 2.65 = 1024$ kg　$\longleftarrow$　$681.9 \times 0.567 = 386.6$ L

以上の結果を表にまとめると表 5.28 のようになる．

表 5.28　試験配合

粗骨材の最大寸法 [mm]	スランプ [cm]	空気量 [%]	水セメント比 W/C [%]	細骨材率 s/a [%]	単位量 [kg/m³]				
					水 W	セメント C	細骨材 S	粗骨材 G	混和剤
25	10	5	50	42.3	164	328	774	1024	3.3

(4) 試し練りおよび配合決定　　表 5.28 の試験配合の単位量を用いて，所要のスランプおよび空気量が得られるかどうかをチェックするため，試し練りを小ミキサで実施する．もし，配合の修正が必要であれば，表 5.27 の修正表を利用して配合計算を行い，第 2 バッチを練る．

このように，数回の試験練りを行い，所要のスランプおよび空気量が得られる範囲内で，単位水量が最も少なくなるように細骨材率を定める．

次に，水セメント比 3 種以上のコンクリートについて試し練りを行い，f'_{28}-C/W 線を求める．これより $f'_{cr} = 29$ N/mm² に相当する W/C の値を求める．

以上より配合を決定する．

(5) 現場配合　　実際に使用する骨材の状態と，1 バッチの練混ぜ量によって示方配合を現場配合に換算する．

● **骨材粒度に対する調整**　細骨材の中に 5 mm 以上が a%，粗骨材の中に 5 mm 以下が b%含まれていて，示方配合の単位細骨材量を S，単位粗骨材量を G とするとき，実際に計量するコンクリート 1 m^3 あたりの細骨材量 x，粗骨材量 y は，次の式から求められる．

$$x = \frac{100S - b(S+G)}{100 - (a+b)} \tag{5.19}$$

$$y = \frac{100G - a(S+G)}{100 - (a+b)} \quad \text{または} \quad y = S + G - x \tag{5.20}$$

● **骨材の表面水による補正**　現場の骨材は一般に湿っているので，骨材の表面水に見合う分だけ使用水量を少なくし，細・粗骨材の量を多く計算しなければならない．いま，細骨材の表面水率を a%，表乾状態の細骨材量を S，示方配合の単位水量を W とするとき，実際に計量すべき細骨材量と使用水量をそれぞれ S', W' とすると，補正量は次のようにして計算できる．

細骨材量の補正　　$S' = S + S\dfrac{a}{100}$ （5.21）

使用水量の補正　　$W' = W - (S' - S)$ （5.22）

粗骨材の場合も同様に補正量が計算できる．一方，粗骨材が気乾状態の場合 (吸水率 b%，含水率 c%)，表乾状態の粗骨材量を G，計算すべき粗骨材量および使用水量をそれぞれ G', W'' とすると

粗骨材量の補正　　$G' = G \cdot \dfrac{(1 + c/100)}{(1 + b/100)}$ （5.23）

使用水量の補正　　$W'' = W + (G - G')$ （5.24）

5.5　コンクリートの品質管理および検査

5.5.1　概　説

　コンクリートの品質管理の目的は，均等質で所要の品質をもつコンクリートを最も経済的につくることである．このためには使用材料・機械設備・作業などを管理しなければならない．しかし，どのように注意を払っても品質の変動はある程度避けることはできず，この変動に応じた目標を定め，施工中異常が認められればただちに処置をとり，所要の品質の範囲に収めるようにする必要がある．とくに，コンクリートは他の材料と異なり，品質管理特性の主体である圧縮強度などは，結果が判明するのに日時を要するので，フレッシュコンクリートに対する品質管理も必ず実施しなければならない．

5.5.2 品質管理の手順

品質管理を行うには，最終製品の品質を明確にし，これに従って各工程および作業ごとの品質標準を定める．品質標準が定まれば，これが達成されるように製造設備，作業標準などを定め，これに基づいて実施し，作業結果をチェックし，必要に応じて修正処置をとる．表5.29は品質管理の手順を示したものである．

表 5.29　コンクリートの品質管理の手順

手　順	内　容
目標の決定	構造物に必要なコンクリートの性質を明らかにし，強度，ワーカビリティー，耐久性，水密性などがどの程度かを明らかにする．
方法の決定	材料の決定，計量設備，ミキサなどの機械設備の決定，作業方法の決定，配合の決定
実　施	材料の購入(製造)，貯蔵，コンクリートの製造，運搬，打込み，締固め，養生
工程のチェック	管理特性の決定，試料の採取，試験の実施，作業工程のチェック
処　理	工程に異常がある場合には工程を改善する． 材料の変更，配合の変更，機械設備の改善，作業方法の改善

5.5.3　品質特性

品質特性 (quality characteristics) とは品質評価の対象となる目印のことで，数量として示されるものは，その数値を**特性値**という．フレッシュコンクリートの特性値としては，スランプ・空気量・単位質量・水セメント比，硬化コンクリートでは強度・耐久性・水密性などがあげられるが，一般に圧縮強度が用いられている．

土木学会では，3日強度，7日強度または促進養生供試体による強度など早期材齢における圧縮強度による管理ならびに水セメント比による管理を規定している．

5.5.4　管理図

管理図 (control chart) は作業工程が安定な状態にあるかどうかを調べるため，または工程を安定した状態に保持するために用いる図で，迅速性を重視する現場では非常に有効である．図5.56に示すように，横軸に試料番号，縦軸に試験値をとって打点

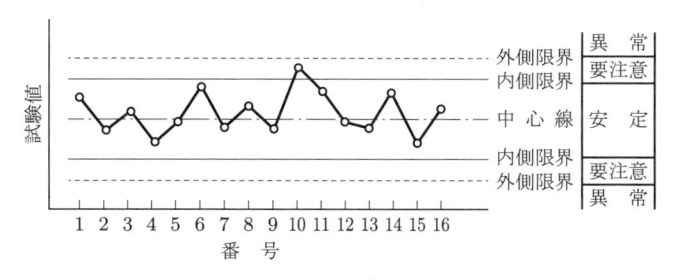

図 5.56　管理図

し，これらの点を順次結んだものが管理図で，管理限界線が描かれている．

管理限界 (control limit) には，種々のものがあるが，一般に 3σ 限界が用いられている．これは平均値を中心として標準偏差の 3 倍の幅で管理限界線を引く方式である．試験値が正規分布をするとすれば，$\pm 3\sigma$ の外に出る確率は 0.25% であるから，3σ 限界の打点は異常を示すものと判断できる．また，2σ の限界線を要注意線とすることもある．試験値が管理限界線内に分布している場合でも，中心線の上下にだいたい同数交互に分布しているときは安定した状態と考えてよいが，中心線の同じ側に点が連続して現れたり，点が上方または下方に移動していくような場合は注意を要する．

なお，管理図には表 5.30 に示すような種々のものがあるが，最も基本的なものとして，$\overline{x}$-R 管理図が用いられる．

表 5.30 管理図の種類

区 分	名 称	記 号
計量値	平均値と範囲の管理図	$\overline{x}$-R 管理図
	一点管理図	x-R_s-R_m 管理図
	メジアンと範囲の管理図	$\widetilde{x}$-R 管理図
計数値	不良率管理図	p 管理図
	不良個数管理図	pn 管理図
	単位あたり欠点数管理図	U 管理図
	欠点数管理図	c 管理図

5.5.5 品質検査

一般の場合，圧縮強度の試験値が設計基準強度を下回る確率が5% 以下であることを適当な危険率で推定できれば，コンクリートは所要の品質を有していると考えてよい．この方法としては，計数抜取り検査方法と計量抜取り検査方法が考えられるが，一般に後者の方法によるのがよい．

計量検査法による場合，圧縮強度の試験値から平均値 $\overline{x}_n$ と不偏分散の平方根 S_n を計算し，次の関係が成立することを確かめればよい．

$$\overline{x} \geqq f'_{ck} + kS_n$$

ここに，f'_{ck}：設計基準強度 $[\text{N/mm}^2]$

$$\overline{x} = \frac{x_1 + x_2 + \cdots + x_n}{n} \ [\text{N/mm}^2]$$

$$S_n = \sqrt{\frac{x_1^2 + x_2^2 + \cdots + x_n^2}{n-1} - \frac{n\overline{x}^2}{n-1}} \ [\text{N/mm}^2]$$

k：合格判定係数で，図 5.57 に $p_a = 0.05$ および α (生産者危険率) $= 1/10$ の場合に対する計算結果を示す．

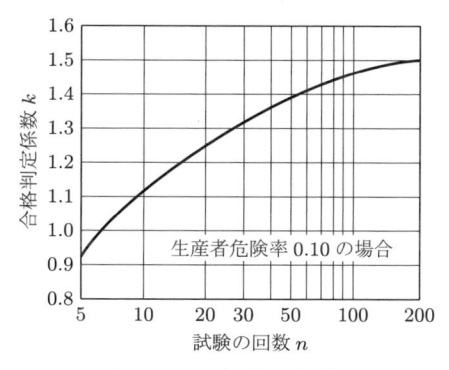

図 5.57 合格判定係数

また，標準偏差 σ があらかじめわかっている場合，あるいは過去の品質検査の結果から σ の値が推定できる場合は，S_n の代わりに σ を用いてよい．

なお，現場におけるコンクリートの実際の変動係数を確かめるために，試験値から変動係数を計算する場合には，少なくとも 30 個程度の試験値が必要である．圧縮強度の試験値から計算した変動係数を用いて，予想した変動係数が適当であったかどうか判断するためには図 5.58 を参考としてよい．すなわち，n 回の試験によって求めた変動係数 C_n に相当する実線および破線で示された 2 本の曲線の間に予想した変動係

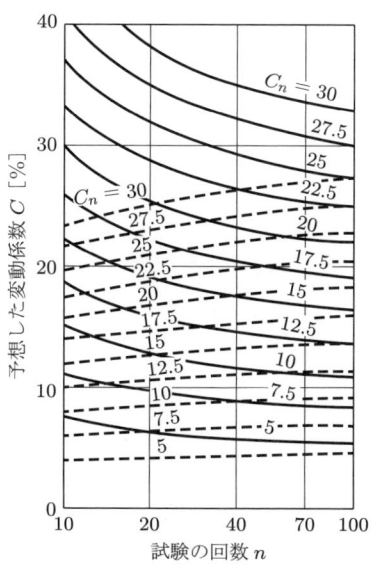

図 5.58 変動係数の判定

数 C が入っていれば，強度の変動は予想した変動になっていると判断する．

(1) JIS A 5308-1986 の方法　検査は，強度，スランプおよび空気量について行い，その結果により合否を判定する．

● **強度**　次の規定を満足していれば合格と判定する．

① 1回の試験結果は，購入者が指定した呼び強度の値の 85%以上でなければならない．

② 3回の試験結果の平均値は，購入者が指定した呼び強度の値以上でなければならない．

検査ロットの大きさは当事者間の協議により定める．試験回数は，原則として 150 m^3 につき 1 回の割合とする．1 回の試験結果は，任意の 1 運搬車から採取した試料からつくった 3 個の供試体の試験値の平均値で表す．

● **スランプおよび空気量**　これらの試験は必要に応じて実施し，購入者が指定した値に対して，表 5.31 の範囲内であれば合格とする．

表 **5.31**　スランプおよび空気量の許容差

スランプ [cm]	スランプの許容差 [cm]	コンクリートの種類	空気量の許容差 [%]
2.5	±1	普通コンクリート	±1.5
5 および 6.5	±1.5	軽量コンクリート	±1.5
8 以上 18 以下	±2.5	舗装コンクリート	±1.5
19 以上	±1.5		

なお，コンクリート強度の規定を満足する配合強度は次式で示すことができる．
①の条件に対して，

$$m \geq 0.85 S_L + 3\sigma = \frac{0.85 S_L}{1 - 3V} = \alpha_1 S_L \tag{5.25}$$

②の条件に対して，

$$m \geq S_L + \frac{3\sigma}{\sqrt{3}} = \frac{S_L}{1 - 1.732 V} = \alpha_2 S_L \tag{5.26}$$

ここに，α_1, α_2：割増し係数，α_1, α_2 のうち大きいほうを用いる（図 5.55），m：配合強度，S_L：呼び強度，σ：標準偏差，V：変動係数 ($V = \sigma/m$)，式 (5.25)，(5.26) は，①および②の条件を満たさないと判定される確率が 1/745 になる場合である．

(2) 検査結果に対する処理　検査の結果から，コンクリートが所要の品質を満足しているかどうかを検討し，必要に応じて処置をとらなければならない．

① 所要の品質コンクリートが得られたと考えられる場合は，材料の管理・計量・練混ぜ・運搬・打込みなどの作業をそのまま継続してよい．

② 工事の初期などで，十分な資料がなく，所要の品質のコンクリートが得られているかどうか判定しがたい場合は，各作業において十分注意しながら施工を継続し，計量設備および作業全般にわたり検討し，必要があればこれらの方法を改善して，所要の品質のコンクリートが得られるように努める．
③ 所要の品質のコンクリートが得られていることが疑わしい場合には，コンクリートの配合強度を高め，材料・計量設備・練混ぜ方法・運搬方法などを改善して，その後のコンクリートに所要の条件に適合しないものが出ないようにしなければならない．また，そのコンクリートを使用した構造物または部材について，コアによる試験，非破壊試験，載荷試験，その他の試験を行って，そのコンクリートの品質を確かめ，必要があれば，養生期間を延長するなどの処置をとらなければならない．
④ 所要の品質をもっていないと判定される場合には，その原因を明らかにし，これを用いた構造物については補強，あるいは最悪の場合には取壊しの処置を行わなければならない．

5.6 各種コンクリート

5.6.1 高流動コンクリート

　高流動コンクリート (self-compacting concrete) は，フレッシュコンクリートにおいて材料分離抵抗性を損なうことなく流動性を高めたコンクリートであり，振動締固めを行わなくても密実に充てんできる自己充てん性を有している．鉄筋が過密に配置された部材のように，締固めが困難な場合などに用いられる．流動性については，スランプフロー試験により評価される．

5.6.2 水中不分離性コンクリート

　水中不分離性コンクリート (antiwashout underwater concrete) は，水中不分離性混和剤と高性能減水剤などを混入することにより，水中においても材料分離しない性質をもったコンクリートであり，空港港湾施設や橋梁基礎などの水中での工事に利用されている．

5.6.3 吹付けコンクリート

　吹付けコンクリート (shotcrete) は，圧縮空気を利用して吹付けることによって施工する特殊なコンクリートで，トンネルなどの構造物の支保部材やコンクリートの断面修復材などに用いられている．乾式と湿式の2種類の吹付け方法がある．

5.6.4 繊維補強コンクリート

繊維補強コンクリート (fiber reinforced concrete) は，短繊維を混入したコンクリートで，コンクリートのひび割れ分散性を向上し，引張強度，じん性や耐衝撃性が改善される．繊維の種類は，鋼繊維，ビニロン繊維，ポリプロピレン繊維などがある．最近では，コンクリートの剥落防止を目的として使用されることも多い．

5.6.5 超高強度繊維補強コンクリート

超高強度繊維補強コンクリート (ultra high strength fiber reinforced concrete) は，圧縮強度の特性値が 150 N/mm^2 以上，ひび割れ発生の強度特性値が 4 N/mm^2 以上，引張強度の特性値が 5 N/mm^2 以上の繊維補強を行ったセメント質複合材である．粒径 2.5 mm 以下の骨材，セメント，ポゾラン材から構成され，水セメント比が 0.24 以下で細密充てんするように設計配合されたセメントマトリクスに高強度の短繊維を 2% (体積) 以上混入した材料であり，高強度，高じん性，高耐久性といった特徴を有する．橋梁の主桁材料，コンクリートの補強材，埋設型枠などに利用されている．

5.6.6 プレパックドコンクリート

プレパックドコンクリート (prepacked concrete) は，先に型枠内に粗骨材を詰めておき，あとでモルタルを注入して施工するコンクリートである．注入用モルタルは流動性，材料分離抵抗性が高いものを用い，収縮を少なくするため，膨張剤などの混和剤を用いる．水中コンクリート工事や特殊な場所でのコンクリート工事に利用されている．

5.6.7 レジンコンクリート，ポリマーセメントコンクリート

レジンコンクリート (resin concrete)，ポリマーセメントコンクリート (polymer cement concrete) は，高分子材料を混入したコンクリートで，コンクリートの断面修復などの特殊な用途に多用されている．7.6 節で詳述する．

演習問題

5.1 コンクリートの長所と短所を列挙せよ．

5.2 まだ固まらないコンクリートの性質を表す用語を列挙し，簡単に説明せよ．

5.3 ワーカビリティーに影響する要因を列挙し簡単に説明せよ．

5.4 材料分離を防ぐにはどのようにすればよいか．

5.5 ブリーディングを少なくするための対策を記せ．

5.6 コンクリートの強度に及ぼす要因を列挙せよ．

5.7 コンクリートの曲げ強度は引張強度より大きいが，その理由を述べよ．

5.8 コンクリートのクリープに影響を及ぼす主な要因をあげ，簡単に説明せよ．

5.9 コンクリートのクリープに関する二大法則について説明せよ．

5.10 凍結融解作用に対する抵抗性の大きいコンクリートをつくるにはどうしたらよいか．

5.11 コンクリートの硬化前のひび割れの原因と対策について述べよ．

5.12 コンクリートの硬化後のひび割れの原因と対策について述べよ．

5.13 配合設計とは何か．

5.14 配合設計において，水セメント比はどのように決定されるか．

5.15 配合設計における割増し係数とはなにか．

5.16 コンクリートの品質管理の手順について述べよ．

第6章　歴青材料

6.1　概　説

一般に**歴青** (bitumen) とは，天然の炭化水素，人造の炭化水素またはこれらの非金属誘導体，あるいは両者の混合物で，二硫化炭素 (CS_2) に可溶の物質をいう．状態は，気体 (メタンガス) のものから液体 (ガソリン・灯油・軽油)，半固体あるいは固体 (アスファルト・ピッチ・パラフィン) まである．これらの歴青を含むすべての材料を総称して歴青材料という．

歴青材料のうち土木材料として用いられているものは，主としてアスファルト・タールおよびこれらを原料とする乳剤で，これらはセメントのような無機質材料にない有機質材料特有の性質をもっているため，その用途も舗装材料・護岸材料・土質安定材料・注入材料・塗布材・目地材など広範囲にわたっている．

6.2　アスファルト

6.2.1　概　説

アスファルト (asphalt) は石油を構成する成分中，軽質の部分が人為的に，あるいは自然の力により蒸発し，残留した黒色または黒褐色の半固体のにかわ状物質で，加熱すると徐々に液化する物質である．アスファルトの分類は表 6.1 のとおりである．

地球上に自然の力により産出したアスファルトを**天然アスファルト**といい，紀元前 3800 年ごろにはすでに接着材・防水材などに用いられたが，これが科学的に舗装

表 6.1　アスファルトの分類

アスファルト (asphalt)			
	天然アスファルト (natural asphalt)	天然アスファルト (natural asphalt)	ロックアスファルト (rock asphalt)
			レーキアスファルト (lake asphalt)
			サンドアスファルト (sand asphalt)
		アスファルタイト (asphaltite)	ギルソナイト (gilsonite)
			グランスピッチ (glance pitch)
			グラハマイト (grahamite)
	石油アスファルト (petroleum asphalt)		ストレートアスファルト (straight asphalt)
			ブローンアスファルト (blown asphalt)
			セミブローンアスファルト (partially-blown asphalt)
			溶剤抽出アスファルト (propane asphalt)

用材料として用いられたのは19世紀ごろからである.

　天然に産する原油から人為的につくられたアスファルトを**石油アスファルト**といい，1860年アメリカ人F.J. Warrenによってはじめて舗装に利用された．現在において石油アスファルトは，もはや石油精製の副産物ではなくなり主要な石油製品として，天然のものに比較して不純物も少なく，また使用目的により適宜その性質も調節できる特徴があり，その用途も急激に増大している．わが国では天然のアスファルトが産出しないので，アスファルトといえば石油アスファルトである．ここでは石油アスファルトについて述べる．

6.2.2　石油アスファルトの製造

(1) 原油　　原油は産地によって化学成分および物理性状が異なる．ガソリン・ナフサ・灯油・軽油のような軽質分の多い原油を軽質原油といい，アスファルトのような重質分の多い原油を重質原油という．また，原油を構成する物質は，おもにパラフィン系とナフテン系の炭化水素であり，この方面から分類すると，一般に次の4種に分けられる．

● **パラフィン基原油**　　主にパラフィン系炭化水素よりなり，固形パラフィンおよび良質潤滑油の製造に適している．

● **ナフテン基原油**　　これはアスファルト基原油とも呼ばれ，アスファルト分を多量に含み，固形パラフィンを含有せず，主成分はナフテン系炭化水素である．

● **混合原油**　　中間基原油とも呼ばれ，パラフィン基原油とナフテン基原油を混合したような成分をもっている．

● **特殊原油**　　パラフィン系，ナフテン系以外の炭化水素，すなわち芳香族，その他の炭化水素を多量に含有している．

(2) 製造方法　　図6.1に石油精製ならびにストレートアスファルトおよびブローンアスファルトの製造工程を示す．

　ストレートアスファルトは，アスファルトの成分がなるべく熱によって変化を起こさないように，減圧により短時間で連続蒸留を行って製造される．また，目的によって，アスファルトの針入度その他の性状を調節するため，数時間空気吹込みを行うことがある．これを**セミブローンアスファルト**といい，使用上ではストレートアスファルトの内に入れられている．

　ブローンアスファルトは，ストレートアスファルトにまで精製する以前の残留油に230〜260℃の温度で空気を吹き込み，アスファルト成分に重合または縮合反応を起こさせて，分子量の大きな物質にしたものである．原油には主としてパラフィン基が使用される．

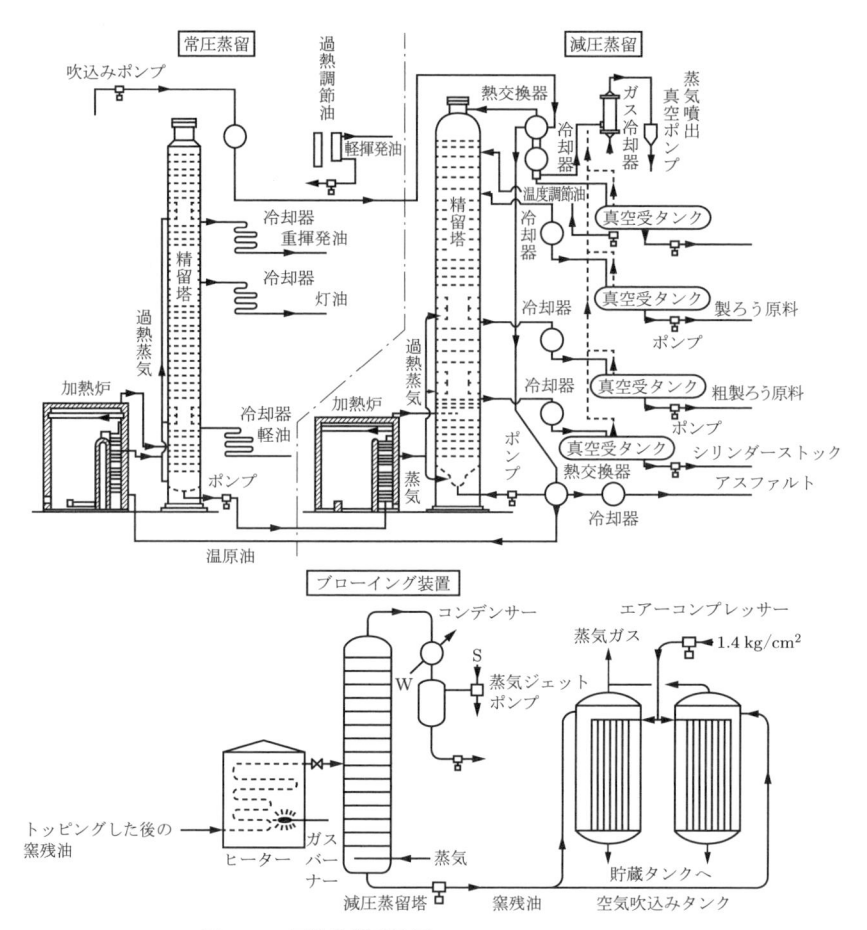

図 6.1 原油精製系統図 [日本産業大系, 4巻, 1961]

溶剤抽出アスファルトは，蒸留によって分離した潤滑油の中に残っているアスファルト分を液体プロパンなどによって抽出したもので，各種の硬さのアスファルトが得られるが，一般に重油と混合して用いられる．

わが国においては，石油アスファルトのうちストレートアスファルトがほとんどを占め，ブローンアスファルトと工業用アスファルトの使用量はわずかである．

6.2.3 石油アスファルトの性質

アスファルトの性質は，その産地，含有成分および処理精製方法によって異なるが，用途に応じてその基本的性質を知る必要がある．

(1) 物理的性質

- **針入度**　針入度 (penetration, JIS K 2530) は，アスファルトの**硬さ**を針の貫入抵抗から測定するもので，試料中に貫入する深さを 1/10 mm 単位で表す．針入度は温度の上昇とともに増加するが，ストレートのほうがブローンよりも変化の程度が著しい．

- **軟化点**　アスファルトには明確な融点が存在せず温度が上昇するにつれて軟化して液状になる．軟化点 (softening point, JIS K 2531) はアスファルトが一定の**粘度**に達したときの温度で表し，感温性を知るための重要なデータとなる．

- **伸度**　伸度 (ductility, JIS K 2532) は，アスファルトの**延性**を示す数値で，試料の両端を引っ張ったとき，試料が切れるまでに伸びた長さを cm 単位で表す．伸度は，アスファルトの接着性・可とう性・耐摩耗性などと関係があるといわれる．

- **引火点**　アスファルト中には低沸点の揮発成分が含まれているため，加熱すれば引火の危険がある．試験炎をアスファルトの表面に近づけ，はじめて引火が認められたときの試料温度を引火点 (flash point, JIS K 2274) といい，原油の種類，製造方法，針入度などによって異なるが，だいたい 250〜320°C 程度である．また，アスファルトを引火点以上に加熱し，引火した炎が 5 秒間以上持続するときの最低温度を**燃焼点** (burning point) といい，引火点より 25〜60°C 程度高い．

- **感温性**　感温性 (temperataure susceptibility) は，温度の昇降によるアスファルトの稠度の変化を表すもので，感温比で表示し，普通 0，25 および 46°C における針入度数の比で表す．感温性が大きすぎると低温時にもろくなり，高温時に軟質にすぎる．

以上の方法によって，アスファルトの物理的性質は一応把握することができるが，最近はアスファルトを粘弾性体として，その挙動を考える方向に進んでいる．このレオロジカルな挙動は変形・応力・載荷時間・温度などの相互関係より求めることができる．このような性質を表すには次のようなものがある．

- **針入度指数**　針入度指数 (penetration index) PI は，アスファルトの温度に対する針入度の変化を示す指数で，いま針入度を P，軟化点を T とすれば，これらと PI との関係は次の式で与えられる．

$$\frac{\log 800 - \log P}{T - 25} = \frac{20 - PI}{10 + PI} \times \frac{1}{50} \tag{6.1}$$

PI の値によってアスファルトを分類すると，
① 普通型 (一般のストレートアスファルトでは $-2 < PI < 2$)
② ピッチ型 ($PI \leqq -2$)
③ ブローン型 (一般のブローンアスファルトでは $PI \geqq 2$)
の 3 種となる．

● スティフネス　1954年 Van der Poel はアスファルトの粘弾性体としての挙動を次のように数式で表した．

$$S = \frac{\sigma}{\epsilon} \tag{6.2}$$

ここに，S はスティフネス (stiffness)，σ は載荷応力，ϵ はひずみ，S は載荷時間と温度の関数．

載荷時間が長いほど，温度が高いほど，針入度が大きいほど，PI が大きいほど S の値は小さくなる．

● 粘　度　粘度 (viscosity) は，一般にエングラー計およびセイボルトフロール粘度計を用い，流出口から流出する時間を測定して粘性を表すもので，温度によって大きく変化する．図 6.2 に温度と粘度との関係の実測例を示す．

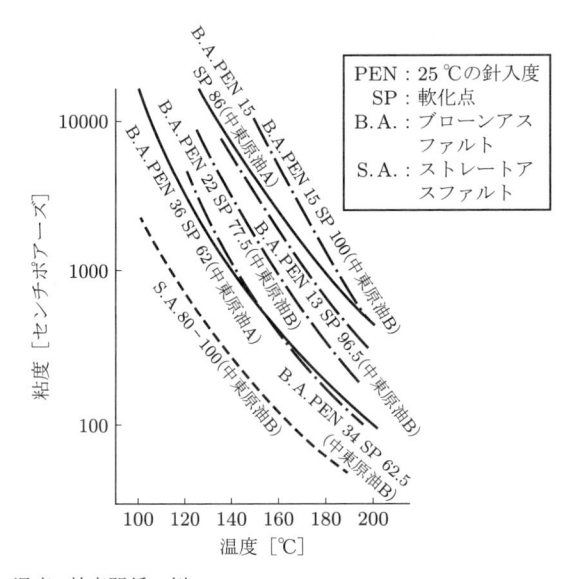

図 6.2　温度-粘度関係の例 [丸善石油，Technical Service Report, TB-65-3, 1967]

● ぜい性　アスファルトは低温になるともろくなる．このもろくなる状態を数値的に表す方法として，フラース破壊点試験方法がある．この破壊点 (温度) の値は PI と密接な関係があり，PI 値の大きいほど低くできる傾向がある (表 6.2)．ぜい化性は寒

表 6.2　PI とフラース破壊点 [シェル石油，アスファルトの性質]

ストレートアスファルト	針入度 (25°C)	PI	フラースの破壊点 [°C]
A	80〜100	−1.5	−4
B	80〜100	−0.5	−17

冷地で動的な荷重のかかるアスファルトにはとくに重要で，最近ではアスファルトの特性として重要視されるようになった．

（2）化学的性質　アスファルトは有機溶剤によって溶解されるが，一般に酸の希薄溶液に対しては抵抗性をもつ．さらに，濃硫酸・濃硝酸・希硝酸には侵されるが，濃塩酸に対しては常温では変化しにくい．アスファルト中の酸成分の一部はアルカリ溶液と反応して乳化または変色する．

なお，表 6.3 はストレートアスファルトとブローンアスファルトの性質を比較したものである．

表 6.3　ストレートアスファルトとブローンアスファルトの性質の比較

	ストレートアスファルト	ブローンアスファルト	備　考
状　態	半固体	固体	
比　重	1000〜1050	1002〜1050	針入度が小さいほど比重は大きくなる
伸　度	大きい	小さい	
感温性	大きい	小さい	
軟化点	低い (35〜60°C)	高い (70〜130°C)	
引火点	高い	低い	
比　熱	0.487 cal/(g·°C)	0.487 cal/(g·°C)	比熱 $= 1/\sqrt{d}(0.388+ 0.00081t)$ [cal/(g·°C)] d：15°C における比重 t：温度 [°C]
熱伝導率	0.149 kcal/(m·h·°C)	0.139 kcal/(m·°C)	
体膨張係数	$(6.0\sim6.3)\times10^{-4}$/°C	$(6.0\sim6.3)\times10^{-4}$/°C	
透水係数	小さい $(4.1\times10^{-9}$ g·cm/(cm^2·mmHg·h))	大きい $(6.0\times10^{-9}$ g·cm/(cm^2·mmHg·h))	針入度 5 (25°C) のときの測定値
接着性	大きい	小さい	
流動性	大きい	小さい	
耐候性	よい	非常によい	

6.2.4　アスファルトの規格

アスファルトの日本工業規格 (JIS K 2207) では次のように規定している．

この規格は，道路舗装用・水利構造物用・防水用・電気絶縁用・工業用原料として用いる石油アスファルトについて規定する．

石油アスファルトの種類は，ストレートアスファルトおよびブローンアスファルトとし，針入度 (25°C) によって，前者を 10 種類，後者を 5 種類に分けて表 6.4 のとおりとする．石油アスファルトの品質は，均質でほとんど水分を含まず，175°C に加熱

表 6.4 ストレートアスファルト・ブローンアスファルトの品質 [JIS K 2207-1996]

種類	針入度 (25°C)	軟化点 [°C]	伸度 [cm] (15°C)	伸度 [cm] (15°C)	トルエン可溶分 [質量%]	引火点 [°C]	薄膜加熱 質量変化率 [質量%]	薄膜加熱 針入度残留率 [%]	蒸発 質量変化率 [質量%]	蒸発 後の針入度比 [%]	針入度指数	密度 (15°C) [g/cm³]
ストレートアスファルト	0〜10	0以上 10以下	55.0 以上	–	–					0.3 以下	110 以下		1.000 以上
	10〜20	10を超え 20以下		–	5以上								
	20〜40	20を超え 40以下	50.0〜65.0	–	50以上		260 以上		58 以上				
	40〜60	40を超え 60以下	47.0〜55.0	10 以上	–	99.0 以上		0.6 以下					
	60〜80	60を超え 80以下	44.0〜52.0		–				55 以上				
	80〜100	80を超え 100以下	42.0〜50.0		–					50 以上			
	100〜120	100を超え 120以下	40.0〜50.0		–								
	120〜150	120を超え 150以下	38.0〜48.0	100 以上	–					0.5 以下			
	150〜200	150を超え 200以下	30.0〜		–		240 以上		–				
	200〜300	200を超え 300以下	45.0		–		210 以上		–	1.0 以下			
ブローンアスファルト	0〜5	0以上 5以下	130.0 以上	–	0以上							3.0 以上	
	5〜10	5を超え 10以下	110.0 以上	–								3.5 以上	
	10〜20	10を超え 20以下	90.0 以上	–	1以上	98.5 以上	210 以上			0.5 以下		2.5 以上	
	20〜30	20を超え 30以下	80.0 以上	–	2以上								
	30〜40	30を超え 40以下	65.0 以上	–	3以上							1.0 以上	

* ストレートアスファルトの種類40〜60，60〜80，80〜100，100〜120については120，150，180°Cのそれぞれにおける動粘度を試験表に付記しなければならない．

したとき著しく泡立たないものであって，表 6.4 の規定に適合しなければならない．

また，これ以外に，防水性能を高めた防水工事用アスファルトがある．一方，近年，耐久性を高めた材料が開発され，変形や摩耗の抵抗性を高めたポリマー改質アスファルトや流動に対する抵抗性を高めたセミブローンアスファルトが用途に応じて用いられている．

6.2.5 アスファルト混合物

アスファルトは，これを単独に使用することはまれで，骨材・フィラーおよびアスファルトを混合して用いられることが多い．

骨材は，アスファルト混合物中で骨組みのはたらきをし，支持力，荷重の分散効果，すりへり抵抗性など，混合物の重要な性質を与える．粗骨材としては一般に砕石，細骨材として川砂が用いられる．

フィラーとは 0.074 mm ふるいを 70 % 以上通過する無機物質の細粉で，一般に石灰岩粉末が用いられ，粗細骨材の空隙を埋めるだけでなく，アスファルトと一体と

なってその性質を改善するための材料である．すなわち，フィラーはアスファルト混合物中に質量で3～10%と，その量こそ少ないが，アスファルト混合物の強度，衝撃抵抗性を増加させ，またアスファルトの伸長性・粘着性を損なわずに感温性を小にし，低温時におけるぜい化と老化を防ぐ効果を与える．

(1) 舗装用アスファルト加熱混合物　アスファルトプラントで混合物を加熱状態で混合して製造され，一般に骨材は120～170°C，アスファルトは130～160°Cに加熱される．表6.5は加熱混合物の標準配合の例である．

表 6.5　加熱アスファルト混合物の標準配合 [日本道路協会：アスファルト舗装要綱]

種類		粗粒度アスファルトコンクリート	密粒度アスファルトコンクリート		修正トペカ
用途		基層	表層		表層
仕上がり厚 [cm]		4～6	5～6	4～5	3～5
最大粒径 [mm]		20	20	13	13
通過質量百分率 [%]	25	100	100		
	20	95～100	95～100	100	100
	13	70～90	75～90	95～100	95～100
	5	35～55	45～65	55～75	65～80
	2.5	20～35	35～50		50～65
	0.6	10～22	18～29		25～40
	0.3	6～16	13～23		—
	0.15	4～12	6～16		8～20
	0.074	2～6	4～8		3～8
アスファルト量 [%]		4.5～6.5	5.0～7.0		6.0～8.0
アスファルト針入度		60～80，80～100，100～120			

(2) サンドマスチック　アスファルトを骨材層に注入し，骨材間隙を充てんして骨材層の安定性を高めるため，一般にはアスファルトを砂と混合し，いわゆるサンドマスチックとして使用される．混合割合は，アスファルト(針入度40～100) 18～20%，砂60～72%，フィラー10～20%である．

(3) グースアスファルト　粒度の整った骨材と適当な硬さのアスファルトからなる加熱混合物で，高温時の混合物の流動性を利用して流し込み，防水効果およびすりへり抵抗性が大きく，低温時のひび割れが少ない特徴がある．針入度20～40または40～60のストレートアスファルトが用いられる．

その他，舗装路面の補修などの応急修理に用いられる常温補修用混合物もある．また，アスファルトと骨材の接着性を向上させ，水の存在下で骨材面からのアスファルト膜のはく離を防ぐため，アスファルトに少量加えられる添加剤，すなわちはく離防止剤が市販されている．

6.3 タール

6.3.1 概　説

タール (tar) は，石油原油・石炭・樹木などの有機物の乾留によって得られる暗黒色の液状物質で，その主成分は芳香族化合物からなり，特異な臭気をもっている．タールにはコールタール・オイルタールおよびこれらを原料とした舗装タールがある．

わが国ではじめてタール舗装が実施されてから 90～100 年になり，とくに昭和 33 年岐阜市で防じん処理にタールが全面的に採用されて以来，タールの舗装への利用は急激に増大した．しかし現在では，公害問題からタール自体の低硫黄性に着目し，製鉄会社が燃料として自家消費する傾向にあるため，タールの蒸留率が低下し，品薄の状態にある．

6.3.2 タールの製造

コールタール (coal tar) は，石炭の乾留によって得られ，ガスまたはコークスを製造するときの副産物である．乾留温度によって高温タールおよび低温タールの 2 種に区別される．高温タールは乾留装置 (炉) によって，ガスレトルトから産出されるコールタールをとくに**ガスタール**，コークス炉から産出されるコールタールを**コークス炉タール**と呼ぶことがある．石炭乾留炉以外に，ガス発生炉 (水性ガス発生炉を含む) などからもコールタールが産出されるが，この場合のコールタールを**発生炉タール**といって，普通のコールタールと区別されている．発生炉タールの組成および性状は低温タールに近い．

オイルタール (oil tar) は，原油または重油を熱分解してガスを製造する場合に副産するものである．重油を原料とする場合のオイルタールは高温タールに類似したものである．

舗装タールは，以上のコールタールとオイルタールを原料として，これを舗装タールに適するように精製加工したものである．

6.3.3 舗装タール

タールを蒸留すれば，温度の上昇に従い軽油・中油・重油・アントラセン油が順次留出し，最後に残留物として**ピッチ** (pitch) が残る．舗装タール成分は表 6.6 のようである．

舗装タールはストレートアスファルトとともに，たわみ性舗装の性状においてかなりの相違点がある．両者を比較すると表 6.7 のようである．

JIS K 2472-1970 に舗装タールの規格が示され，A～C の 3 種に区分して品質を定めている．試験方法は，JIS K 2421 (芳香族製品およびタール製品試験方法) によって行う．

表 6.6　タールの成分

1. 水　分	通常少量
2. 揮発性油分	軽　油 / 中　油 / 重　油 / アントラセン油
3. 蒸発残留物	(ピッチで，通常アントラセン油を含んでいる)
4. フェノール類 (タール酸類)	揮発性油分中に含まれている
5. ナフタリン	
6. ベンゾール不溶分 (遊離炭素)	ピッチに含まれている

表 6.7　舗装タールとアスファルトの比較 [円治，コールタール 13-3, 1961]

項　目	舗装タール	ストレートアスファルト
状　態	粘りけのある液体から半固体	半固体
におい	特有のにおいがある	ない
蒸発成分	ある (5〜23%)	ない
フェノール類	ある (5%以下)	ない
ナフタリン	ある (6%以下)	ない
遊離炭素	ある (25%以下)	ない
比　重	1.10〜1.26	1.00〜0.05
軟化点	−	35〜60°C
使用時加熱温度	110°C 以下の温度で加熱して用いる	140〜160°C に加熱して用いる
混合物転圧温度	タールのほうがアスファルトよりはるかに低い	−
作業性	タールのほうがはるかに低い温度で作業性がよい	−
骨材に対する接着性	水の存在においても骨材とよく接着する	水の存在においては，骨材との接着性が不良となる
透水性・吸水性	アスファルトよりはるかに少ない	少ない
耐油性 (石油系油に対し)	良好	不良
浸透性	アスファルトよりはるかに良好	−

6.4　歴青乳剤

6.4.1　概　説

歴青乳剤 (bituminous emulsion) は，歴青を微粒子の状態で水中に分散させた乳濁液で，常温施工ならびに比較的湿潤状態でも施工できる特徴をもつ．歴青乳剤には，アスファルト乳剤とタール乳剤があるが，需要の大部分はアスファルト乳剤が占めている．ここではアスファルト乳剤について述べる．

6.4.2 乳剤の構造

アスファルト乳剤は水中にアスファルトを微細な (0.5〜6.0 μm) 粒子として分散させた褐色の液体で，その構造は一種の疎水コロイドである．分散されたアスファルト粒子がもつ電荷によって2種に分けられる．すなわち，分散粒子が (+) の電荷をもっているときはこれを**カチオン** (cation) 系乳剤といい，(−) の電荷をもっているときは**アニオン** (anion) 系乳剤という．分散粒子は電荷をもって互いに相反発し合って，各粒子間の平衡状態を保っている．また，ほとんど帯電していないノニオン (nonion) 系乳剤がある．

一般に，互いに溶解しない2液を機械的に適当にかき混ぜて混合すると，乳剤になるが，普通は簡単にもとの2液に分かれる．この乳剤を完全に保つためには，どちらかの液が他の液に分散しやすく，また分散した液が再びもとにもどらないように安定性を与えなければならない．この役目を果たすものを一般に**乳化剤** (界面活性剤) と呼ぶが，もっぱら乳剤の安定性を保つ役目を果たすものをとくに**安定剤**と呼ぶ．

アニオン系乳剤は，高級脂肪酸石けんや合成洗剤などの乳化剤を加えた希薄アルカリ水溶液中にアスファルト粒子を分散させ，生成した微粒子の表面を電気的に負に帯電させたものである．

カチオン系乳剤は，カチオン系界面活性剤を乳化剤として加えた酢酸などの酸性物質の希薄水溶液中に，アスファルトを分散させ，微粒子を正に帯電させたものである．アニオン系乳剤では，接着性が悪いといわれた骨材に対してもよく接着する．

6.4.3 接着性と分解

アスファルト乳剤はその大部分が接着剤として用いられるが，その接着性は水の存在によって阻害される．したがって，乳剤の接着力は，乳剤の分解と水の除去の程度に依存する．アスファルト乳剤が分解を起こす原因に次のことがあげられる．

① 水の蒸発による分解
② 乳剤の骨材との接触による分解
③ 乳剤と骨材の電気的作用による分解
④ 乳剤と骨材の化学作用による分解

単純な水の蒸発による分解の過程を図 6.3 に示す．

乳剤と骨材との接触によって起こる分解は，骨材の組織が多孔質のとき，表面が粗のとき早い．

無水けい酸分を多く含む骨材類はぬれた場合，その表面は (−) に帯電する．乳剤中のアスファルト粒子は，カチオン系のものは (+) に帯電しているので，電気的結合に作り出すことになる (図 6.4 参照)．

図 6.3　乳剤の分解過程

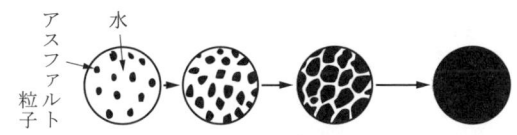

乳剤の型	水中油滴型→濃縮→水分蒸発→分解完了
色　調	褐色→漸次黒色を増す→光沢のない黒色ないし暗褐色→黒色
接着性	なし→なし→やや粘りを生じる→完全な接着力を生じる
分解に要する時間	フィルムの薄い場合は比較的短時間 →やや長時間を要する

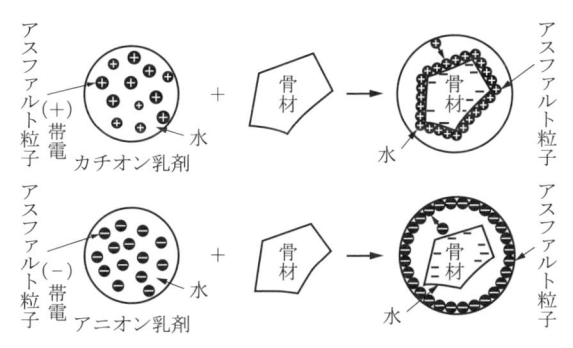

図 6.4　乳剤と骨材との接着

④の場合の分解は，乳剤中の特殊な成分，その他によって起こる一種の化学的ないしは電気化学的な変化によるものである．

6.4.4　規　格

アスファルト乳剤には，用途により浸透用 (P) と混合用 (M)，分解の遅速により，速硬性 (RS)，中硬性 (MS)，遅硬性 (SS) の種類がある．規格としては，JIS K 2208-1967 がある．表 6.8 に JIS による分類を示す．

6.5　その他の瀝青材料

6.5.1　カットバックアスファルト

カットバックアスファルト (cutback asphalt) は，アスファルトに揮発性の石油留出油を溶剤 (flux) として加え，一時的に粘度を低下させ，流動性をよくしたものである．アスファルト乳剤と同様に常温施工ができる利点をもっている．

カットバックアスファルトは，用いる溶剤の蒸発速度によって，RC，MC，および SC があり，それぞれガソリン，ケロシンおよび重油でカットバックしたものである．

表 6.8　種類および記号 [JIS K 2208-2000]

種類			記号	用途
カチオン乳剤	浸透用	1号	PK-1	温暖期浸透用および表面処理用
		2号	PK-2	寒冷期浸透用および表面処理用
		3号	PK-3	プライムコート用およびセメント安定処理層養生用
		4号	PK-4	タックコート用
	混合用	1号	MK-1	粗粒度骨材混合用
		2号	MK-2	密粒度骨材混合用
		3号	MK-3	土混り骨材混合用
ノニオン乳剤	混合用	1号	MN-1	セメント・アスファルト乳剤安定処理混合用

＊P： 浸透用乳剤 (penetrating emulsion)
　M： 混合用乳剤 (mixing emulsion)
　K： カチオン乳剤 (kationic emulsion)
　N： ノニオン乳剤 (nonionic emulsion)

わが国で市販されているカットバックアスファルトには，はく離防止剤などの添加剤が混入されているものが多い．JIS の規格はないが，日本道路協会の規格が ASTM の規格に準じて制定されている．

6.5.2　ゴム入りアスファルト

ゴム入りアスファルト (rubberized asphalt) は，ゴムをアスファルトに混入して，アスファルトの性質を改善したものである．アスファルト材料としては，針入度60〜150のストレートアスファルト，ゴム材料としては，粉末状の天然ゴム，合成ゴム，ラテックス，ゴムマスターバッチなどのいずれかが用いられ，ゴムの混入料は2〜5%の範囲である．120〜160°C に加熱溶解されたアスファルトにゴムを混入し，一定温度を保ちながら溶解させて製造される．

6.5.3　樹脂入りアスファルト

ゴムの代わりにポリエチレン，エチレン酢酸ビニル共重合物，エポキシ樹脂などの高分子材料をアスファルトに混入して，アスファルトのじん性，弾性，感温性などの改良を目的として考えられたものであり，空港の舗装などに利用されている．

演習問題

6.1 歴青材料を定義せよ．

6.2 アスファルトの種類を列挙せよ．

6.3 ストレートアスファルトとブローンアスファルトの性質を比較せよ．

6.4 アスファルト乳剤の分解について述べよ．

6.5 カットバックアスファルトとはなにか．

第7章　合成高分子材料

7.1　合成高分子化合物

7.1.1　概　要

　高分子物質とは分子量のきわめて大きい物質を総称し，普通分子量10000以上のものを指す．原子が共有結合によって化学的に結合した集団であるという点では高分子も低分子も同じであるが，分子量が巨大になると低分子とはかなり異なった特性をもつようになるので，とくに高分子材料を低分子材料と区別して扱っている．

　人類が古くから利用してきた木材，木綿，絹，羊毛，皮革などは動植物体から供給される高分子物質であるので，これらを天然高分子と呼んでいるが，20世紀になって高分子の概念が解明されるに及んで，低分子化合物を重合させることによって高分子化合物を作り出すことに成功した．これを合成高分子化合物と呼ぶ．合成高分子化合物は，「巨大な分子」を意味するポリマー(polymer)と呼ばれている．

7.1.2　合成高分子の種類と特性

　合成高分子化合物の種類はきわめて多く，いろいろな分類法がなされているが，利用の形態から大きく分けると，合成ゴム・合成樹脂・合成繊維の三つの形態になる．

　合成高分子材料の特徴は，金属材料と相対するような関係にあり，金属材料には期待できない次のような特性をもっている．

① 水に対する耐腐食性能
② 耐酸・耐アルカリなどの耐薬性能
③ 熱の不良導体性能
④ 電気の不良導体性能
⑤ 低比重による軽量化性能
⑥ ゴム弾性・接着性などの特異性能
⑦ 生産工程からみた大量生産化性能
⑧ 固形から液状までの利用形態の多様性能

7.1.3　土木材料としての適用

　土木材料には，鉄鋼・コンクリートが主要材料として使用されているが，高分子材料は鉄鋼，コンクリートが不得意としているような多くの特性をもっているので，こ

れらの特性を利用した種々の用途への適用が行われており表 7.1 に適用例を記した．適用事例についての詳細は，合成ゴム・合成樹脂・合成繊維の各項ごとにその一部を記した．合成高分子の適用の理解を助けるために三つの形態の他に「液状で使用される合成高分子材料」および「合成高分子材料を用いた複合材料」の項を設け，各項にも適用例を記した．合成高分子の研究開発は日進月歩のものがあり，それとともに当然適用範囲も広くなってきている．

7.2 合成ゴム

7.2.1 合成ゴムの概要

19 世紀にはじまった自動車の大量生産化は，ゴムの大量消費の市場を生み出した．天然ゴムの産出は，熱帯地方のゴムの木に依存していたので，ドイツ・アメリカが中心になって合成ゴムの研究を開始し，1930 年代になり最初の合成ゴム・ポリブタジエンとポリクロロプレンが相次いで発明された．これらは天然ゴムとは化学組成の異なったものであるが，いずれも常温でゴム弾性をもつ物質である．

典型的な合成ゴムは，ASTM の分類で R の記号をつけられている CR (クロロプレンゴム)，BR (ブタジエンゴム) など，主鎖に NR (天然ゴム) と同様，不飽和の炭素結合をもつゴムであるが，R の記号をもたないゴムも多くあるし，最近ではブロック共重合体* によりつくられるスチレンブタジエン・ブロックゴムのような，熱可塑性ゴムの研究も盛んに行われている．常温でゴム弾性をもつ物質を総称してエラストマー (elastmer) と呼んでいる．表 7.2 に主要なエラストマーの分類と ASTM で制定している略号を記す．

7.2.2 主要なエラストマーとその特性

エラストマーに共通した特性は，小さな力でも大きく変形する低弾性率をもっており，かつ数倍にも伸びる高伸張率をもっていることである．エラストマーの構成は，CR や BR のような単独重合体と SBR や NBR のような共重合体 (copolymer) のものがあり，以下で主要エラストマーについての特性を記す．図 7.1 (p.177) に主要エラストマーの物性比較の概要を示す．

---

* 2 種以上のモノマー (monomer) 単位からなる重合体を共重合体と呼ぶ．

表 7.1　合成高分子材料の土木材料としての適用例

合成樹脂			合成ゴム	合成繊維
熱可塑性樹脂	複合材料（繊維補強系）（不飽和ポリエステル）	液体使用材料（エポキシ樹脂）		
1. 上水道パイプ（硬質PVC）	22. 凍上防止板（発泡）	44. 新旧コンクリート接着	1. 高架道路橋伸縮継手	1. 鉄道路盤噴泥防止工
2. 下水道卵形管	23. 軽量モルタル骨材（ポリプロピレン）	45. シールドセグメントの接合	2. 沈埋函用ガスケット	2. 軟弱地盤安定シート工
3. 処理場ダクト	24. 道路区分鋲	46. 防水被覆ライニング	3. 橋梁支承	3. 盛土補強工
4. 浄水場ダクト	25. 道路用デリネータ（ポリカーボネート）	47. 防食被覆ライニング	4. 鉄道橋バラストマット	4. 擁壁吸出し防止工
5. 高架排水樋	26. セグメントシール（成型）（ポリウレタン）	48. 床版舗装・補修	5. コンクリート伸縮継手止水板	5. 消波ブロック不等沈下防止工
6. 排水用有孔管	（シリコーン）	49. ノンスリップ舗装	6. 陸屋根用防水シート	6. 護岸堤の吸出し防止工
7. ずい道風管	27. PC, RC継手シート（エチレン・酢ビ共重合体）	50. カラー舗装	7. アース堤遮水シート	7. コンクリートわくの吸出し防止工
8. 耐薬ライニング槽（軟質PVC）	28. NATMずい道遮水	51. コンクリートき裂タラウト	8. 防振パッド	8. 地盤改良垂直ドレーン材
9. 伸縮継手止水板	29. アース堤ライニング	52. 鉄筋防せい	9. 河川用可動堰シーリング	9. バックサンドドレーン工
10. ずい道防水シート		53. レジンカプセルアンカー（不飽和ポリエステル）	10. コンクリート目地シーリング	10. 布製型わく工
11. ケーソンマット		54. 耐酸ライニング（ポリウレタン）	11. ずい道用導水工	11. NATMずい道排水工
12. 河川堤遮水コア		55. コンクリート塗膜防水	12. 接岸岸壁用防舷材	12. テキスタイルフォーム工
13. アース堤遮水コア		56. 止水グラウト材（EVA・アクリルなど）	13. ゴム防舷工	13. カルバート養送排水工
14. 陸屋根用シート防水（ポリエチレン）		57. コンクリート縁化安定	14. 港湾用シート	14. 暗きょ排水工
15. 長尺農業パイプ		58. のり面エロージョン防止	15. ゴム防衛工	15. 連節ブロック吸出し防止工
16. 排水用ネットパイプ		59. コンクリート補修（ユリア・アクリル）	16. ゴムアスファルト舗装材	16. 水卸き洗掘防止工
17. 地盤強化ネット		60. 土質安定剤	17. ポリマーセメントモルタル	17. のり面エロージョン防止
18. コンクリート目地板（発泡）			18. ゴムライニング	18. 塗膜防水系補強材
19. 耐摩耗板（超高分子）			19. 水膨張性止水材	19. 導電性コンクリート（炭素繊維）
20. 光ファイバーケーブルシーズ			20. セグメントシール材	
21. 被覆鋼管標識柱				

表 7.2　主要なエラストマーと ASTM 制定の略号

分　類		名　称	ASTM 略号
ジエン系	ブタジエン系	ブタジエンゴム	BR
		スチレン・ブタジエンゴム	SBR*
		ニトリルゴム	NBR*
	イソプレン系	天然ゴム	NR
		ポリイソプレンゴム	IR
	クロロプレン系	クロロプレンゴム	CR
多硫化系	ポリサルファイド系	チオコールゴム	T
オレフィン系	イソブチレン・ジエン系	ブチルゴム	IIR*
	エチレン・プロピレン系	エチレン・プロピレンゴム	EPM*
	クロロスルホン化系	ハイパロンゴム	CSM
けい素系	シロキサン系	シリコーンゴム	Si
ウレタン系	イソシアネート系	ウレタンゴム	U
ビニル系	アクリル酸系	アクリルゴム	ACM*
ふっ素系	ふっ化ビニリデン系	ふっ素ゴム	FPM*

＊共重合体

● 天然ゴム

略　号	NR	英語名	natural rubber	化学構造	ポリイソプレン
説　明	ヘビアの樹から採取される天然ラテックスを原料として生産される．現在でも全ゴム生産量の 1/3 が NR である．					
特　性	① 反発弾性に優れている ② 強度が大きく耐寒性にも優れている ③ 耐候性・耐オゾン性・耐熱劣化性には劣っている					

● 合成イソプレンゴム

略　号	IR	英語名	isoprene rubber	化学構造	ポリイソプレン
説　明	NR と同じ化学構造をもつ合成ゴム．1954 年に開発された．					
特　性	① NR と同じ構造であるが，NR よりも品質が均一であり価格はやや高い ② NR よりも吸水性・電気特性はいくぶん優れている ③ 強度・剛性・硬度はいくぶん低い					

● ブタジエンゴム

略　号	BR	英語名	butadiene rubber	化学構造	ポリブタジエン
説　明	天然ゴム，SBR に次ぐ汎用ゴムとして広く使用されている．1950 年，立体規則性の BR が開発されステレオラバーと呼ばれている．					
特　性	① 反発弾性・低温特性・耐老化性は NR 以上 ② 補強材なしの純ゴム強度は NR より劣る ③ BR 単独よりも SBR，NR とのブレンド使用が多い					

7.2 合成ゴム

● スチレンブタジエンゴム

略 号	SBR	英語名	stylen butadiene rubber	化学構造	スチレンブタジエン共重合体
説 明	約25％のスチレン成分，約75％のブタジエン成分を含む共重合体であり，最も生産量の多い汎用合成ゴムである．				
特 性	① 耐老化性・耐熱性・耐摩耗性は NR よりも優れている ② 純ゴム強度は NR よりも低いが，補強配合により補うことができる ③ 加工性・物性・コストの総合バランスが優れている				

● クロロプレンゴム

略 号	CR	英語名	chloroprene rubber	化学構造	ポリクロロプレン
説 明	デュポン社の商品名であるネオプレンの名称で知られている．ラテックスタイプは接着剤として広く使われる．				
特 性	① 耐候性・耐熱老化性・耐油性・耐薬品性に優れている ② 反発弾性にも優れ，純ゴム強度もかなり大きい ③ 総合性能に優れているが，価格が SBR などよりも高いので汎用ゴムの位置にない				

● ブチルゴム

略 号	IIR	英語名	isobutylene-isoprene rubber	化学構造	イソブチレン，イソプレン共重合体
説 明	不飽和結合をもたないイソブチレンに，2重結合をもつイソプレンを少量加えた共重合体であり，加硫を可能にしたゴムである．				
特 性	① 不飽和度が小さいため化学的安定性に優れている ② 最大の特徴は気体透過率が小さいことであり，タイヤのインナーチューブに使われる ③ 反発弾性が小さいが，これが逆に衝撃エネルギーの吸収に役立ち，防振ゴムとしての適性をもっている				

● ニトリルゴム

略 号	NBR	英語名	nitrile butadiene rubber	化学構造	アクリロニトリル，ブタジエン共重合体
説 明	耐油性に優れたアクリロニトリルを共重合させたものであり，加工性・加硫性も良好である．				
特 性	① 耐油性に優れていることが最大の特徴である ② オイルシール，ガスケットパッキングなどの使用が多い ③ NR，SBR などと同様に，オゾン抵抗性に劣る				

● エチレンプロピレンゴム

略 号	EPM	英語名	ethylene-propylene rubber	化学構造	エチレン，プロピレン共重合体
説 明	エチレン，プロピレンは不飽和結合をもたないので，第3成分として，少量のジエン系成分を加えて三元共重合体にしたものを EPT または EPDM と呼んでいる．				
特 性	① ジエン系のゴムのように主鎖に不飽和結合をもたないので，熱・光・オゾンに対して安定である ② 加硫性が悪く強度は大きいほうではない ③ ブチルゴムとブレンドした EPT ブチルは合成ゴム系防水シート材料の中心になっている				

● ハイパロン

略　号	CSM	英語名	chloro-sulfonyl-polyethylene	化学構造	クロロスルホン化ポリエチレン
説　明	\multicolumn{5}{l}{ハイパロン (Hypalon) はデュポン社の商品名．高圧法ポリエチレンに塩素と亜硫酸ガスを反応させて加硫ができるようにした新しいエラストマーであり，1952 年に発表された．}
特　性	\multicolumn{5}{l}{① 主鎖にも側鎖にも不飽和結合をまったくもたないので化学的にはきわめて安定である ② 耐候性・耐オゾン性・耐薬品性は CR よりも優れている ③ 加硫がやりにくく，低温で硬化する}

● アクリルゴム

略　号	AR	英語名	acrylate rubber	化学構造	アクリル酸エステル共重合体
説　明	\multicolumn{5}{l}{AR には 2 種類のものがあり，クロロエチルビニルエーテルとの共重合体が ACM，アクリロニトリルとの共重合体が ANM と呼ばれ，AR はそれらの総称名である．}
特　性	\multicolumn{5}{l}{① 耐熱性はふっ素・シリコーンに次いで優れており，150～170°C の連続使用ができる ② 耐油性は NBR に次いで優れている ③ 耐水・耐酸・耐アルカリに劣り，反発弾性も悪く価格も高く特殊用途ゴムの位置づけとなる}

● ウレタンゴム

略　号	UR	英語名	urethane rubber	化学構造	ポリウレタン
説　明	\multicolumn{5}{l}{ポリウレタンはウレタン結合 (-NHCOO-) をもつポリマーの総称で，構造によりエラストマーの他，硬質樹脂・合成繊維・液状塗料にも適用される．}
特　性	\multicolumn{5}{l}{① 通常のゴムが弾性を失うような硬質の領域でもゴム弾性をもっている ② 耐摩耗性は抜群に良い ③ 耐候性，耐熱性はあまり良くない}

● シリコーンゴム

略　号	Si	英語名	silicone rubber	化学構造	ポリシロキサン
説　明	\multicolumn{5}{l}{他のエラストマーはすべて炭素結合の有機系に属しているが，シリコーンのみけい素－酸素結合の主鎖をもっているので，無機系材料としての特徴をもっている．}
特　性	\multicolumn{5}{l}{① 無機系の主鎖をもつので耐熱性に優れ，低温になっても屈撓性を失わない ② 耐候性・耐熱劣化性は格段に優れている ③ 耐薬品性に劣り，強度も大きいほうではない}

● ふっ素ゴム

略　号	FPM	英語名	fluorocarbon rubber	化学構造	ふっ化ビニリデン共重合体
説　明	\multicolumn{5}{l}{有機系の他のゴムは，炭化水素系であるが，水素をふっ素に置換した炭化ふっ素系の構造であり，ふっ素の特性が入ってくる．1957 年に登場した新しいゴムである．}
特　性	\multicolumn{5}{l}{① 有機系では最高の耐熱性をもち，耐薬品性・耐油性も格段に優れている ② 反発弾性は不良，加工性も良くない ③ 高価なため特殊用途ゴムに属する}

多硫化ゴム

略　号	TR	英語名	polysulfide rubber	化学構造	ポリサルファイド
説　明	チオコール社の商品名であるチオコールの名で呼ばれている．液状で使用できるプレポリマー型のものがあり，使用時に架橋剤と混合して硬化させるような特性をもっている．					
特　性	① 耐オゾン・耐候性に優れ，$-45°C$ の低温域でも可撓性をもっている ② 液状ゴムとして人気があり，シリコーンと並んでコンクリート継手のシーラントに使われる ③ エポキシ樹脂との共重合で可撓性エポキシになる					

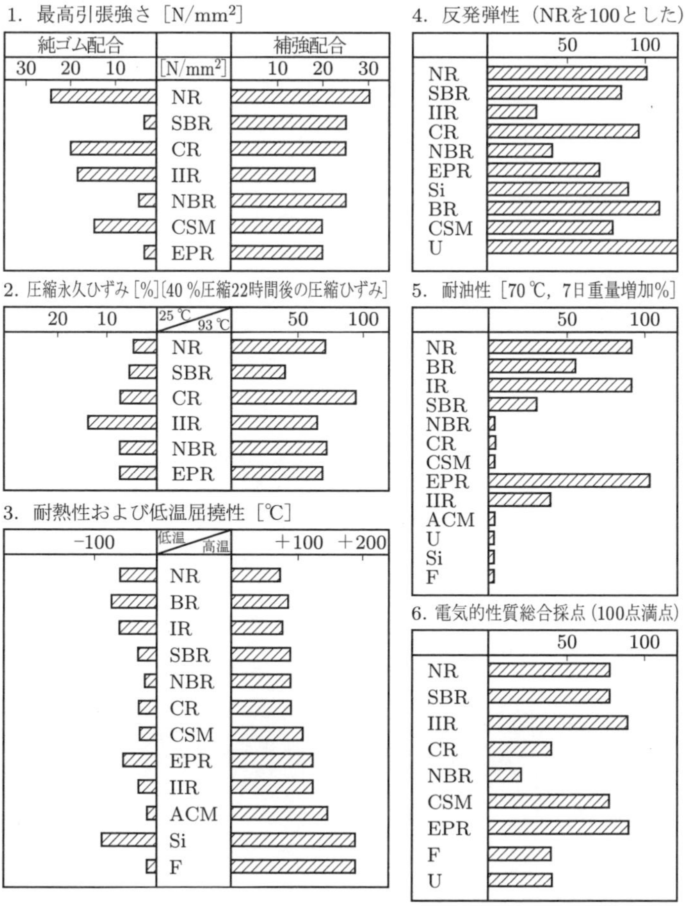

1. 最高引張強さ [N/mm²]
2. 圧縮永久ひずみ [%] [40%圧縮22時間後の圧縮ひずみ]
3. 耐熱性および低温屈撓性 [℃]
4. 反発弾性（NRを100とした）
5. 耐油性 [70℃，7日重量増加%]
6. 電気的性質総合採点（100点満点）

図 **7.1**　各種エラストマーの物性比較

7.2.3　エラストマーの土木材料への適用

エラストマーは他の材料がもっていない特異な性質

① 低弾性率による変形性能

② 荷重を除去した後の復元性能
③ 音や振動・衝撃の緩和性能

があり，これらの性能を生かした土木材料への多くの適用がなされているが (表 7.1 参照)．次にこれらのうちのいくつかの適用例について述べる．

(1) 鉄道道床用バラストマット　鋼橋・RC 橋など，鉄道橋の砕石道床の下に敷設されるゴム製マットをバラストマットと呼んでいる．バラストマットの役割りは，鋼橋の場合，騒音低減効果をねらったものであり，RC 橋の場合は主として列車走行時の衝撃吸収による構造物の保護に目的がおかれている場合が多い．表 7.3 は物性規格値，図 7.2 はバラストマットの敷設例，図 7.3 にバラストマットによる騒音軽減効果の測定例を示す．

表 **7.3**　バラストマットの物性規格

項　目		JR 規格値 (JRS07116-1B-13 AROGB)	試験方法
バネ定数 [kg/cm]		4500 ± 1000	JIS K 6385 試験片 $100 \times 100 \times 25$ [mm] 荷重 $100 \sim 400$ kg
圧縮永久ひずみ [%]		25 以下	JIS K 6301 $70°C \times 22$ H 30%圧縮
引張強さ [kg/cm^2]		25 以上	JIS K 6301 ダンベル 3 号
伸　び [%]		100 以上	同上
引裂き強さ [kg/cm]		10 以上	JIS K 6301 B 型試験片
老化試験	引張強さ [kg/cm^2]	老化前の値の $-10 \sim +25$%	JIS K 6301 $70°C \times 96$ H
	伸　び [%]	老化前の値の $-20 \sim 0$%	
	引裂き強さ [kg/cm]	老化前の値の $-10 \sim +25$%	
吸水率 [%]		1.5 以下	JIS K 6301 常温水 $\times 96$ H
疲労強度 [mm]		1.5 以下	SRIS 3502 最大へたり量

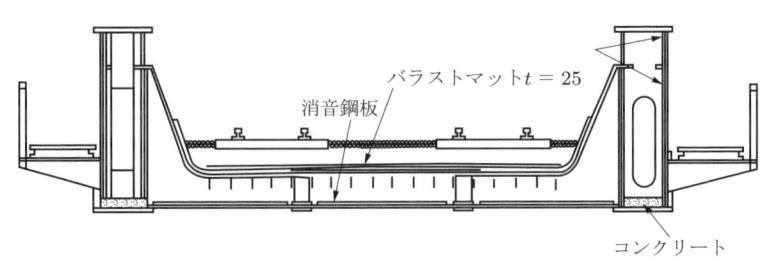

図 **7.2**　鋼橋のバラストマット施工例 (下部プレートガーダ)

7.2 合成ゴム　179

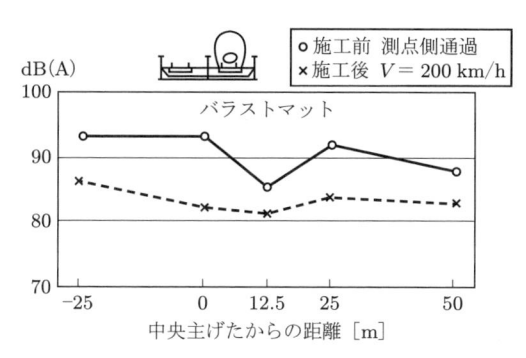

図 7.3　バラストマットによる騒音軽減効果の測定例 [日本橋梁建設協会 JASBC 技術資料]

(2) 橋梁用伸縮継手　鋼橋・RC 橋・PC 橋などの継手に用いる伸縮装置であり，種々の形状のものがある．図 7.4 はその一例である．材質は CR 系のものが中心となっており，表 7.4 に材質規格値を示す．

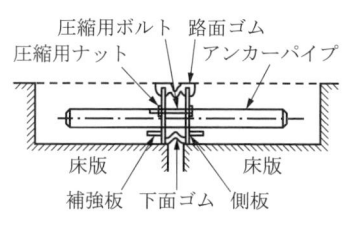

図 7.4　道路橋伸縮継手施工例 (モノセル形)

表 7.4　道路橋の伸縮継手物性規格

試験名		日本道路公団規格値	試験方法
引張強さ [N/mm^2]		15 以上	JIS K 6301-3
伸　び [%]		300 以上	JIS K 6301-4
硬　さ		55 ± 10	JIS K 6301-5
老化試験	引張強さ変化率 [%]	20 以下	JIS K 6301-6 70°C × 96h
	伸び変化率 [%]	20 以下	
	硬さ変化	10 以下	
圧縮永久ひずみ [%]		25 以下	JIS K 6301-10 70°C × 22h

(3) コンクリート目地シール材　RC 構造物の伸縮目地，PC 構造物の接合目地には，ゴム弾性を用いたウォーターシール構造がとられることが多い．この目的に用いられるのがコンクリート目地シール材である．

シール材には，最初流動性の状態で継手間隙に充てんした後，反応硬化させる形の「弾性シーリング」と，板状成型物を用いる形の「成型シーリング」の 2 系統のものがある．さらに，弾性シーリングには，1 成分系で用いて空気中の湿気により硬化反応させる形と，2 成分系を混合して用いて，充てん後に 2 成分の反応で硬化させる形の二つの系統があるが，2 成分系のものが主流になっており，適用されるエラストマーはシリコーン，ポリサルファイド，ポリウレタンなどである．表 7.5 に性能特性を示す．

成型シーリング材の変形として，エラストマーが水に接すると水を吸収して体積膨張を起こし，継手部の微細な空隙を埋めることによって止水効果を上げていく「水膨

表 7.5 2成分系弾性シーリング材の性能特性

種類		シリコーン	変成シリコーン	ポリサルファイド	ポリウレタン
結合の特徴		シロキサン結合 $-Si-O-Si-$	シロキサン結合 $-Si-O-Si-$	ジサルファ結合 $-S-S-$	ウレタン結合 $\begin{smallmatrix}H & O\\ | & \|\|\\ -N-C-O-\end{smallmatrix}$
最大引張応力 [N/mm²]	20°C	0.58	0.45	0.45	0.95
	−10°C	0.81	0.6	0.8	2.02
破断時の伸び [%]	20°C	1220	550	760	800
	−10°C	1360	550	640	850
動的追従性 (温度)		◎	○	△	△
動的追従性 (地震)		◎	◎	◎	◎
耐候性 (全体)		◎	○	○	△
接着性 (プライマー使用)		◎	○	◎	◎

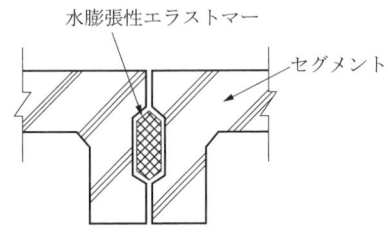

図 7.5 シールドセグメントに適用されている水膨張性エラストマー

張性シーリング」が開発され，下水道管・地下鉄道などのシールドセグメントの継手に多く適用されており，図7.5は適用例である．

(4) 塗膜系被覆防水材 コンクリート構造物を被覆して防水目的を果たさせる工法のうち，液状で塗布した後，硬化させて不透水性メンブレンを構成させる工法を「塗膜系被覆防水材」としている．成型されたシートを張り付けていく工法に比べて，継目のない被覆層の得られる特徴がある．

この工法は古くからブローンアスファルト系材料が用いられていたが，エラストマー系の代表が，次に示すウレタンゴムである．ウレタンゴムは，主剤となるウレタンプレポリマーと，架橋剤となるポリオールなどを施工前に混合した，粘度約2万cps程度のやや粘性のある液状樹脂を塗布することにより，塗布された後，常温で反応硬化してゴム弾性をもつメンブレンが構成される．この場合，用いる主剤・架橋剤の種類により硬化したエラストマーメンブレンの物性値も多様のものが得られるが，表7.6に物性値例を示す．

(5) シート系被覆防水材 JIS A 6008 では，合成高分子ルーフィングを加硫ゴム系非加硫ポリイソブチレン系，塩化ビニル系に分類しているが，合成ゴム系の主流を

表 7.6　ポリウレタンゴム塗膜の物性値例

項　目	測定値
引張強度 [N/mm^2]	2.6
破断伸び [%]	870
引裂強度 [N/mm^2]	1.8
100%モジュラス [N/mm^2]	0.9
300%モジュラス [N/mm^2]	2.2

なしているのが，次に示す EPDM ブチルゴム系である．ブチルゴムは不飽和結合をもたないイソブチレンを構成の主体にしているため，耐候性に優れたゴムであるが，さらにルーフィングが屋外の曝露状態で使用される場合の耐オゾン抵抗性を増すため，オゾン劣化に優れた性能をもつ EPDM をブレンドしたものである．

7.3　合成樹脂

7.3.1　合成樹脂の概要

　常温領域でゴム弾性をもつエラストマー (elastic polymer) に対して，エネルギー弾性をもつ plastic polymer が一般に合成樹脂と呼ばれている．「合成樹脂」の語源は，最初に登場したフェノール樹脂の硬化前の性状・色調が，ちょうど松やにのような「樹脂」に類似していたので呼ばれた名称が現在に続いているものであり，とくに「樹脂」に関係があるわけではない．

　合成樹脂も種類は多く，ISO (国際標準化機構) 制定の略号の付されている種類でも 41 種類になる．物性も EVA (エチレン酢酸ビニル共重合体) などの，エラストマーのグループに入れられるような，ゴム状弾性を有するものから，機械のギヤなどにも使われているポリアセタール樹脂のような剛性のあるものまで広範囲にわたるものがある．

7.3.2　熱可塑性樹脂と熱硬化性樹脂

　合成樹脂は熱に対する挙動の違いから，熱可塑性樹脂・熱硬化性樹脂に分類される．
(1) 熱可塑性樹脂　その材料に固有の溶融点以上に加熱すると，融解して流動性をもち，常温にまで冷却すると硬化して固体になる．その材料に決まった分解温度以下であれば，加熱融解と冷却固化を繰返し行うことができるので熱可塑性樹脂 (thermoplastic resins) と呼ばれる．このグループの化学構造は，一般に 2 官能基をもつモノマーが構成単位となって線状に長く結合した形になっているので，線状高分子 (liner polymer) と呼ばれている．このような熱に対する可逆性の性質は，加熱溶融方式による押出し成形，射出成形に代表される大量生産方式を生み出した．このグ

ループには，ポリエチレン・塩化ビニール・ポリスチロールのような汎用樹脂の多くが属している．

（2）熱硬化性樹脂 熱硬化性樹脂 (thermosetting resins) は，初期の反応物では，加熱することによって流動性をもつようになるが，さらに化学反応が進むと，架橋結合が生じて分子の構造が網目状に結合された3次元の構造になって硬化する．硬化したものは，再び加熱しても熱可塑性樹脂のように軟化することはない．このグループの化学構造は，多官能基をもつモノマーにより，網目状の結合がなされるので網状高分子 (network polymer) と呼ばれている．図7.6に線状高分子と網状高分子のモデルを示す．このグループにはフェノール樹脂・尿素樹脂・エポキシ樹脂・不飽和ポリエステル樹脂のような付加反応形のものが属しており，3次元の架橋結合がなされているので，一般に剛性・耐熱性などは熱可塑性樹脂より優れているが，熱硬化性の性質により熱可塑性樹脂のような大量生産形の成形方法がとれない．表7.7に主要な合成樹脂とその物性の概要を示す．

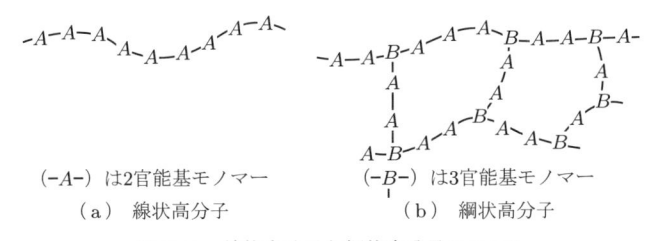

　　（-A-）は2官能基モノマー　　　　（-B-）は3官能基モノマー
　　　（a）線状高分子　　　　　　　　　（b）網状高分子

図 7.6 線状高分子と網状高分子のモデル

7.3.3 合成樹脂の土木材料への適用

合成樹脂は，次のようなさまざまな利用の形態で土木材料としての適用がなされている．
① パイプのような剛性の形態
② 防水シートのようなシートの形態
③ 断熱材のような発泡体の形態
④ エポキシ接着剤のような2液反応硬化の形態
⑤ ポリマーコンクリートに使用されるような水溶性の形態
⑥ FRPのような複合強化の形態

このうち，④に示す2液反応硬化の形態は7.5節に，⑤，⑥に示す複合材は7.6節に記すので，次には熱可塑性合成樹脂を用いた適用例について述べる．

（1）水道管などに用いられる硬質塩化ビニル管 塩化ビニル樹脂は，ポリエチレン樹脂と並んで最も生産量が多く汎用合成樹脂の代表的なものであり，生産性・コス

表 7.7　主要合成樹脂の物性

	合成樹脂名	一般呼称(日本)	ISO略号	比重	強度 [N/mm²] 引張	強度 曲げ	強度 圧縮	ヤング係数 [10³N/mm²]	破断時伸び率 [%]	熱膨張係数 [10⁻⁵/°C]	熱ひずみ温度 [°C]	耐熱性(連続) [°C]
熱可塑性樹脂	polyvinylchloride	塩化ビニル(硬質)	PVC	1.35～1.45	35～63	70～110	56～91	2.4～4.2	2.0～40	5～18	54～74	50～70
	polystyrol	スチロール	PS	0.98～1.10	35～63	60～90	80～110	2.8～3.5	1.0～2.5	3.4～21	64～93	66～79
	polypropylene	ポリプロピレン	PP	0.90～0.91	30～40	42～55	60～70	0.9～1.4	250～700	11	99～110	135～160
	polyethylene(高密度)	ポリエチレン	PE	0.94～0.97	21～38	10	16	0.5～1.0	15～100	11～13	60～82	120
	polyethylene(低密度)	ポリエチレン	PE	0.91～0.93	70～16	—	—	0.1～0.2	90～650	16～18	41～49	100
	methylmetbacryl	アクリル	PMMA	1.70～1.20	49～77	91～110	84～126	3.0～3.5	3～10	5～9	71～91	60～88
	polyamide	ポリアミド(ナイロン)	PA	1.09～1.14	49～76	56～97	50～91	1.8～2.8	90～	8～13	149～182	132～149
	polycarbonate	ポリカーボネート	PC	1.2	59～66	77～91	77～	2.2～	60～100	7	138～143	135～
	polyacetal (polyoxymethylene)	アセタール(デルリン)	POM	1.43	70	98	126～	2.8	15～75	8.1	170	85～121
熱硬化性樹脂	phenol formaldehyde	フェノール(アスベスト強化)	PF	1.5～2.0	38～52	56～97	140～240	7～21	0.18～0.5	2.5～6.0	130	120
	unsaturated polyester	ポリエステル(ガラス繊維強化)	(UP)	1.8～2.3	170～210	70～280	100～210	5.6～14	0.5～5.0	2.5～3.3	200	150～180
	urea formaldehyde	ユリア(セルロース強化)	UF	1.4～1.5	40～90	70～110	175～310	7～10.5	0.5～1.0	2.7	130～140	75
	epoxide	エポキシ(ガラス繊維強化)	EP	1.8～2.3	98～210	140～210	210～260	21	4	2.5～3.3	200	150～180
	melamine formaldehyde	メラミン(セルロース強化)	MF	1.4～1.5	49～91	70～110	175～300	8.4～9.8	0.6～1.0	4.0	200	100

ト・物性・耐久性などの総合評価から工業材料としての評価は高い.

　塩化ビニル樹脂は，可塑剤を加えてゴム状弾性を与えた軟質塩化ビニルが生産されているので，可塑剤を加えないものを硬質塩化ビニルと呼んで区別して扱われている.

　硬質塩化ビニル管の主要な特性は，
① 比重が 1.4 と軽量であるため施工性に優れている
② 耐酸性・耐アルカリ性などの耐薬品性に優れているため耐久性が大きい
③ 鋼管のようなさびの発生がまったくないので使用性に優れている
④ 切断，接続などの加工性が容易で，経済性に優れている

　これらの特性から従来の鋼管・鋳鉄管・コンクリート管の使用分野の多くに取って代わってきた.

　硬質塩化ビニル管には次のような規格が制定されている.
・一般管 (JIS K 6741)

- 薄肉管 (JIS K 6741)
- 水道管 (JIS K 6742)
- 電線管 (JIS C 8430)

（2） 下水道管に用いられる硬質塩化ビニル卵形管　下水管の場合は，一般に自由水面をもった自然流下の管流になるので，流水量が少ない場合，管底に汚物の沈殿が生じるため，管の断面形状を卵形にすることによって，流水量が少なくても掃流力を得やすいようにしたのが下水道卵形管である．

塩化ビニル樹脂のような熱可塑性樹脂は，加熱することによって流動状態になった樹脂を金型を通して押し出した後，冷却して形状を付与するという生産方式がとられている (押出し成型法)．

このため，連続大量生産ができるうえに，金型によりかなり複雑な形状のものをつくることができるるという特徴をもっている．この特徴を生かした卵形形状，さらに管壁に軸方向の有孔を設けることによって剛性を高めた高剛性管などが生産されている．図 7.7 に押出し成型法のモデル，図 7.8 に高剛性卵形管の断面形状，図 7.9 にヒューム管と比較した偏平強度を示す．

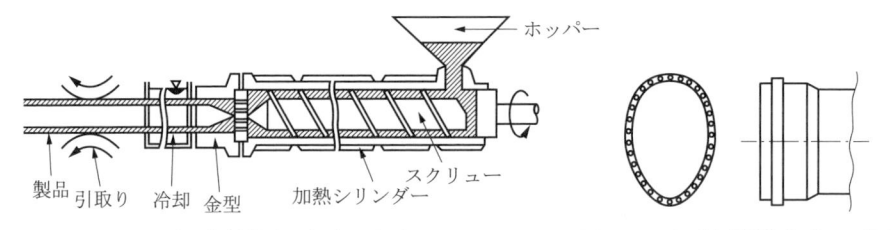

図 7.7　熱可塑性樹脂の押出し成型のモデル

図 7.8　高剛性硬質塩化ビニル卵形管

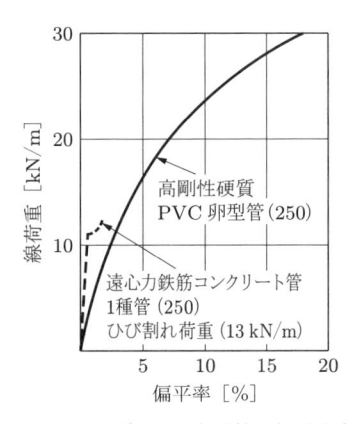

図 7.9　硬質 PVC 卵形管の偏平強度

(3) コンクリート構造物の伸縮継手に用いられる軟質塩化ビニル止水板　　ポリ塩化ビニルは，分子どうしが強い分子間力で引き合っているので，強度の強い剛体をつくっているが，この分子間力を緩和させるような物質 (可塑剤) を加えてやると，ゴム状弾性をもった軟質塩化ビニルを生産することができる．軟質塩化ビニルは可塑化塩化ビニルとも呼ばれている．軟質塩化ビニル止水板は，コンクリート構造物の伸縮継手 (expansion joint) および打継手 (construction joint) に使用される．この場合，軟質塩化ビニルのゴム状弾性的な性質は継目の動きに対応して伸縮することによって継手の水密性を確保する機能をもたせることができる．可塑化塩化ビニルは加える可塑剤 (plasticizer) の種類・量によって得られる特性値は変わる．表 7.8 に JIS K 6773 に規定する軟質塩化ビニル止水板の物性値，図 7.10 に形状を示す．

表 7.8　軟質塩化ビニル止水板の物性値
[JIS K 6773]

試験項目			規格値
比　重			1.4 以下
硬　さ			65 以上
引張強さ [N/mm^2]			12 以上
伸　び [%]			250 以上
老化性質量変化率 [%]			±10 以内
耐薬品性	アルカリ	引張強さ変化率 [%]	±20 以内
		伸び変化率 [%]	±20 以内
		質量変化率 [%]	± 5 以内
	食塩水	引張強さ変化率 [%]	±10 以内
		伸び変化率 [%]	±10 以内
		質量変化率 [%]	± 5 以内
柔軟性 [°C]			−30 以下

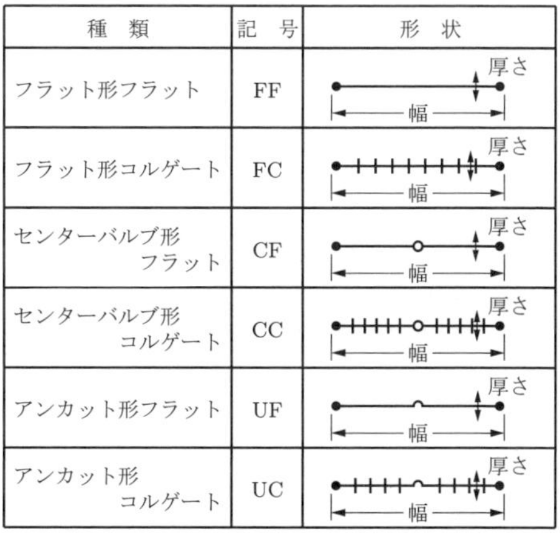

種　類	記　号	形　状
フラット形フラット	FF	厚さ／幅
フラット形コルゲート	FC	厚さ／幅
センターバルブ形フラット	CF	厚さ／幅
センターバルブ形コルゲート	CC	厚さ／幅
アンカット形フラット	UF	厚さ／幅
アンカット形コルゲート	UC	厚さ／幅

図 7.10　軟質塩化ビニル止水板の形状
[JIS K 6773]

(4) NATM ずい道に用いられる EVA 遮水シート　　最近のずい道工事にはニューオーストリア方式の NATM 工法が多く採用されている．この工法は，岩盤に直接コンクリートを吹き付けて施工を進めていくが，地山からの漏水を遮断するために，1 次コンクリートと 2 次コンクリートの間に遮水シートを介在させる工法がとられる．遮水シートは図 7.11 に示すように，透水性の不織布と不透水性のシートを貼り合わせた形式が用いられ，透水性の不織布層で排水機能をもたせている．不透水層を形成させるシートには EVA (エチレン酢酸ビニル共重合体) を用いることが多い．EVA は軟質塩化ビニルと類似したゴム状弾性をもった材質であるが，低温可撓性に優れた

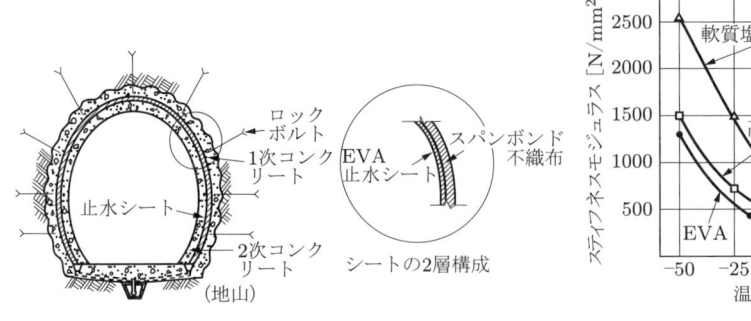

図 7.11　NATM ずい道遮水工 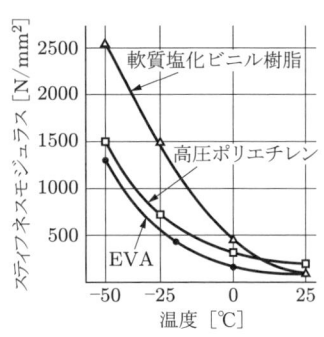　　　　図 7.12　EVA の低温可撓性

特徴をもっている．図7.12にポリエチレン・軟質塩化ビニルと比較したEVAの低温可撓性を示す．

(5) 耐摩耗性板として用いられるポリエチレン　　ポリエチレンは，ポリマーを生産するときの重合法の違いにより，軟質ポリエチレン(高圧法ポリエチレン)と硬質ポリエチレン(中・低圧法ポリエチレン)という物性の異なる2種類のものが生産されている．軟質ポリエチレンは，エラストマーに類似した柔軟性をもっているので，長尺巻パイプ，ケーブル被覆などの用途にも適用されている．耐摩耗板として用いられているポリエチレンは，分子量が300〜400万という超高分子量にしたものであり，この分子量は普通のポリエチレンの約10倍程度になり，ミリオンポリエチレンとも呼ばれ，優れた耐摩耗性をもっている．図7.13は下水道人孔の耐摩耗板として適用した例であり，表7.9に各種の材料の摩耗指数の測定値を示す．

(6) 土構造物の安定に用いられるポリマーグリッド　　ポリマーグリッド(polymer grid)は，高密度ポリエチレン・ポリプロピレンのネット状成形品を延伸させることによって高強度にしたものであり，図7.14に製品例を示す．図(a)は一軸方向にのみ延伸させたもの，図(b)は2軸方向に延伸させたものである．ポリマーに延伸を与えると，分子を一方向に整列させることによる結晶化効果によって強度を大きくすることができ，図7.15のように同一ストランドでは軟鋼に近い強度をもつ．ポリマーグリッドは盛土中に敷き，盛土補強効果を得たり，軟弱地盤の表層処理工など，土構造物の補強工として使用されている．

表 7.9 各種材料の摩耗指数

材質	種類	摩耗指数
金属	スチール	100
	真ちゅう	400
	青銅	190
	ステンレス	84
木材	かえで	690
	ヒッコリー	950
ゴム	硬質ネオプレン	800
汎用合成樹脂	硬質 PVC	200
	ポリプロピレン	190
	低密度 PE	530
	高密度 PE	86
エンジニアリングプラスチック	ポリカーボネート	96
	ポリアセタール	110
	テフロン	72
	ナイロン 6	31
超高分子量ポリエチレン		15

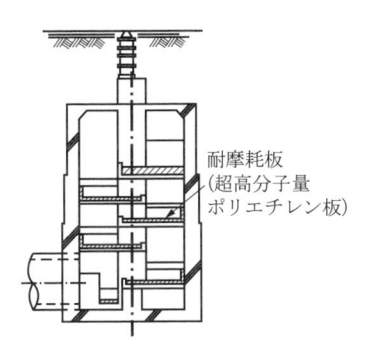

図 7.13 下水道人孔に使用されるポリエチレン

(a) 一軸延伸　　(b) 二軸延伸

図 7.14 ポリマーグリッド

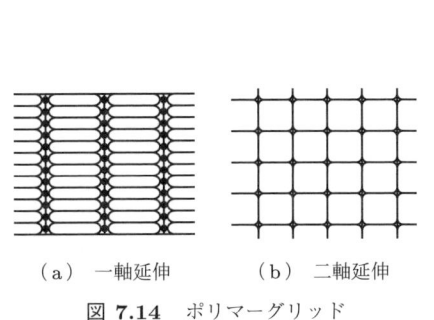

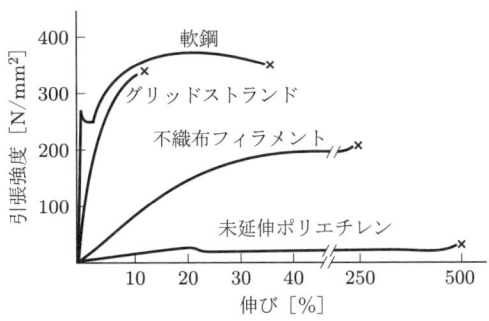

図 7.15 ポリマーグリッドの強伸度特性
[土と基礎 33-5, 岩崎高明]

7.4 合成繊維

7.4.1 合成繊維の概要

　合成繊維の歴史は 1939 年アメリカデュポン社でナイロンが発明されたときにはじまるが，ナイロンは合成繊維だけではなく，合成樹脂としても主要なエンジニアリングプラスチックである．このように，合成繊維も合成樹脂と同じ材料から出発しているが，繊維の場合は合成樹脂と違って，非常に細く成形しなければならないので，細

くしても強度が強いという条件を満たすものでなければならない．

合成繊維の種類は，現在十数種類のものが生産されているが，このうち，ナイロン・ポリエステル・アクリル・ビニロンが，4大合成繊維と呼ばれ，最も生産量が多い．土木材料としては，吸水・吸湿性がゼロという特性をもっているポリプロピレンも加えて次にその特性を述べる．

7.4.2 主要な合成繊維とその特性

● ナイロン繊維

化学構造	ポリアミド (polyamide)
説　明	ナイロンという名称はアメリカデュポン社の商品名であり，一般名で呼ぶ場合はポリアミド系繊維となる．ナイロンにもナイロン 6-6，ナイロン 6-10，ナイロン 6 など数種類のものがある．
特　性	① 強度・伸度・弾性回復率などが大きい ② ヤング率が小さい ③ 吸湿性が 3.5〜5% と合成繊維の中では格段に大きい

● ポリエステル繊維

化学構造	ポリエチレンテレフタレート
説　明	略称名 PET 繊維と呼ばれるが，テトロンの商品名で知られている．
特　性	① ビニロン・ナイロンに次いで強度が大きい ② ヤング率が大きく木綿と同等以上 ③ 吸水率が小さく，乾湿時の強度差はほとんどない

● アクリル繊維

化学構造	ポリアクリロニトリル
説　明	略称名 PAN 繊維と呼ばれる．カシミロン・ボンネルなどの商品名で知られている．
特　性	① 羊毛に似た性質をもっている ② 強度は小さい ③ やや吸湿性がある

● ビニロン繊維

化学構造	ポリビニルアルコール系
説　明	ビニロンという名称は商品名であるが，ナイロンと同様一般名称として使用されている．
特　性	① 強度はナイロンに匹敵する ② ナイロンに比べ，ヤング率が大きい ③ 吸湿性は 5% 程度であり，大きい

● ポリプロピレン繊維

化学構造	アイソタクチックポリプロピレン
説　明	戦後1954年にイタリアで開発された．衣料用としての特性に乏しいので，上記の4大繊維ほどの生産量がない．
特　性	① 吸湿，吸水性はまったくなく強度も大きい ② 比重が0.91と繊維では最も軽い ③ 耐薬品性に優れている

7.4.3　合成繊維の土木材料への適用

繊維を縦糸横糸として織物にしたものを織布 (wooven fabric) と呼び，織らないで繊維をランダムに積層して布に仕上げたものを不織布 (nonwooven fabric) と呼んでいる．

これらの合成繊維織布・不織布を土木材料として適用する多くの工法が開発されているが，このうち土質安定を目的とした適用がジオテキスタイル (geotextile)[*1] と呼ばれており，わが国を含む23箇国が参加した国際ジオテキスタイル学会が設立されている．

(1) 不織布を用いた噴泥防止工　盛土区間の鉄道道床では，盛土に浸透した水が盛土中の微粒子を運び，砕石道床の空隙を埋めることによって弾性道床としての機能を損なうことを噴泥と呼ぶが，噴泥防止のために砕石道床と盛土の間にテキスタイルを用いる．図7.16は適用例であり，スパンボンド不織布[*2] が用いられることが多く，次のような特徴をもっている．

① 引張強度・引張伸度・引裂強度が大きい
② 透水性に優れている（$k = 10^{-1} \sim 10^{-2}$ cm/s）
③ フィルター性能を有し，水は通すが微粒子の土砂は通さない
④ 目詰りが起こりにくい

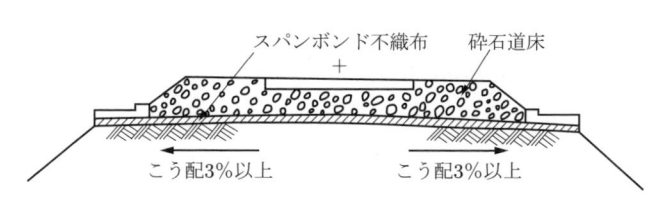

図 **7.16**　スパンボンド不織布を用いた噴泥防止工

[*1] ジオテキスタイル (geotextile) は，土を意味する接頭語の geo と textile (織物) の合成語として生まれた用語であり，土質材料とともに使用する透水性繊維材料を指すが，最近ではメンブレン (膜) などの不透水性材料も含める場合が多い．

[*2] スパンボンド不織布は，長繊維を紡糸しながら連続的に積層して不織布にしたものであり，強度の大きいものが得られるので，ジオテキスタイルの主流になっている．

⑤ 柔軟性があり地盤へのなじみ性が良い

などである．表 7.10 にニードルパンチ法*によるポリプロピレン系スパンボンド不織布の物性，図 7.17 に圧縮荷重と透水係数の関係を示す．

表 7.10 スパンボンド不織布の物性

項 目	縦	横	試験方法
引張強さ [N/mm^2]	11 以上	7 以上	JIS L 1085 試験片 5×30 cm
伸 び [%]	100 以上	120 以上	
引裂強さ [N/mm^2]	3 以上	3.5 以上	JIS L 1085 試験片 15×20 cm
透水係数 [cm/s]	1×10^{-2} 以上		JIS A 1218

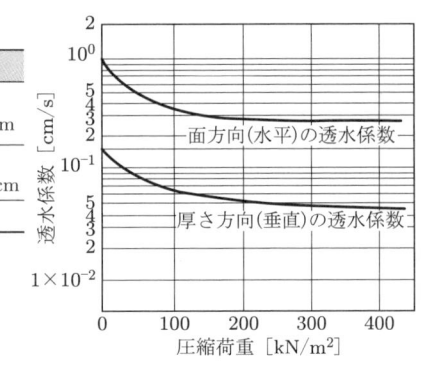

図 7.17 ポリプロピレン不織布の透水係数

(2) 不織布を用いた軟弱地盤処理工法　不織布を軟弱地盤中に垂直ドレーン材として打ち込んでから，載荷荷重をかけることにより地盤内の間隙水をドレーン材に集め，透水性の良好なドレーン材中を透過させることによって地表面に排水し，圧密沈下を促進させる工法であり，図 7.18 に説明図を示す．垂直ドレーン材として用いる不織布には噴泥防止工と同様のスパンボンド不織布が適用されている．

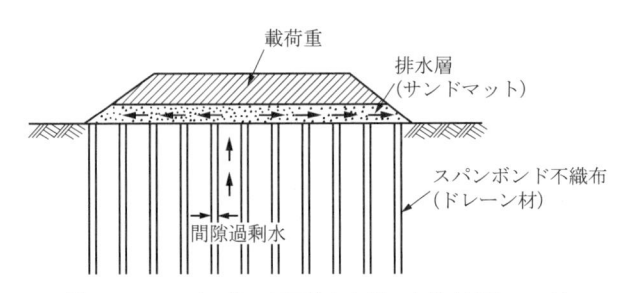

図 7.18 スパンボンド不織布を用いた垂直ドレーン材

(3) のり面に用いる布製型わく工法　護岸・切土などののり面保護工としてコンクリートを打設する場合に，袋状の布製型わくを設置して，その中にコンクリートをポンプで圧入してそのまま硬化させる工法であり，コンクリートが詰められた布製型わくはそのままのり面工となる．この場合，織布が透水性のものであるから，コンク

---

* ニードルパンチ法不織布は，長繊維マットを鉤針 (ニードル) で刺して，繊維どうしをからませてシートにしたもので，接着剤を用いない特徴がある．

リート混練り水の余剰分は注入圧力によって絞り出されることにより，水セメント比が低下し，高強度・高密度のコンクリート硬化体が得られる特徴がある．図 7.19 に数例の形状を示す．例示の布製型わくにはナイロン 6-6 が使用されており表 7.11 に物性値を示す．

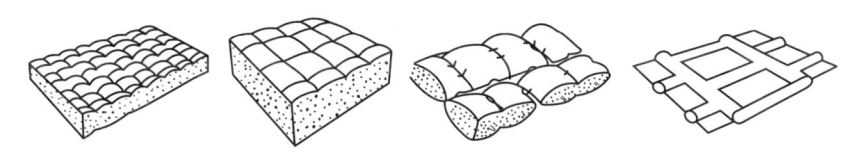

図 7.19 コンクリートが注入された布製型わく

表 7.11 ナイロン 6-6 織布の物性値

厚さ [mm]		0.51	0.81	1.25	JIS L 1096
重さ [g/m^2]		308	543	775	JIS L 1096
引張強さ [N/mm^2]	乾	縦 横 31 × 31	縦 横 52 × 50.5	縦 横 73 × 72	JIS L 1096
	湿	30 × 30	50 × 50	71 × 70.5	
伸度 [%]	乾	30 × 28	27 × 28	28 × 29	JIS L 1096
	湿	25 × 24	26 × 27	27 × 28	
引裂強さ [×10 N]	乾	90 × 90	180 × 160	300 × 250	JIS L 1096 A-1
	湿	88 × 85	175 × 155	295 × 245	
透水係数 [cm/s]		1.3×10^{-3}	3.1×10^{-3}	3.2×10^{-3}	JIS A 1218

（4）面板に透水性織布を用いたコンクリート打設用型わく　メタルフォーム・合板型わく・FRP 型わくの面板に多くの孔が開けられ，表面に透水性の織布が張り付けられたコンクリート打設時に用いる型わくであり，テキスタイルフォームと呼ばれている．テキスタイルフォームを用いて打設されたコンクリートは，余剰水とエアーが，透水性の織布層を通して抜け出すことによって，水セメント比が低下するとともにエアーの排出によってコンクリートの表面組織をち密化させる．さらに，透水性を小にすることにより耐久性のあるコンクリート硬化体を得る特徴をもっている．図 7.20 にテキスタイルフォームの脱水量の測定値例を示し，表 7.12 に透水層として用いられているポリエステル織布の物性値を示す．

7.5　液状で使用される高分子材料

7.5.1　概要

これまでに述べた合成ゴム・合成樹脂・合成繊維は，シーリング材などの一部を除き，すでに成形された状態で適用されるものであるが，土木材料として使用される場合，接着剤のように液状，または粘性をもった粘性液状の状態で使用される場合も多

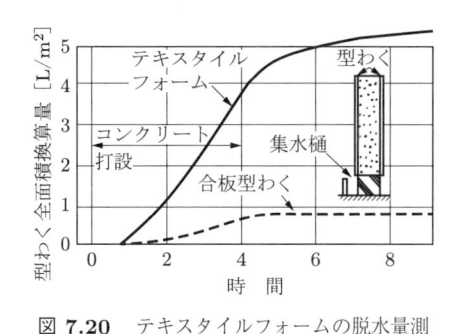

図 7.20 テキスタイルフォームの脱水量測定値

表 7.12 ポリエステル織布の物性値

試験項目	縦	横	試験方法
引張強さ [N/mm^2]	18	18	JIS L 1096 (ストリップ法) 資料幅 30 mm
伸び率 [%]	15	15	
引裂強度 [N/mm^2]	4.5	4.5	JIS L 1096 (シングルタンク法)
透水係数 [cm/s]	2.0×10^{-3}		

いのでこの項を設けた．高分子材料が液状で使用される場合，次の二つの系がある．

① 反応硬化形：使用の状態ではオリゴマーまたはプレポリマーのような低分子化合物であり，硬化剤・触媒などを加えた後，化学反応の進行とともに高分子化合物 (ポリマー) になっていく．

② エマルジョン形：ポリマーの微粒子が水中に分散しており，溶媒となっている水が失われることによってポリマー成分を残していく使い方である．FRP，ポリマーコンクリートなども液状で使用される適用例であるが，これらについては 7.6 節で複合材料として説明する．

7.5.2 液状で使用される主要な高分子材料とその特性

(1) エポキシ樹脂 エポキシ樹脂 (epoxy，略号 EP) とは，一つの種類のものを指す名称ではなく，分子内にエポキシ基*を二つ以上もった化合物の総称名であり，いくつかの種類のものがあるが，最も代表的なものはビスフェノール A 型と呼ばれるものであり，単にエポキシ樹脂といえば，この型のものを指している．エポキシ樹脂は，比較的低分子量のオリゴマーの混合物であるから，粘度が低く液状または粘性液状で使用することができる．これに硬化剤 (hardner) を加えることによって，硬化剤がエポキシ樹脂のエポキシ基と反応して，最終的には 3 次元結合の網状高分子 (熱硬化性ポリマー) に発展していくとともに硬化していく．

エポキシ基と反応させることによって硬化させていく硬化剤も脂肪族アミン系・芳香族アミン系・酸無水物系・液状チオコール系のように多くのものがあり，硬化剤の選択によっても得られる硬化物の特性が異なってくるので，弾性エポキシ・湿潤面接着形エポキシ・耐熱性エポキシなど用途目的に合わせた多くの種類のものが製品化さ

---

* エポキシ基： $\overset{CH_2-CH}{\diagdown_{O}\diagup}$ 反応性に富んだ基であり，硬化剤と反応して高分子を生成していく．

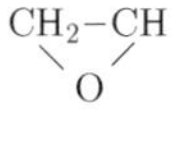

(2) 不飽和ポリエステル樹脂 ポリエステル樹脂とは，主鎖中にエステル結合*をもつものの総称名であり，ポリカーボネート樹脂・アルキド樹脂などもポリエステルの一種であるが，一般にポリエステル樹脂といえば，この不飽和ポリエステル樹脂 (unsaturated polyester, 略号 UP) を指す．これは主鎖中に不飽和結合をもつので「不飽和」の名称で呼ばれている不飽和ポリエステルを，ビニルモノマーに溶解したものであり，架橋反応をさせる前は分子量が数千以下の線状分子であり，低粘度の液状で使用される．これに硬化剤 (重合触媒，促進剤など) を加えることによって溶解させているビニルモノマーと不飽和結合の間に重合反応が起こり，3次元網状構造になるとともに硬化 (cure) していく．

(3) ポリマーエマルジョン エポキシ樹脂や不飽和ポリエステル樹脂は，低分子量の化合物であるので，液状で使用し，これに硬化剤を加えた後，化学反応により高分子化合物に発展させていくものであるが，ポリマーエマルジョン (polymer emulsion) の場合は，ポリマーの微粒子 ($0.01 \sim 1.0$ μm) が乳化剤とともに水に分散している状態のものであり，溶媒となっている水を揮発させた後にポリマーを残すような適用がなされる．ポリマーがゴム系の場合にはラテックス (latex) と呼ばれることもある．

7.5.3 液状高分子の土木材料への適用

(1) エポキシ樹脂の適用 エポキシ樹脂は，鉄に対してもコンクリートに対しても接着強度がとくに優れているという，特異な性能をもつ樹脂であり，広島の原爆ドームの補修，二見浦の夫婦岩の補修などの有名な施工例も多い．硬化したエポキシ樹脂は，機械的強度も大きく，耐アルカリ・耐水性，さらに湿潤面に対する接着性，水中硬化も可能というような特徴があるので，土木材料としても次に例示するような多くの適用がなされてきている．

① コンクリート・鋳鉄などのシールドセグメントの接合
② 浄水場・処理場などのコンクリート槽の防食ライニング
③ 新旧コンクリートの打継ぎ接着
④ 水路・ずい道など多くのコンクリート構造物の断面補修
⑤ コンクリートクラック部への注入補修
⑥ コンクリート床舗装・すべり止め舗装・鋼床版舗装
⑦ 老朽コンクリートの耐塩害塗装

---

* エステル結合： $\begin{matrix} -\text{C}-\text{O}- \\ \| \\ \text{O} \end{matrix}$

(2) 樹脂カプセルアンカー　アンカーボルト・ロックボルトなどを固定するための接着工法に適用されるものであり，使用される液状樹脂は，不飽和ポリエステル・エポキシアクリレート・エポキシなどの製品があるが，低温でも硬化速度が速いという特徴をもつ不飽和ポリエステル系が多く使用されている．

図7.21に，主剤・硬化剤をカプセルに封入した樹脂カプセルアンカーの製品例を示す．このカプセル管は外管・内管の2重のガラス管構造になっており，外管内にはけい砂を混合した不飽和ポリエステル樹脂，内管内には硬化剤が封入されているもので，図7.22の施工図のように，せん孔内にカプセルを投入した後，回転させたボルトの先端で外管・内管のガラス製カプセルを壊し，このときに主剤・硬化剤が混合されることによって，ボルトを埋め込んだ状態で反応硬化が行われる．図7.23はこれまで一般に用いられてきたメタルアンカーと比較した接着アンカーの特徴を示すものであり，メタルアンカーが，先端のくさびの部分でボルトを支持するのに対し，接着アンカーは孔内の周壁全部でボルトを固定するため，振動に対して安定であるという特徴をもっている．

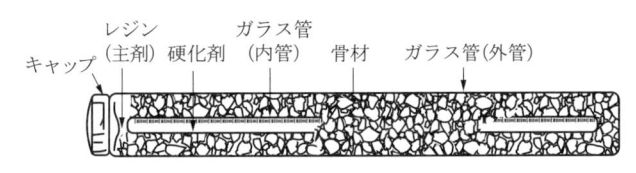

図 7.21　樹脂カプセルアンカーの構成

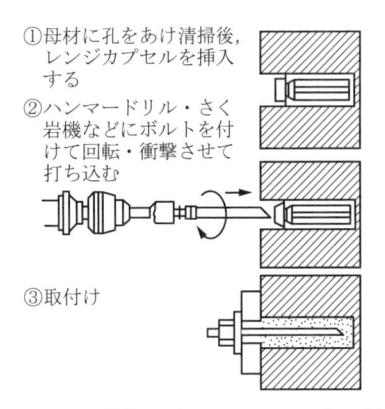

図 7.22　樹脂カプセルアンカーの施工図

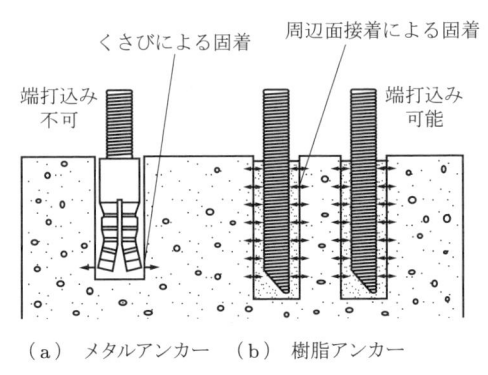

図 7.23　メタルアンカーと樹脂アンカーの固定の原理

(3) SBRラテックス混入のアスファルト舗装材　アスファルト舗装において，アスファルトは結合材の役目を果たしているが，高温時の流動性，低温時のぜい化が問

題となる．これらのアスファルト舗装の性能を上げる目的で，ゴム分を添加したものがゴム入りアスファルトと呼ばれ，とくに寒冷地における適用が多く，この場合主としてSBRラテックス*が用いられている．

SBRラテックスの添加により，次のような改善の傾向が得られる．
① 軟化温度の上昇による高温時の安定性
② 変形量が小さくなることによるわだち掘れの減少
③ 耐摩耗性が増すことによるすりへり量の減少
④ 耐老化性が上がることによる耐久性の向上

図7.24はラテックス添加量と軟化点，図7.25はラテックス添加量と変形量，図7.26はラテックス添加量とすりへり量の試験結果を示すものであり，JSR資料によった．

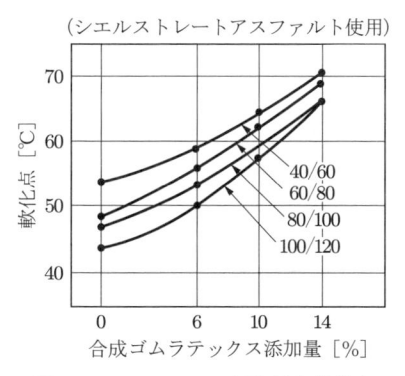

図 7.24 ラテックス添加量と軟化点

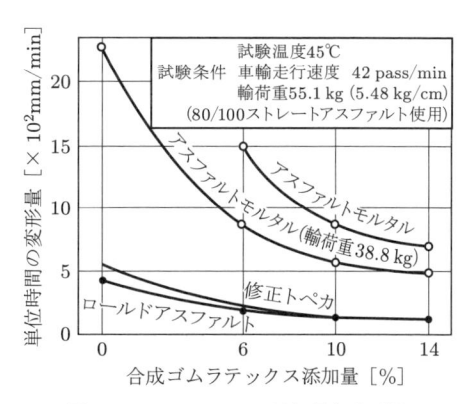

図 7.25 ラテックス添加量と変形量

図 7.26 ラテックス添加量とすりへり量

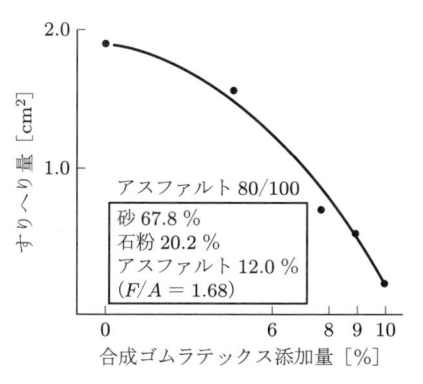

* SBRラテックスは，乳化重合により製造されるスチレンブタジエン共重合体ラテックス．

(4) 土質安定のための薬液注入工法　土質安定のための注入工法は，目的の地盤中の空隙部に凝結剤を圧力注入して固結させることによって，地盤の地耐力を増加させたり，地盤の透水係数を低下させて湧水・漏水を遮断する目的に適用されている．注入に用いる材料をグラウトと呼ぶが，グラウトはセメント系と薬液系に大別される．

　セメント系グラウトは，セメント粒子が水中に分散した懸濁液であるから，地盤内の空隙が小さい場合はろ過作用によりセメントと水が分離される傾向がある．これに対し，薬液系グラウトは注入されるときは溶液の状態であり，主剤と硬化剤 (および硬化時間の調整に用いる助剤) を注入の直前，または注入された後の地盤中で混合させることによって化学反応で硬化 (ゲル化) し，これにより土粒子の間隙を充てんすることによって地盤の性状を改善していくものである．表 7.13 に薬液系グラウトの種類を示すが，現在水質保全に関する建設省暫定指針により水ガラス系が適用の中心となっている．

表 7.13　薬液系グラウト

種　類	主　剤	硬化剤	助剤など
水ガラス系	けい酸ソーダ	酸系，アルカリ系など種類は多い	無機系，有機系など種類は多い
アクリルアミド系	アクリルアミド	(開始剤) 過硫酸アンモン	(促進剤) 硫酸第一鉄など
尿素系	尿素ホルマリン初期縮合物	酸性硫酸ソーダ	尿　素
ウレタン系 (非水溶系)	ポリイソシアネート化合物	地盤中の水	アミア系化合物

7.6　高分子材料を用いた複合材料

7.6.1　概　要

　複合材料 (composite material) とは，性質の異なる材料を組み合わせることによって互いの長所を兼ね備えさせるようにしたものであり，この場合，結合していく役割を果たす側を結合材 (matrix phase) と呼び，結合されていく側を分散材 (dispersed phase) と呼んでいる．高分子材料系の複合材料の代表例として次の二つのものについて述べる．

(1) 繊維強化複合材料　高分子系を結合材として用い分散材 (補強役割) として繊維が用いられる．結合材となり得る高分子材料は，熱可塑性樹脂・熱硬化性樹脂・合成ゴムの多くのものがあり，表 7.14 に示すように FRTP，FRP，FRM と呼んでいる．分散材となる繊維も，ガラス繊維・炭素繊維・合成繊維・ウィスカーなど種々のものが用いられるが，このうち最も多用されているのがガラス繊維であり，ガラス繊

表 7.14　繊維強化高分子材料

マトリックス系	略号	名称
合成ゴム	FRR	fiber reinforced rubber
熱硬化性樹脂	FRP	fiber reinforced plastic
熱可塑性樹脂	FRTP	fiber reinforced thermoplastic

表 7.15　複合材料に用いられる繊維の強度特性

繊維の種類	繊維材質	密度 [g/cm^3]	引張強さ [N/mm^2]	比強さ [cm×10^6]	弾性率 [N/mm^2]	比弾性率 [cm/×10^6]
無機繊維	E-グラス	2.54	35	14	740	290
	S-グラス	2.48	46	18	880	350
有機繊維	芳香剤ポリアミド (ケプラー49)	1.45	28	19	1330	910
多結晶質繊維	炭素繊維 (PAN系高強度)	1.77	25	14	2600	1470
	炭素繊維 (PAN高弾性率)	1.95	20	10	3500	1800
	窒化ほう素	1.91	14	7	910	480
複合繊維	ほう素/タングステン	2.63	28	11	3860	1470
	炭化けい素/タングステン	3.46	21	6.1	4710	1360
金属繊維	鋼	7.75	42	5.3	2040	260
	タングステン	19.3	41	2.0	4150	220
	ベリリウム	1.83	13	7	2460	1350
セラミックウィスカー	アルミナ	3.96	211	53	4360	1110
	炭化けい素	3.21	211	66	4920	1540
	窒化けい素	3.18	141	44	3870	1210
金属ウィスカー	鉄	7.83	134	17	2040	260
	クロム	7.20	91	13	2460	340
	銅	8.91	33	3.7	1270	140

維は比較的安価で高強度をもっている．表 7.15 に各種の繊維の強度特性を示す．

(2) 粒子強化複合材料　高分子系を結合材として用いけい砂などを分散材として結合していくものに，ポリマーコンクリートがあげられる．ポリマーコンクリートには次の三つの系がある．

① 結合材として樹脂系のみを用いて骨材を結合していくものがレジンコンクリート (細骨材のみを用いる場合はレジンモルタル) と呼ばれる．

② 結合材としてセメントを用い，セメントにポリマーエマルジョンを添加することによって，セメントの結合材としての性能を補っていくものがポリマーセメントコンクリート (またはポリマーセメントモルタル) と呼ばれる．

③ すでに硬化したコンクリートの毛管空隙に，モノマー・プレポリマーなどの低粘度の樹脂を含浸させた後に，空隙内で硬化させることによってコンクリートの物

性を改良していくものがポリマー含浸コンクリートと呼ばれる．

7.6.2 主要な複合材料とその特性

(1) FRP 繊維強化複合材料の代表となるものであり，結合材として不飽和ポリエステル樹脂・エポキシ樹脂などの熱硬化性樹脂を用い，補強材としてガラス繊維を用いたものであり，ヨーロッパでは GRP (glassfiber reinforced plastic) と呼ばれることが多い．FRP の特徴は 1500 N/mm^2 という大きな引張強度をもつガラス繊維を合成樹脂で結合させていく複合材料であるから，ガラス繊維のもつ強度特性と，合成樹脂の軽量・耐食・電気特性などの両方の特徴を備えた材料になる．FRP の強度は，長繊維を用いた場合，次の複合則に示されるように V_f (繊維の体積含有率) による影響が大きい．

$$\sigma_c = \sigma_f V_f + \sigma_m (1 - V_f)$$

ここに，σ_c：複合材料の応力，σ_f：繊維の応力，σ_m：マトリックスの応力，V_f：繊維の体積含有率

表 7.16 に不飽和ポリエステル系 FRP の特性値を示す．

表 7.16 不飽和ポリエステル系 FRP の物性値

成型法による種類	ハンドレイアップ法		FW 法
使用するグラスファイバー	グラスマット	グラスクロス	ロービング
グラス含有率 [質量%]	3~4	4.5~5.5	6~9
引張強さ [N/mm^2]	0.7~1.4	2.1~3.5	5.6~18
曲げ強さ [N/mm^2]	1.4~2.8	3.2~5.3	7.0~19
圧縮強さ [N/mm^2]	1.1~1.8	2.1~3.9	3.5~5.3
引張弾性係数 [N/mm^2]	50~130	100~310	280~630
曲げ弾性係数 [N/mm^2]	80~130	140~280	280~490
伸び率 [%]	1.0~1.5	1.6~2.0	1.6~2.8
比 重	1.4~1.8	1.6~1.8	1.7~2.3

(2) レジンコンクリート レジンコンクリート (REC) は，結合材にセメントを用いないでレジン (合成樹脂) のみを用いて骨材を結合していくものであり，適用される合成樹脂は常温で液状使用のできる不飽和ポリエステル樹脂・エポキシ樹脂が中心になっている．セメントを結合材とするものに比べて次のような特徴がある．
① 高強度のものが得られ，薄厚で設計強度が得られるので軽量構造材となる
② 吸水・透水率が小さいので，水の浸透に対する抵抗が大で，凍結融解作用をほとんど受けない
③ 耐薬品抵抗が大きい

④ 早期に最終強度が得られるので，長期間の養生を必要としない．

図 7.27 に不飽和ポリエステル系レジンコンクリートの樹脂含有率と強度の関係を示す．

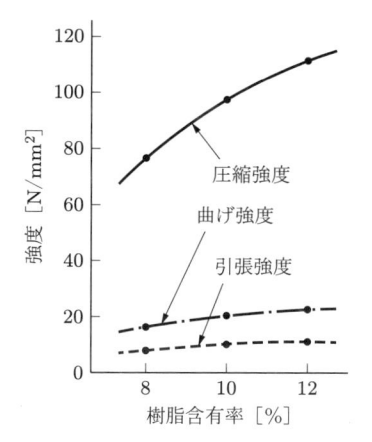

図 7.27 不飽和ポリエステルコンクリートのレジン含有率と強度

(3) ポリマーセメントモルタル (コンクリート)　ポリマーセメントモルタル (コンクリート) (PCM) は，まだ硬化しないセメントモルタル (コンクリート) にポリマーエマルジョンを添加して混練りし，セメントの水和反応によって硬化させるもので，添加されたポリマーエマルジョンは，その水がセメントに吸収された後のポリマー粒子がセメント結晶の間隙に介在することにより硬化したモルタルの性状が改良される．使用されるエマルジョンは，SBR (スチレンブタジエン) 系，EVA (エチレン酢酸ビニル) 系およびアクリル系の使用例が多い．図 7.28 にポリマーセメント比と接着強度，図 7.29 にポリマーセメント比と透水性の関係を示す．

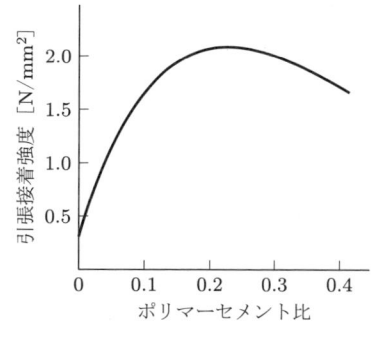

図 7.28 ポリマーセメント比と引張接着強度 (SBR 系)

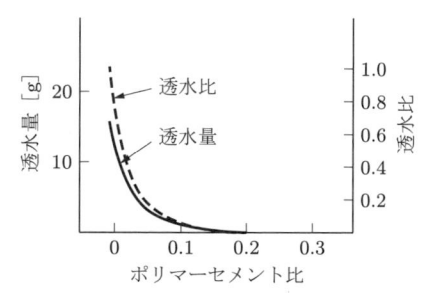

図 7.29 ポリマーセメント比と透水量 (SBR 系)

7.6.3 高分子系複合材料の土木材料への適用

(1) 強化プラスチック複合管　強化プラスチック複合管 (FRPM 管) の構造は図 7.30 に示すように内面・外面を FRP で構成し，コアとなる中心をレジンモルタル層とした高強度管であり，塩化ビニル管よりもさらに大口径の $300\sim2400\phi$ の管が生産されている．

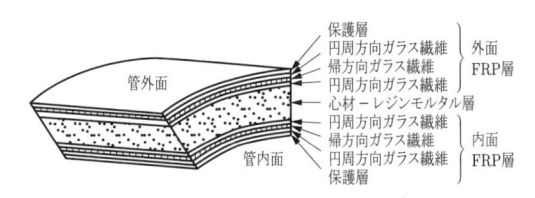

図 7.30　FRPM 管の断面構成

特徴は，
① 鋼管・ヒューム管に比べてたわみ性があるので，載荷荷重に対する強度が大きい (図 7.31 に荷重とたわみの関係を示す)
② 管内面の粗度係数が小さいので水理特性に優れている
③ 質量がヒューム管の約 1/5 であり施工性が良い
④ 耐酸などの耐薬品性があり，酸性土壌によって腐食しない

などである．

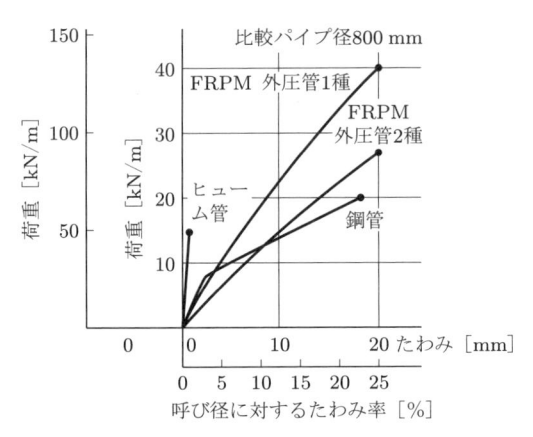

図 7.31　FRPM 外圧管の耐荷重

規格は農業用水路管としての圧力管 (1 種～5 種)，下水道管としての外圧管 (1 種, 2 種) が制定されている．

FRPM 管の適用されている用途には，農水管・下水管の他に，海底配管・発電所導水管・深埋設管・下水道マンホールなど多方面にわたっている．

（2）繊維強化ポリウレタン発泡体　繊維強化ポリウレタン発泡体 (FFU) は，硬質ポリウレタン樹脂発泡体を結合材とし，ガラス繊維を補強材として構成したものであり，発泡体を用いるので比重が 0.5 の軽量材になり，表 7.17 に示すように断熱特性も大きい．ガラス長繊維の補強により高弾性率を得られる．図 7.32 に示すように，比重と弾性率の関係から評価するとひのき材などと同様の位置になるので，合成木材ともいわれているが，木材に比べた特徴は，

① 吸水率が小さいので強度低下が少ない
② 耐食性能
③ 断熱性能
④ 電気絶縁性能

などである．土木材料としての用途は，これまでひのきなどが用いられていた下水処理槽のスラッジコレクター・覆蓋・防潮門扉・地下鉄第 3 軌条の保護板などの適用がみられる．

表 7.17　各種材料の熱伝導率

材　料	熱伝導率 $[W/(m \cdot K)]$
FFU	0.057
FRP	0.26
硬質塩化ビニル	0.15
ポリスチレン	0.14
硬質ウレタン発泡体	0.02
ポリスチレン発泡体	0.037
フェノール発泡体	0.037
アルミニウム	233
鉄	48.4
コンクリート	0.84
すぎ	0.13
ひのき	0.095
べいまつ	0.14
コルク	0.047

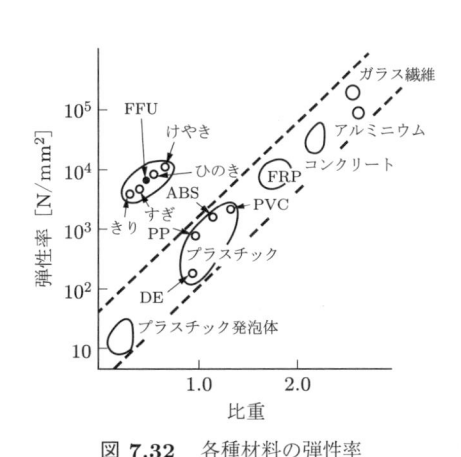

図 7.32　各種材料の弾性率

（3）ポリマーセメントモルタルの適用　ポリマーセメントモルタル (PCM) は，最近，塩害などで破損の進んでいるコンクリート構造物の表面改修材料としての適用が多いが，次のような特徴が評価されている．

① 躯体との接着強度が良好
② モルタルポンプ吹付けなどの機械化施工の適用が容易であり施工スピードが速い

③ 被覆層を薄塗りにしても性能が良い
④ 透水性が小さく保護性能が得られる
⑤ セメントを結合材に併用するので比較的コストが安い

図 7.33 は築後の経年変化でブロック目地の劣化しているれんがブロック鉄道ずい道の内面被覆補強工への適用事例である．

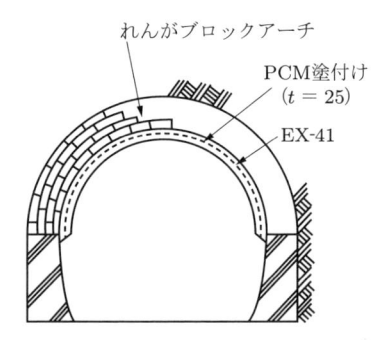

図 7.33 PCM によるれんがブロック内面被覆補強工

(4) レジンモルタルの適用　レジンモルタル (REM) は，カラー舗装・鋼床版舗装・床面舗装・シールドセグメントの継手充てんなどの現場施工の用途に用いる．レジンとしては，エポキシ樹脂系の適用が多くみられ，FRPM 管のように工場生産で成形されるものには，不飽和ポリエステル樹脂の適用例が多く，電線ケーブルダクトプレート・地中線支持ポール・地中線防護材．耐酸槽など，多くの適用がみられる．

演習問題

7.1 合成高分子材料の建設材料としての特質を，鋼・コンクリートなどの従来のものと対比せよ．
7.2 合成高分子材料を利用形態によって分類・例示せよ．
7.3 接着剤の土木工事における用途について述べよ．
7.4 複合材料の土木工事における用途について述べよ．
7.5 液状で利用される合成高分子材料の土木工事における用途，役割を述べよ．
7.6 ERP についての特質，概要を述べよ．

第8章　木材・石材・粘土製品

8.1　木　材

8.1.1　概　説

　木材 (timber) は入手，加工，材片の集結が容易なこと，軽い割に強いこと，温度による伸縮が少ないことなどから，建設用材料として広く用いられてきた．最近は鉄鋼・コンクリートなど，木材よりも耐久性・耐火性の優れた材料の発達・普及に伴い，木材の工事用材料としての利用面は減少しているが，身近な材料としてその特性を知っておく必要がある．

　工事用材料として用いられる木材は**針葉樹** (needle-leaved tree) と**広葉樹** (broad-leaved tree) に分けられる．針葉樹は常緑樹で軟質のものが多いので**軟材** (soft wood) ともいわれ，これに対して広葉樹は落葉樹で硬いものが多く，**硬材** (hard wood) ともいわれる．工事用材料としては軟材が多く用いられる．表 8.1 に国産の土木工事用木材を示す．この他に輸入材として北アメリカ産のべいまつ・べいひ・べいつがなどがあり，また熱帯産のターペンタイン・チーク・マングローブ・ユーカリプタス・グリーンハート・ラワン・タンギール・アピトンなどが用いられる．

表 8.1　国産の土木工事用木材

軟　材		硬　材	
材　名	用　途	材　名	用　途
あかまつ	橋げた・基礎杭・まくら木・支保工・土止め工・型わく	く　り	まくら木・支柱材・土工用材・家具・器具
くろまつ	橋げた・橋脚・基礎杭・まくら木・支保工・土止め工	けやき	橋げた・車両・建築・機械器具・船舶
ひのき	橋げた・橋板・橋脚・まくら木・支保工	みずなら	まくら木・建築・装飾・家具・車両・おけ・たる
ひ　ば	橋脚・基礎杭・支保工・まくら木・電柱	しおじ	まくら木・建築・装飾・家具・器具
す　ぎ	足場材・橋げた・橋板・電柱	ぶ　な	まくら木・洋家具・曲木細工・船舶
からまつ	基礎杭・支保工・橋脚・橋げた・橋板・まくら木	あかがし	つち頭・くさび・工具の柄・かんな台・車両・器具

8.1.2 木材の構造・組織および成分

(1) 構造と組織 針葉樹や広葉樹の幹の横断面は，図 8.1 のように最外部に樹皮があり，その内側に**形成層**といわれる粘質の組織がある．この層の母細胞が分裂して新しい木質が内側に形成されるいわゆる**木質化作用**により，幹は次第に外方に大きくなっていく．この木質化作用は，わが国のように四季の気温変化が規則的な地域では，春が最も活発で，冬はほとんど停止し，夏・秋はその中間となる．そのため，春にできた木質の細胞は大きく組織は粗大で軟らかく，夏・秋にできたものは細胞は小さく組織はち密で強じんであり，前者を**春材** (spring wood) または**早材**，後者を**秋材** (autumn wood：夏材，summer wood) または**晩材**といい，両者の交互の生成が**年輪** (annual ring) を形成する．

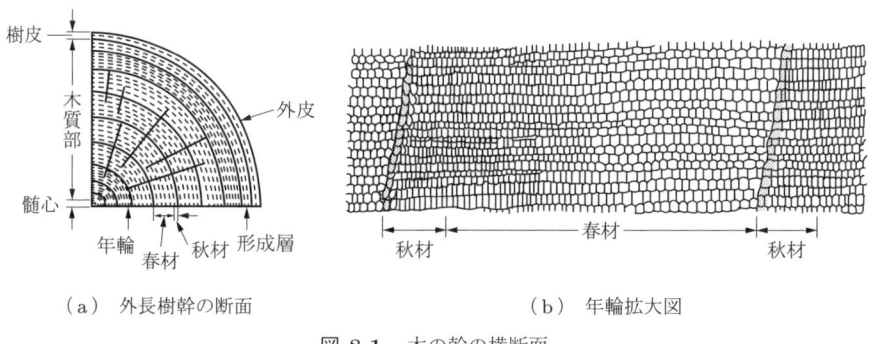

図 8.1 木の幹の横断面
(a) 外長樹幹の断面　　(b) 年輪拡大図

以上のような幹・枝の肥大型生長 (2 次生長) と同時に，軸方向にも生長 (1 次生長) する．

形成層の内部を満たしている木質部をみると，多くの木材では外側に近い部分は明るい色で，中心部分は比較的暗色である．前者を**辺材** (sap wood)，または白太材，後者を**心材** (heart wood) または赤味材と呼ぶ．一般に，辺材のほうが樹液を多く含み，強さも耐久力も心材に劣る．辺材と心材の区別ははっきりしないものもあるが，老木ほど辺材部分が少ない．

樹心(髄心)は樹幹の中心にあり，軟らかく，幼樹のときの樹液の伝達に役立つ．

(2) 木質の成分 木質の乾燥質量の約 60%がセルロースで，残りの大部分がリグニン (20～28%) である．セルロースは細胞膜を構成し，リグニンは細胞相互間の接着剤の役目をし，適当な溶剤でリグニンを溶かし，細胞を分離することができる (製紙過程)．その他に有機物質 (渋・樹脂・色素・糖分・澱粉・ゴム) と鉱物質 (けい酸カルシウム・炭酸カルシウム) などが木材組織の中に蓄えられていて，芳香・色を発生する．

8.1.3 木材の物理的性質

(1) 比 重 木材の真比重は 1.479 (ぶな)～1.564 (べいまつ) の間にあり，実用上は樹種にかかわらず 1.54 程度と考えてよい．一方，見掛けの比重は細胞内の空隙の多少，含水量，鉱物質，有機物質の量によって異なるが，とくに含水量により左右され，次のように分類される．

① 生木の比重：生木または伐採直後のもの (含水量 30～60%)
② 気乾比重：気乾状態 (空気中の湿度と平衡するまで乾燥した状態) での比重 (含水量 12～18%)
③ 全乾比重 (絶対乾燥比重)：全乾状態 (水分を完全に排除した状態) での比重
④ 飽水比重：飽和するまで水を含ませた状態での比重

全乾比重は気乾比重に対して針葉樹で約 92%，広葉樹で約 93% である．木材の比重は，普通気乾比重で表す．表 8.2 に主な木材の気乾比重を示す．

表 8.2 主な木材の気乾比重

気乾比重	針葉樹	広葉樹
0.8～		しらかし・あかがし・こなら・かしわ・くぬぎ・もちのき・うめ・うらじろがし・びわ・つげ・こくたん
0.7～0.8		みずなら・とねりこ・けやき・さかき・おおなら・ぶな・チーク・マホガニ
0.6～0.7	つが・くろまつ・からまつ	かえで・しらかば・くり・やまざくら・えのき・いちょう・さくら
0.5～0.6	かや・ひば・ひのき・あかまつ・べいひ・べいつが	すずかけのき・みずき・しい・とちのき・くるみ・はんのき・ねむのき・せんだん・うるし・ぬるで・あおぎり・あすなろ・かつら
0.4～0.5	えぞまつ・とどまつ・もみ・すぎ・たいわんひのき・たいわんすぎ・べいまつ・べいすぎ	くすのき・ほほのき
～0.4	さわら	きり・さわぐるみ

(2) 含水率 生木に含まれる水分はいわゆる樹液で，水以外に根から吸収した鉱物質，木材中で生成される有機物質を含む．この水分は細胞の内部および隙間に含まれる自由水または遊離水 (free water) と，細胞壁に浸潤している水分すなわち細胞水 (cell water) または吸収水 (absorbed water) に分けられる．木材が乾燥する場合は，まず自由水が蒸発し，その後で細胞水が蒸発する．この限界での含水率を繊維飽和点 (fiber saturation point, FSP) と呼ぶ．そのときの含水率は，絶対乾燥質量の 25～35% である．FSP は木材の強さ，膨張収縮，耐久力，熱および電気の伝導などの性質に大きく影響する．

(3) 膨張・収縮　木材は含水率の増減に伴って膨張・収縮するが，含水率がFSP以上では体積変化は生じない．水分の減少に伴う木材の収縮は，FSP以下の含水率で著しい．その際，繊維配列の関係上，収縮量は接線方向 (板目材) に最大で，半径方向 (正目材) がこれに次ぎ，縦の方向 (縦目) が最も小さい (表8.3)．

表 8.3　主要樹種の生木より全乾状態までの収縮率 [%]

樹　種	縦目方向	正目方向	板目方向
すぎ	0.2	2.3	5.7
ひのき	–	3.7	6.2
ひば	–	3.4	8.4
あかまつ	0.1	4.6	7.8
なら	0.4	3.9	7.6
かば	0.2	3.9	9.3
ぶな	0.2	5.2	7.6
けやき	–	3.2	5.7

　木材の収縮は，上記のような方向による収縮率の違い，各部分の乾燥程度の差，木質の密度の不均一などによって一様ではないため，木材の断面に不規則なひずみや乾き割れを生じる (図8.2)．

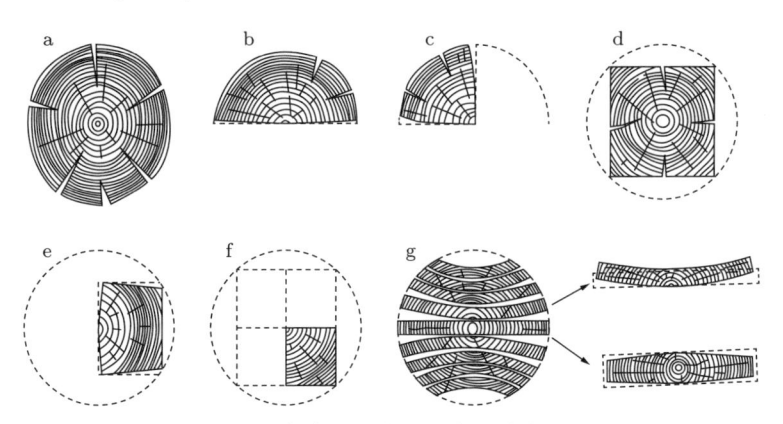

図 8.2　各種木材の収縮ひずみと乾き割れ

(4) 熱的・電気的性質　主要なものを列挙すると次のようになる．
① 温度による木材の伸縮は非等方性で，繊維直角方向に非常に大で鋼のそれを上回り，繊維方向には非常に小さい．
② 熱伝導率は石材・金属などに比べるときわめて小さいが，含水率を増すと高くなる．
③ 引火点 (flash point) は樹種によっていくらか差があり，だいたい 240〜270°C で

あるが，密度の大きいものほど高い．また，450°C 以上になると自然発火する．
④ 木材の電気抵抗は含水率・密度が増加すると低下する．すなわち，全乾状態での比抵抗 10^{17}〜10^{18} Ω·cm が，FSP に近い状態のとき室温で 10^4〜10^5 Ω·cm に低下する．また，電気抵抗は繊維方向に低く，それと直角方向に高い．

8.1.4 木材の力学的性質

木材の力学的性質は，樹種・産地・立地 (生長時の状態) により異なり，同一樹木内でも，採取位置 (比重・年輪・密度・秋材率) および含水率により，また同一採取位置についても，温度・加力方向・加力方法・試験片形状寸法によって異なる．この他，節・乾き割れ・ねじれなどの欠点の有無も影響をもつ．

(1) 含水率と力学的性質 含水率と圧縮強さとの関係は，図 8.3 に例示したように FSP 以上においては強さは一定であるが，FSP 以下においては含水率の減少とともに強さは増大し，じん性は減少する．このような含水率の影響は一般に圧縮の場合に最大である．

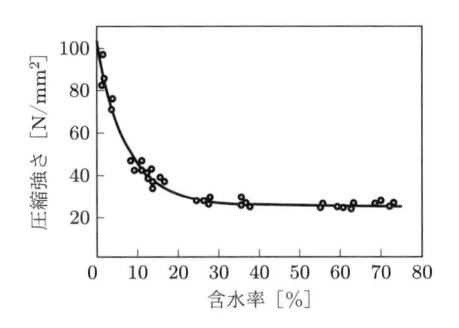

図 8.3 含水率と圧縮強さの関係 (からふとからまつ：FSP=25.8%)

(2) 比重と力学的性質 木材を構成する木質は，材種に関係なくほぼ一定していることから，材種による強さの差は，木質の粗密，すなわち比重 γ の大小によると考えられ，各種の強さやヤング係数 X を γ で表す関係式が，

$$X = \alpha \gamma^\beta \quad (\alpha, \beta：定数) \tag{8.1}$$

の形で提唱されている．たとえば，繊維に平行な圧縮強さ $\sigma_{c/\!/}$ [N/mm^2] は，気乾状態の国産材について式 (8.2) のようになる．

$$\sigma_{c/\!/} = 70\gamma^{1.00} \tag{8.2}$$

(3) 加力方向と力学的性質 繊維方向と加力方向の関係により，木材の強さや弾性は著しい差異を生じる．図 8.4 は圧縮強さについてその関係を示したもので，繊維

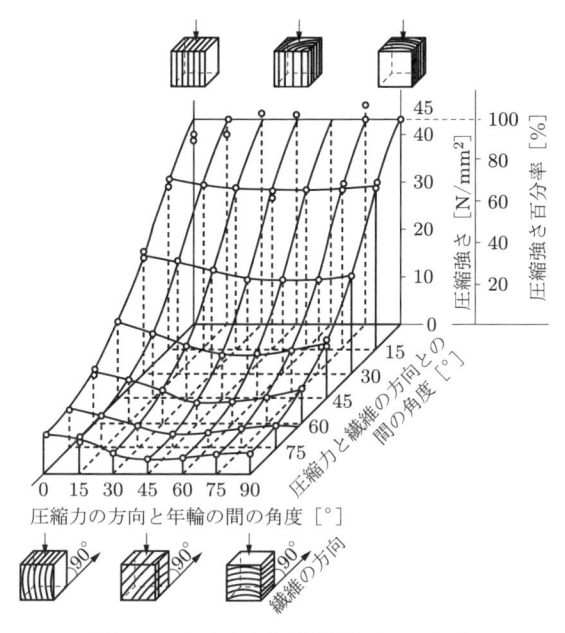

図 8.4 加力方向と圧縮強さ (べいまつ)

方向に加力した場合に最大, 直角方向に加力した場合に最小となる (直交異方性). せん断強さの場合にはこれと逆の傾向となる.

(4) 樹種と力学的性質　　表 8.4 は主要木材の各種力学的性質を示したもので, 繊維に平行に加力した場合の圧縮強さに対し, 引張強さは 200〜300%, 曲げ強さ 150〜200%, せん断強さ 16 (針葉樹)〜19% (広葉樹) が大略の見当を与える.

(5) その他の力学的性質

● **繊維に垂直の局部圧縮強さ**　　鉄道まくら木のように局部的圧縮荷重を受けるときの圧縮強さは, 普通の横荷重に対する圧縮強さよりもはるかに大きい. その比はたとえば, まつでは 1.4〜1.8 (平均 1.6) である.

● **クリープ**　　木材のクリープは, 金属材料の場合に比べて影響因子が非常に多いが, 実用上は数箇月間の長期載荷試験で変形がほとんど進行しないときの応力度をクリープ限度とする. 通常, 圧縮に対しては圧縮強さの約 50%, 引張に対しては約 60%, 曲げに対しては約 40% とみられる.

8.1.5　木材の耐久性

(1) 概　説　　木材の耐久性を減少させる原因には,
① 使用による摩耗

表 8.4　主要木材の力学的性質 (含水率 15%) [土木工学ハンドブック]

樹種		気乾質量 [g/cm³]	曲げに基づく弾性係数 $E_{/\!/}$ [10^2 N/mm²]	強さ [N/mm²]				繊維飽和点 [%]
				圧縮 $\sigma_{c/\!/}$	引張 $\sigma_{t/\!/}$	曲げ $\sigma_{b/\!/}$	せん断 $\tau_{b/\!/}$	
針葉樹	えぞまつ	0.36〜0.45	65〜110	28〜45	85〜160	38〜80	4.5〜9.5	28.9
	からまつ	0.41〜0.62	60〜105	30〜61	32.5〜64	32〜82.5	3.0〜11	25.8
	すぎ	0.33〜0.41	50〜100	26〜41.5	51.5〜75	30〜75	4〜8.5	24.0
	もみ	0.36〜0.59	50〜120	28.5〜55	70〜142	55〜95	4.5〜9	29.2
	ひば	0.37〜0.52	75〜115	35〜42.5	55〜103	37〜85	5〜9	25.0
	べいひ	0.51	126	38	–	77	8.6	–
	あかまつ	0.43〜0.65	75〜135	37〜53	84〜186	360〜118	5〜12	27.4
	つが	0.47〜0.60	65〜120	42〜69	70〜140	45〜105	55〜100	26.0
	ひのき	0.34〜0.47	55〜115	30〜40	85〜150	51〜85	60〜115	24.6
広葉樹	くり	0.55〜0.60	56〜115	44	30〜50.5	48.5〜57.5	7.5〜9	
	こなら	0.68〜0.85	90〜100	49〜59.5	74〜81.5	66〜91	6〜9.5	
	みずなら	0.65〜0.88	70〜115	35.5〜55	70〜146.5	72.5〜129.5	9.5〜12.5	
	ぶな	0.53〜0.76	65〜100	38〜52	10.5〜102.5	81.5〜101.5	8〜16	27.8
	けやき	0.50〜0.86	72〜125	48.5〜61	54〜140.5	81.5〜118.5	8.5〜21	
	あかがし	0.80〜1.00	115〜160	79.5〜86.5	55.5〜92.5	81.5〜153.5	8.5〜14.5	
	しらがし	0.74〜0.95	80〜155	66.5〜74.5	54〜70.5	80〜169.5	8.8〜19	

② 風雨または日光・紫外線・空気などにさらされるときの風化

③ 菌およびバクテリアによる腐食

④ 昆虫または海虫による食害

⑤ 火災

などがあげられる．これらのうち，③〜⑤は木材に固有の大きい欠点であり，これらに対して多くの防御方法が考案されている．

(2) 防腐法　木材の腐食は菌類によるものが主で，菌類のうち糸状菌が最も関係深く，菌糸の分秘するエンチームによって木質が溶解し，養分として摂取されて木材が腐る．菌類は木材の含水率 20% 以上の場合，適量の空気と適当な温度 (20〜40°C) と湿度 (90% 以上) ならびに養分などの条件のもとで最も発育が盛んになる．地下水位以下に打ち込まれた基礎杭や，水中に完全に浸漬された木材が腐朽しないのは，前記の条件の一つが欠けたために，菌類が発育しない場合の好例である．

防腐処理は，養分を菌類にとって不適当なものにするためのもので，防腐剤を木材表面に塗布する方法と，木材中に注入する方法とがある．注入法には，防腐剤溶液中に木材を浸漬する常圧注入法と，圧力缶内に木材を入れて高圧 (7〜12 気圧) 下で防腐剤を注入する加圧注入法とがある．用いられる防腐剤は主としてクレオソート油で

ある.ただし,油を溶剤とするので防火面を重視する炭坑内の坑木などでは P.C.P. (ペンタクロルフェノール, C_6Cl_5OH) のナトリウム塩を用いる.防腐剤としてはこの他に,タール類が広く用いられる.

表面処理法の他の一つとして,表面炭化法がある.この方法は木材の表面を厚さ 3～10 mm ぐらい焼いて炭化させる方法で,安価・簡便であるが,効果の永続性に乏しい.

(3) 防虫法　木材を侵す害虫のうちで最も害の大きいのは,しろありである.しろありの種類は非常に多いが,わが国において最も害を及ぼすのはやまとしろありといえしろありである.前者は,わが国全土に分布するが,集団も小規模でその害も少なく,建物の下部に限られる.一方のいえしろありは関東以西の暖地に分布し,繁殖も著しく,その害はやまとしろありよりはるかに大きい.

しろありの被害は樹種によって異なり,強烈な香気と味をもち,かつ硬度の大なもの,あるいはしろありの栄養をあまり含まないものは食害を受けにくく,ひのき・けやき・くすなどは被害を受けることは割合少ないが,まつ類は被害を受けやすい.一般に,しろありの害は湿潤の木材に多いので,建物の通風乾燥に留意することが必要である.また,クレオソート注入は最も効果的である.

海中で使用する木材は,海虫の侵食を受けることが多い.これらの海虫のうちで最も大きい害を与えるものはキシロテリア,テレド・ナバリスなどの軟体動物で,海中で卵からふ化した幼虫は海中の木材に付着,いわゆる海虫の形に変化して木材中に侵入し,穴をあける.これらは俗にふなくいむしと呼ばれ,それらの被害防止法としては,木材表面を金属材料・陶管・コンクリートなどで被覆する方法が効果的である.あるいは,適当な防虫剤を注入する方法もある.

(4) 防火法　耐火性を増すための処理法には,表面処理法と防火剤注入法がある.表面処理法は,木材の表面を不燃焼性材料で被覆するもので,火災初期における燃焼を防ぐとともに,可燃性分解ガスの発散を防ぐ.すなわち,耐火ペイント・けい酸ソーダ (水ガラス)・ほう砂などの塗布,金属板・モルタルなどの被覆を行う.

防火剤注入法は,不燃性の防火剤を注入するもので,薬剤としてはほう酸・塩化アンモニウム・りん酸アンモニウム・硫酸アンモニウム・炭酸ソーダなどがある.防火剤のはたらきは,可燃性ガスの発生を抑え,不燃性ガスの発生を促し,発炎性を抑え,引火点を高くして引火を困難にするものである.

8.1.6　製　材

(1) 伐採・搬材・貯木　立木の伐採の時期は,樹木の成長が休止する厳冬,または活躍が鈍い盛夏に行われる.生育の盛んな春季の伐採は,樹液中の多量の有機物が

菌の被害を受けやすく好ましくない．伐採にあたっては樹齢も考慮する必要がある．一般に，若木は密度も強度も小さく，また老木は材質がもろいので，事情の許す限り樹木の成熟している壮年期に伐採すべきである．表 8.5 は，代表的樹種の最適の伐採樹齢を示したものである．

表 8.5 最適伐採樹齢

材 種	さわら	ひのき からまつ ひば	すぎ まき	まつ	つ が	く り	しおじ	けやき
樹 齢 [年]	60～100	100	70～120	80～150	100～200	40～80	100～150	150

伐採後の木材は枝の切落しを行い，製材所または貯木場への搬材に適する大きさの丸太材またはそま角材に仕上げる．搬材方法は製材所までの距離，地理的条件などにより適当な方法を選ぶ．まず，伐木地から運材機関の近くに集材し，陸上運搬または水上運搬 (いかだ流し・舟など) によって製材所へ搬出する．

貯木方法には，陸上運搬の場合は陸上貯木，水上運搬の場合は河口・湖沼・港湾などの水面の一部を利用する水中貯木とがある．後者の場合には，樹液が水と入れ代わり，乾燥を早める利点がある．

(2) 製材と規格　　製材または木取りとは，丸太材を切断して所要の角材や板材にする工程で，その際ののこ引きの方向によって**木口** (header, end grain, cross cut)・**板目** (flat grain, tangential section, slash cut)・**正目** (edge grain, radial section, rift cut) に分けられる (図 8.5 参照)．正目板は外観がよく，収縮が一様で狂いが少ないなどの長所がある．

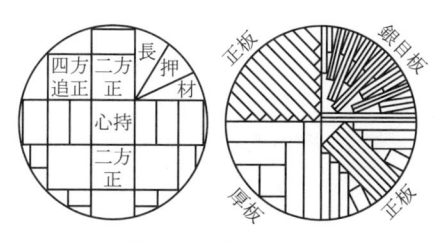

図 8.5 木取りの例

木材の品質・各称・寸法などは，日本農林規格 (昭和 36 年 1 月 10 日制定実施) によって統一されている．用材には素材と製材があり，素材はさらに丸太とそま角とに分けられている．また，製材は厚さ・幅・形状などにより板類 (厚さ 8 cm 未満，幅 ≦ 3× 厚さ)，ひき割り類 (厚さ 8 cm 未満，幅 < 3× 厚さ)，ならびにひき角類 (厚さ・幅ともに 8 cm 以上) に分けられる．

(3) 乾　燥　　製材された木材は，使用の前に乾燥 (seasoning) を行う．乾燥の目的は，
① 菌類による腐食と虫害の防止
② 収縮・乾き割れ・狂いの防止
③ 強度の増進
④ 質量軽減とそれによる搬材費の節減
⑤ 防腐剤などの薬剤注入を容易にすること
などである．
　木材乾燥法を乾燥促進の有無によって分類すると次のようになる．

● **自然乾燥法**
● **空気乾燥法**　　屋外に木材を積み，気乾状態になるまで乾燥させる．この方法は簡単で，経費も少なくてすみ，一般的であるが乾燥期間が長く，乾燥し得る含水率に限度があるため，用途によっては乾燥不足となる．また，上屋設備の不十分によって雨露にさらされ変色したり，腐朽菌が発生したりする欠点がある．

● **浸水法**　　乾燥前の予備処理として木材を水中に 3～4 週間浸漬して，樹液を水中に溶出させるもので，その結果として空気乾燥の時間が短縮される．材質がもろくなり強さが低下するが，収縮による狂いが少なくなる．

● **人工乾燥法**　　この方法一般にいえることは，短期間で乾燥でき，乾燥室内の温度と湿度の調節によって割れを防止でき，所要の含水率にすることができるなどの利点はあるが，設備費が高くつく．主な方法として次のようなものがある．

● **熱気乾燥法**　　密閉した室内に加熱した空気を送り，乾燥を促進させる方法であるが，乾燥が急激であるので，表面硬化・反り・ひずみ・乾き割れ・変色などの損傷を生じないように注意する必要がある．

● **蒸気乾燥法**　　熱気に代えて蒸気で乾燥し，乾燥につれて湿度を減らしていく方法で，現在広く用いられている．湿度の調節は，蒸気の噴射で行う．熱気法における急激な乾燥に伴う不都合な点を補う方法で，操作・設備は比較的簡単で，殺菌効果を期待でき，防腐剤注入にも便利である．

● **高周波乾燥法**　　高周波誘電加熱を応用したもので，FSP 以下においても木材を内部から均等に加熱することができる．その際，中心部の蒸気圧が高く，外周部との蒸気圧差によって，きわめて急速に水分を蒸発させることができ，しかも調節可能である．乾燥費が高くつくため，現在の適用対象は限定されている．

● **その他**　　乾燥予備処理法としての煮沸法は，前記の浸水法の促進法である．その他の乾燥法としては，熱気の代わりに，わら・のこくずなどをたいた煙を利用するく

ん煙法，高圧電流を直接木材に流す電気乾燥法，シリンダー内に木材を密閉し蒸気加熱によって高温低圧で迅速に乾燥する真空乾燥法などがある．

8.1.7 木材の欠点

節・入皮・瘤・割れ・腐朽など，使用上支障となったり，品等を低下させる異常組織を総称して欠点という．欠点のうち主なものを次に掲げる．

● 節　　枝を形成していた組織が，樹幹中に巻き込まれて生じるもので，生節(生長中の枝のあとで，枝の組織と樹幹の組織とが緊密に結合している)・死節(枯れた枝のあとで，枝と樹幹との組織間には連絡がない)・抜節(周囲の木質と肌離れして離脱するもの)・腐節(節が腐朽しているもの) などがある．

● 入　皮　　入皮 (bark pocket) は猿喰ともいい，樹皮の損傷が原因で，樹皮の一部が樹幹中に包み込まれた部分をいう．

● あ　て　　異常に発達した幅の広い秋材をもつ木材の部分を陽疾 (compression wood) という．あて材は正常材に比べて比重が大きく，工作が困難で，柱，板の狂い，反りが激しい．

● 瘤　　バクテリアのために，年輪円柱面の一部がこぶ状に隆起した部分をいう．

● ねじれ　　なわ目ともいい，木材の繊維がなわの目のようにねじれたものをいう．

● やにつぼ　　組織の一部分に生じた樹脂の固まりを脂壺という．

● やにすじ　　組織の一部分に樹脂が線状にたまったものを脂条という．

● 胴打ち　　伐採・搬木のときに受ける打ち傷をいう．

● 割　れ　　立木のときに生じるものと，伐木後に生じるものがある．前者には年輪円柱面に沿って生じる目回と，半径方向に生じる心材星割れがあり，後者には辺材星割れがある(図 8.6 参照)．辺材星割れは，伐木後の急激な乾燥などが原因で，これが木口より生じる場合を木口割れという．

心材星割れ　　目回　　辺材星割れ

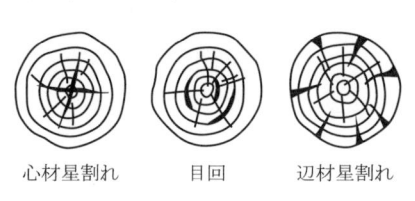

図 8.6　割れの種類

● 揉　め　　立木が強風あるいは積雪により曲げられて，圧縮側組織が塑性破損したまま成長したときの，樹幹中の圧縮破損のきずを揉め (compression failure) という．

● 腐　朽　　種々のバクテリアによる変質をいう．

● **虫　害**　種々の昆虫類による食害をいう．

8.1.8　木材の加工品
(1) 合　板　合板 (plywood) とは木材を切削した薄板 (単板, veneer) を，それぞれの繊維方向が互いに直角になるように，接着剤で圧縮接着した板の総称である．単板はその製造方法によって，次の3種類に分けられる (図 8.7 参照).

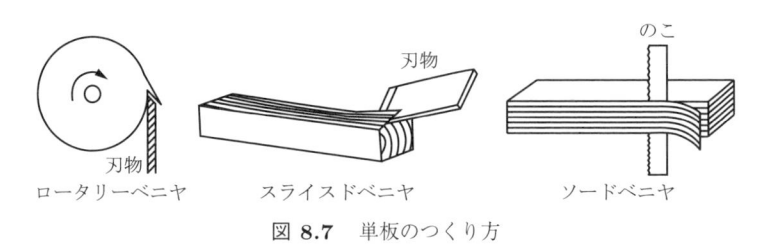

図 8.7　単板のつくり方

● **ロータリーベニヤ**　ロータリーベニヤ (rotary veneer) は，蒸気で加熱軟化させた丸太材を年輪に沿って連続的に薄くはいだもので，木理はすべて板目となる．最も一般的である．

● **スライスドベニヤ**　スライスドベニヤ (sliced veneer) は，蒸気で加熱軟化させた二つ割り・四つ割りの丸太材を薄く切ったもので，板厚が 1 mm 程度，正目が得られる．

● **ソードベニヤ**　ソードベニヤ (sawed veneer) は，角材を薄い帯のこでひいたもので，美しい木目が得られ，高級な合板に使われるが，ひきくずが多く不経済である．

　合板の強さは単板の樹種による他，接着剤の種類，ならびに製造時の加熱・加圧などの処理方法に左右される．従来は接着剤の耐水性に問題があったが，最近は合成樹脂系の接着剤の使用により，合板の耐久性には著しい向上がみられる．

　合板の特徴は，
① 同一原料から多数の正目板・木目板などが製造でき，外観の美しい板を安価に得られること
② 膨張・収縮などによる狂いがなく，直交異方性がないこと
③ 幅の広い板が得られること

などである．

(2) その他　合板の他に，繊維板・積層材・強化積層材などの建築用材がある．

8.2 石 材

8.2.1 概 説

石と岩石とは同義語に使われるが，岩石という場合には，地質学的な産出状態を含んだ意味でも使われる．個々の岩体または岩片については，大きいものを岩，小さいものを石と呼んでいる．

石材とは，工事用材料として使用される加工した岩石，または天然の岩あるいは石を総称したものである．石材は不燃性で，耐久性・耐摩耗性に富み，圧縮強さが大きいなどの特性から，天然の材料として木材とともに建設工事だけでなく，装飾用にも広く使用されてきた．しかしながら，コンクリートの発明以来，石材の用途の大半はコンクリートに置き換えられ，現在での主な用途は装飾材である．

8.2.2 岩石の分類と組成

(1) 岩石の分類　　岩石を成因により分類すると，**火成岩** (igneous rock)，**堆積岩** (sedimentary rock)，および**変成岩** (metamorphic rock) に分けられる．また，圧縮強さにより分類すると，JIS A 5003 より表 8.6 のようになる．

表 8.6　物理的性質による石材の分類 [JIS A 5003]

種　類	圧縮強さ $[N/mm^2]$	参考値	
		吸水率 [%]	見掛け比重 $[g/cm^3]$
硬　石	50 以上	5 未満	約 2.7〜2.5
準硬石	50 未満 10 以上	5 以上 15 未満	約 2.5〜2
軟　石	10 未満	15 以上	約 2 未満

(2) 岩石の組成　　岩石は一般に数種類の鉱物で構成される．これらの鉱物を**造岩鉱物**と名づける．それらの中の主な造岩鉱物の物理・化学的性質を表 8.7 に示す．造岩鉱物の岩石内での結合状態は，岩石の種類によって異なる．岩石の組織は，肉眼的な構造と，顕微鏡的な石理に区別されるが，それぞれは岩石の種類によって特徴をもっている．

● **岩石の構造**　　岩石特有の天然の割れ目のことを**節理** (joint) といい，形態的に塊状・柱状・板状節理などに分けられる．また，堆積岩や変成岩などにみられる平行状の節理のことを**層理** (bedding stratification) という．さらに，変成岩にみられる方向が不規則な節理で，葉片状あるいは薄片に割れるものを**片理** (schistosity) という．

● **石　理**　　石理 (texture) は，造岩鉱物の集合状態によって生じる模様で，岩石組織上の割れ目である．火成岩の石理は結晶質と非晶質 (ガラス質) に分かれる．マグ

表 8.7 主な造岩鉱物の諸性質

鉱物名	色調	化学成分	比重	モース硬さ	性質
石英	無色透明	無水けい酸 SiO_2	2.65	7	酸に侵されにくく、風化に対する抵抗力がある.
長石(正長石・斜長石)	白〜紅色淡灰〜暗灰	Al, Ca, Na, K などのけい酸化合物	2.6〜2.7	6	最も多く含まれ、風化に対する抵抗力が小さい(斜長石はとくに小さい).
雲母(白雲母・黒雲母)	白・淡白〜黒	K, Al などのけい酸化合物、黒は Fe, Mg の化合物を含む	2.8〜2.9	2.5	うろこ状にへき開し(一定面でよく割れること). 黒雲母はとくに分解しやすい.
角閃石	黒	Fe, Al, Ca, Mg などのけい酸化合物	2.9〜3.6	5〜6	六角柱状の結晶
輝石	黒	同上	3.3〜3.6	5〜6	八角柱状の形状結晶、風化に対する抵抗力が大きい.
かんらん石	暗緑〜黄緑色	Fe, Mg のけい酸塩	3.4	7	短柱結晶、分解風化されやすい.

マグマが徐々に冷却すると花崗岩・石英斑岩のように完晶質(全部結晶質からなるもの)の岩石となり,急に冷却すると黒よう石のようにガラス質となったり,結晶とガラス質が混じった安山岩のような半晶質のものとなる.

結晶粒の大きさはマグマの冷却速度により変化するが,それが肉眼でみられる程度の大きさの場合は顕晶質,顕微鏡的の場合は微晶質といっている.また,結晶の平均粒の大きさが 5 mm 以上のものを粗粒,2〜5 mm のものを中粒,2 mm 以下のものを細粒と名づける.

また,岩石には節理やひび割れ以外に,一定の方向に割れやすい面をもつものがある.この面を石目 (rift) という.石目や節理は,採石や岩石の加工に利用される.

8.2.3 各種石材

(1) 火成岩 火成岩は地球内部のマグマが凝固したもので,深成岩,半深成岩および火山岩に分類される.

深成岩は,マグマが地下数 km の深所において徐々に冷却したもので,常に顕晶質で比較的粗粒である.多孔性あるいは流状構造になることはなく,またガラス質を含むことはない.**火山岩**は,マグマが地表あるいは海底に噴出して凝固したもので,急速な冷却によって生じたガラス状および微細結晶の集合体で,多孔質構造を示すことが多い.**半深成岩**は,両者の中間的な深さまでマグマが上昇し,岩盤の狭い割れ目に貫入して固結したもので,石質も両者の中間にある.さらに,これらの火成岩は無水

けい酸 SiO_2 の含有量の多少により，酸性岩 (70 質量%前後)，中性岩 (60%前後)，塩基性岩 (50%前後) に分けられる．

次に，土木構造用石材として代表的な火成岩を掲げる．

● 花崗岩　花崗岩 (granite) は，酸性深成岩で，俗にみかげ石といわれ，本州各地に産出する．主成分として石英・長石・雲母，または角閃石・輝石の 1 種または 2 種を含み，雲母以外の有色鉱物の含有状態によって，複雲母花崗岩・黒雲母花崗岩・白雲母花崗岩・角閃石花崗岩・輝石花崗岩などに分けられ，一方色調から白みかげ・黒みかげ・桃色みかげなどに区分される．また，結晶粒の大小によって，鬼みかげ・大みかげ・中みかげ・小みかげ・糠みかげなどに分けられる．

花崗岩の長所は，組織が均一で硬く，耐久性および強さが大で，割れ目が少なく大材を採取でき，外観も美しいなどであるが，耐火性が劣るのが最大の欠点である．

花崗岩の物理的性質は，含有鉱物の種類と量によってかなり相違し，石英の多いものは硬く，加工がしにくいが，長石の多いものは加工が容易であり，雲母の多いものは粉砕しやすい．

● 閃緑岩　閃緑岩 (diorite) は，中性深成岩で，主成分として多量の斜長石と少量の正長石，角閃石を含み，顕晶質等粒状構造である．濃緑黒色のものが普通である．有色鉱物によって輝石閃緑岩・雲母閃緑岩・石英閃緑岩などと呼ばれるが，石英閃緑岩は花崗岩に似ているため，俗に黒みかげといわれる．石目がなく硬いので，加工が困難である．

● 安山岩　安山岩 (andesite) は中性火山岩で，わが国の火山帯の大部分を占めるため，産出区域はきわめて広い．主成分は斜長石・輝石・角閃石・黒雲母などで，半晶質斑状構造をなす．一般に暗色のものが多い．含有鉱物によって輝石安山岩・角閃安山岩・石英安山岩などに区別されるが，輝石安山岩が最も多い．強さと耐久性が比較的大で耐火性にも富むが，組織および色調が一様でない欠点がある．節理が発達していて採石や加工は容易であるが，大材が得られにくい．

● 玄武岩　玄武岩 (basalt) は，塩基性火山岩で，主成分は斜長石および輝石であるが，かんらん石・角閃石・雲母などを含むことがある．ガラス質または完晶斑状構造で，4〜6 角形の柱状節理が発達しているのが特徴である．色調は暗緑色または黒色で，比重が大きい (表 8.8 参照)．正玄武岩 (斜長石・輝石)・かんらん玄武岩 (斜長石・輝石・かんらん石)・角閃雲母玄武岩 (斜長石・輝石・かんらん石・雲母) などに区別される．安山岩と同様に耐火性があるが，加工が困離なため，砕石として利用されることが多い．

(2) 堆積岩　既存の岩石が風・水・氷河などの物理的作用 (風化作用・浸食作用) によって破砕・分解されたものが，流水その他の原因で運搬されて沈殿し，堆積して

218　第8章　木材・石材・粘土製品

表 8.8　主要岩石の物理的・機械的性質

岩種	比重	線膨張係数 [10^{-5}/℃]	強さ [N/mm²] 圧縮	強さ [N/mm²] 曲げ	強さ [N/mm²] 引張	ヤング係数 [N/mm²]	ポアソン比	吸水率 [%]	すりへり減量 [%]	すりへり硬さ	じん性	結合力	空隙率 [%]
花崗岩	2.5～3.0	0.342～1.190	63.1～304.0	9.0～20.0	2.4～9.4	43000～61000	0.17～0.25	0.2～1.7	2.0～4.8	17.4～19.0	5～19		
閃緑岩	2.61～2.73	0.414～1.025	97.1～233.8					0.2～0.8	1.7～2.4	18.4～18.6	12～24	12～18	0.1～10.8
安山岩	2.58～2.75	0.414～1.025	56.5～233.8	6.7～17.9	2.9～10.0	23800～40400		0.49～4.72	1.5～5.8	1.52～18.8	10～51	11～340	0.1～10.8
玄武岩	2.71～3.10	0.360～0.900	46.7～271.6		4.0～8.0	96900		1.4～10.0	1.9～5.5	18.2～18.9	13～22	6～21	0.0～22.0
凝灰岩	1.98～2.43		8.6～37.2	2.31～6.03	0.88～3.52	23900～30500		8.20～19.8		17.3	15	25	
砂岩	2.05～2.67	0.665～1.170	26.6～238.0	5.4～9.4	2.5～2.9	17200～20800	0.091～0.333	0.7～13.8	1.1～12.0	17.3～19.4	15～47	15～49	1.6～26.4
粘板岩	2.65～2.81	0.630～0.882	42.5～164.0	50.2～79.5	25.5	87800～107100		0.19～1.3	5.12～8.9	11.0	11.5	84	0.0～3.6
片麻岩	2.7	0.234～0.792	92.2～210.0					0.1～0.8	9	18.5	8		0.3～2.2
片岩	2.77～2.98					11600～104800		0.5～2.0	7.3～12.0	17.5	11	14	
大理石	2.58～2.74	0.685～0.919	94.0～231.5	3.2～30.6	3.8～10.7	28500～84000	0.222～0.345	0.1～2.5		14.0	5	25	0.3～2.0

生成された岩石である．堆積岩の中には，火山噴出物が大気中，あるいは水中で堆積してできた火山性のものや，水に溶解していたけい酸や酸化カルシウムなどが沈殿堆積してできた化学性のもの，およびさんご・貝類・けい藻などの動植物の遺骸が沈殿して凝固した石灰岩やけい藻土も含まれる．水中で堆積して生成したものを水成岩，陸上で風の作用で堆積したものを風成岩ともいう．

堆積岩は成因上層理を現し，地殻の変動により層理は傾斜またはしゅう曲を生じる．水成岩にはしばしば断層が現れる．水成岩の特徴は，ときには種々の化石を含むことである．

● **凝灰石**　　凝灰石 (tuff) には，火山灰，または火山砂などが凝結したものと，さらに岩石の砕けた屑が混じって凝結したものがある．厚い層をなして産出し，産量も豊富で，採取容易である．一般に，灰色または淡緑色である．組織の粗密によって凝灰岩 (灰と細砂)・砂質凝灰岩 (火山灰，砂，れき，20％以上砂質)・角れき凝灰岩 (さらに粗い軽石や安山岩片を含む) に区分される．

一般に，岩質は軟らかく多孔質で吸水率大 (表 8.8 参照) であるため，凍害を受けやすいが耐火性に富む．強さは大きくないが，質量が小さく加工性が良いので土木用石材としての利用度は高い．

大谷石(栃木県産, 青白色)・笏谷石(福井県産, 淡緑または淡褐色) などが有名である.

● 砂岩　　砂岩 (sand stone) は, 岩石の崩壊で生じた砂・砂利が水中に沈殿堆積し, 粘土や炭素物質などの膠結材によって硬化生成したもので, 膠結材の種類によりけい酸質・石灰質・粘土質・鉄質砂岩などに区分される. また, 砂粒の種類によって石英質砂岩・花崗岩質砂岩などの区分もある.

けい酸質砂岩は組織がち密で硬質・耐久性もある. 石灰質砂岩は質は軟らかく加工性はよいが, 吸水率大で風化しやすい. 粘土質砂岩も同様である. 鉄質砂岩は鉄分の酸化の程度により黒色・黄褐色・赤色の差があり, 一般に耐久性が劣る.

● 頁岩　　頁岩 (shale) は, 粘土が不完全に凝固したもので, 板状組織をしており, 薄い層にはげやすい. 質は軟らかく, 色調も黒色・赤褐色, ときに緑色と一定していない. 工事用材料としてはセメント製造原料としての需要が多い. また, 膨張性頁岩は人工軽量骨材の原料ともなる.

● 粘板岩　　粘板岩 (clay slate) は, 粘土質頁岩がさらに地圧を受けて硬化したもので, 頁岩と同様に板状組織を示し, 薄くはく離する. 成分も頁岩と同様であるが, 石質は頁岩よりもち密で硬く, 吸水性も少ない. 色調は黒色または灰色で, ときには灰褐色のものもある. 主として屋根ぶき材・石盤・石碑・硯石などに用いられる.

● 石灰岩　　石灰岩 (lime stone) は, 石灰物質が沈殿凝固したもので, 動植物の遺体が堆積したものが多い. 主成分は炭酸石灰 ($CaCO_3$；方解石) で, この他に石英・黄鉄鉱などを含む. 風化すると主成分である炭酸石灰は水に溶け, けい酸・粘土その他が残る. 色調は純粋なものは白色で, 副成分によって灰色・黒色となる. 岩質は軟らかく, 加工性に富み, 耐火性が大で, 大材を容易に得られる.

石灰岩は用途が非常に広く, 砕石・石粉として石英・セメント・カーバイド・肥料などの原料, 製鉄の際の溶媒剤など, 各方面に多量に用いられる.

● けい藻土・チャート　　淡水または海水中の単細胞植物のけい藻の遺骸が, 微細な粉末状で得られるものがけい藻土 (diatom earth) で, 普通は地層内に土状の遊離状態で産出する. これに対して, 非常に固くち密な岩石として固結したものがチャート (chert) で, 風化にも強い.

けい藻土は主成分は可溶性けい酸 (SiO_2) で, 比重は小さく, 空隙は大きい. 色調は白色・灰色・淡褐色・淡黄色・淡青色など種々である. 熱の不良導体で耐火性が大きいので耐火れんがの材料に, また吸水性・ろ過性が大きいので, ニトログリセリンを吸収させてダイナマイトの製造に用いる. この他, 可溶性けい酸を多量に含むので, 遊離石灰と結合させる目的とセメント節約の目的で, セメント混和剤として用い

られる．

● 火山灰　　火山灰 (volcanic ash) は，凝固した火成岩の分解生成物と，火山より噴出された灰が沈殿堆積したものに分けられる．成分はけい酸・ばん土・酸化苦土などである．色調は新鮮なものは淡灰色であるが，空中にさらされると鉄分の酸化のため濃色となる．含まれている可溶性けい酸は潜在水硬性を示すので，セメント混和剤として用いられる．

(3) 変成岩　　既成の火成岩または堆積岩が，地殻変動および圧力・地熱の作用，あるいは化学的作用のために，地殻の内部で変質したものを変成岩という．高圧のもとで生成された変成岩は一般に結晶質で，造岩鉱物は岩石中に平行または帯状配列をなし，岩石は薄板状にはげやすい．結晶片岩，または単に片岩という総称はここからきている．

　変成岩の主要なものは次のとおりである．

● 片麻岩　　片麻岩 (gneiss) は，花崗岩，または閃緑岩と同一鉱物成分で，片状石理をしたものをいう．前記の成因による変成岩と，水成岩層中の下部の最古のものが変質したものがある．

　岩質は硬いが鉱物成分の分布は一様ではない．耐火性に乏しいことや色調が花崗岩に似ていることから，一般には花崗岩として取り扱われている．材質の均一性に欠けるため，重要工事材料には不適当で，石垣・敷石などに使用される．

● 片　岩　　片岩 (schist) は，水成岩層中の上部に属する最古のものが変質したものである．主成分は石英と長石で，他に各種の鉱物を含み，含有成分により雲母片岩・緑泥片岩・石墨片岩・紅れん片岩などに区分される．

　岩質はち密で硬く，層状が判然としていて，層理に沿ってはがれやすい．色調は青色が普通で，ときに赤色のものもある．

　層理と直角方向の加工がしにくいことから，重要工事材料にならず，石垣・敷石・碑石・庭石などに用いられる．

● 大理石　　大理石 (marble) は，変質によってできた結晶質石灰岩の総称で，地殻の中に層状に存在する．主成分は炭酸石灰 (方解石) である．色調は純粋なものは白色であるが，炭素質・酸化鉄・輝石・角閃石・緑泥石などの副成分により多種多様で，美しいしま模様を示す．

　強さはかなり大であるが，耐火性に乏しく，風化しやすいので，室内装飾材として用いられる．

8.2.4 岩石の性質

(1) 物理的性質

● **比　重**　一般に，石材の比重とは見掛けの比重のことで，火成岩または変成岩に属するものが大きくて，堆積岩に属するものが比較的小さく，また，年代の新しいものほど小さいのが普通である．表 8.8 に主な岩石の比重その他を示す．JIS A 5003 では，岩石の見掛け比重の測定法を，次のように示している．試験体は，供試石材の代表的な部分から $10 \times 10 \times 20$ cm の直方体 3 個を切り取り，105〜110°C の空気乾燥器で恒量となるまで乾燥し，取り出してデシケータに入れ冷却後質量 W [g] および正味体積 V [cm^3] を測り，見掛け比重 G を次式で計算する．

$$G = \frac{W}{V} \tag{8.3}$$

これに対して，真の比重 G_t は岩石を粉砕して比重びんによる方法で求めることができる．

● **空隙率**　岩石の全空隙と見掛けの体積との比を空隙率 (porosity) という．これを求めるには，空隙を満たす水の容量 $(W_w - W_0)$ と，直接測った供試片の体積 V を用い，次の式で求められる．すなわち，空隙率を P [%] とすると，

$$P = 100 \frac{W_w - W_0}{V} \tag{8.4}$$

ただし，厳密には $W_w - W_0$ を測定時の水の密度で割る必要がある．

　岩石の空隙率は，比重と同様に岩石の産状と密接な関係があり，高圧下で生成した深成岩などは空隙率が小さい (比重は大，表 8.8 参照)．

● **吸水率**　吸水した岩石の空隙に入っている水は，吸収されたものと吸着されたものがあるが，工学的には両者を一括して扱う．

　規定の温度で，規定の時間岩石を水に漬けたとき，吸水された水の容積と供試片の全容積の比を，その条件下での容積吸水率という．一方，質量吸水率は，吸水質量を供試片質量で割り，$100(W_w - W_0)/W_0$ として求められる．また，全空隙容積に対する空隙の水で満たされた部分の容積の割合を飽水度 (degree of saturation) と呼ぶ．花崗岩を 1 年間水に浸したときの飽水度は 44〜66% といわれる．JIS A 5003 では，吸水率の測定は見掛け比重測定後の試験体を用いる．

　吸水率の大きいものほど多孔性で，凍害を受けやすい．各種岩石の吸水率 (sorption) は表 8.8 のとおりである．

● **耐久性**　石材の風化に対する耐久性 (durability for weathering) は，岩石の組織，造岩鉱物，曝露条件，風土・気候などにより変化する．表 8.9 は，ニューヨーク

表 8.9　岩石の耐久性 (Julien)

石　材		耐久年
砂　岩	粗　粒	5～15
	細　粒	20～50
	硬　質	100～200
石灰石		20～40
大理石		60～100
花崗岩		75～200

において建造物の石材が，たい色あるいは分解によって最初の修理を必要とするまでの年数を例示したもので，これにより，岩種による耐久性の差をみることができる．

岩石の耐久性の判定は，たい色試験や，膨張係数，凍結試験，耐酸・耐アルカリ・耐火の各試験などの結果により，総合的に行う必要がある．

● **耐熱性**　岩石は熱の不良導体であるため，熱の不均一分布を生じやすく，そのための熱応力，造岩鉱物の膨張係数の相違などが原因で，加熱により岩石は破壊する．岩石の耐火試験は普通 25～75 mm の立方体供試体を 1200°C 程度まで加熱し，これを空気中か水中に投じて急冷させ，崩壊の程度をみて判断する．

(2) 機械的性質

● **強　さ**　表 8.8 からもわかるように，圧縮強さに比べて，引張・曲げ強さはきわめて低く，せん断強さも同様である．これらの強さは含水率によって影響され，多量の含水は (圧縮) 強さを低下させ，空隙率の高いほどその程度は大きい．また，供試体の大きさ，載荷条件 (荷重方向と石目の方向の関係など) でも左右される．

一般に，圧縮試験は円柱状か四角柱状の供試体について行う．石目の判明している石材では，荷重が石目に垂直と平行の各場合の試験を行う．その際，試験機加圧板との接触状態，加圧速度も強さに関係することに留意する必要がある．JIS A 5003 に吸水率測定後の試験体を用いて行う試験方法が示されている．

引張強さについては，それを利用することは石材ではあまりないため，試験例も少ない．

曲げ試験は一般に $5 \times 5 \times 30$ cm の供試体を支間 25 cm に支持し，中央に集中荷重を加え，破壊荷重 P から次の式により曲げ強さ [N/mm^2] を求める．

$$\text{曲げ強さ} = \frac{3Pl}{2bd^2} \tag{8.5}$$

ここに，l は支間 [cm]，b は供試体幅 [cm]，d は供試体高さ [cm]

● **弾　性**　圧縮応力とひずみの関係は，図 8.8 に示すように，直線状に推移してヤング係数がほぼ定値となる場合 (図 (a)) と，上に凹の曲線状となり応力の増加とと

8.2 石材

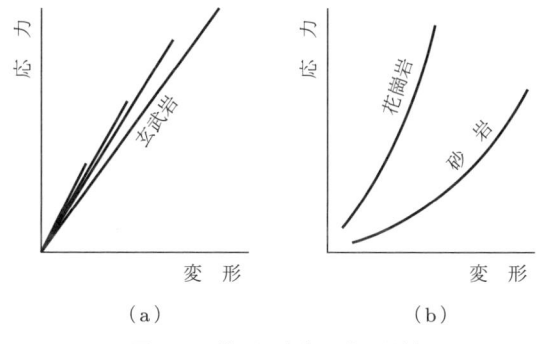

図 8.8 岩石の応力ひずみ関係

もにヤング係数が増加する場合(図(b))がある．前者に属するものは玄武岩・硬質砂岩・ち密石灰岩などで，後者に属するものは花崗岩・砂岩などである．表 8.8 に主要岩石のヤング係数，およびポアソン比を示した．

● **その他の機械的性質**

- **すりへり抵抗**　舗装用の石材あるいは粗骨材の摩耗に対する抵抗をすりへり抵抗といい，その優劣の判定にはすりへり試験 (abrasion test) が行われる．試験機としてはドバル (Deval) 試験機，またはロサンゼルス (Los Angeles) 試験機があり，それぞれ所定の条件下で試験を行い，すりへりによる減少量を%で表してすりへり減量とする．

- **すりへり硬さ**　石材の硬さとしてはすりへりに対する抵抗性が用いられ，その試験には普通，ドリー (Dorry) 式硬さ試験機が用いられる．回転円板と供試体間ですりへりを起こさせ，試験前後の供試体質量差を用い，式 (8.6) によってすりへり硬さを求める．

$$\text{すりへり硬さ} = 20 - \frac{W_1 - W_2}{3} \tag{8.6}$$

ここに，W_1 は試験前の質量 [g]，W_2 は試験後の質量 [g]

試験結果の一例は表 8.8 にも示されている．

- **じん性**　じん性 (toughness) とは，衝撃に対する抵抗性をいい，じん性を判定するには，ページ (Page) の衝撃試験機を用いる．この試験方法は，質量 2 kg のおもりを，最初 1 cm の高さから落下させ，以後 1 回ごとにおもりの落下高を増し，供試体にひび割れが生じたときの高さを cm で表してじん性の値とする．試験値を表 8.8 に記した．

- **結合力**　石材が摩耗・破砕により粉末となったとき，この石粉は水と混和して粗粒材を互いに結合する力を生じる．この力のことを結合力 (binding power) という．

水締めマカダム舗装にあたっては，結合力の大きい石質のものがよい．この試験は，石材粉末と水でつくった円柱供試体をページ試験機にかけ，破壊するまでのおもりの落下回数を求め，これにより結合力を表す．表8.8に試験値を例示した．

8.3 粘土製品

土木建築用構造材，または装飾材として用いられている粘土製品の主なものは，れんが類・陶管類・かわら類・衛生陶器類などであって，それらは，粘土その他の原料の粉砕・調合・成形・乾燥・焼成の順で製造される．

8.3.1 粘土の種類と性質

(1) 粘土の種類　粘土は各種の岩石が風化した結果できるもので，風化後，原位置に留まる残留粘土と，流水その他の原因で他の位置に運搬されて沈殿した沈殿粘土がある．前者は品質が良く，陶磁器などの高級粘土製品の原料となり，後者は構造用粘土製品の原料となる．また，沈殿粘土は沈殿場所により海粘土・河粘土・湖水粘土などに区別される．

粘土は水を加えると粘性を帯びて可塑性を増し，任意に成形でき，それに高熱を与えると硬化する．

粘土は利用目的で，次のように分類できる．

① 磁土(陶土・カオリン)：けい酸ばん土90%以上を含有する最も純粋の粘土で，陶磁器の原料となる．
② 耐火粘土：1580°C以上の高熱に耐える粘土で，耐火れんがの原料となる．
③ 砂質粘土：細砂を多量に含む粘土で，普通れんが・土管などの原料となる．

(2) 粘土の性質　原料としての粘土では，塑性・収縮・可溶性の三つの物理的性質が重要である．

塑性は，成形(塑形)のために必要な性質であり，所要の塑性を得るために，性質の異なる2種の粘土を適当に混ぜる．

収縮は，製品の精度に直接関係し，塑形後の乾燥収縮と，焼成による焼成収縮に分けられ，両者を合わせて8〜9％程度になる調合を適当とする．

可溶性は，加熱による溶融の難易を示すもので，粘土の溶融の状態として，ほぼ次の三つの段階に分けられる．

① 初期溶融(incipient fusion)：粘土の各粒子が互いに密着する程度に溶融した状態．
② ガラス化(vitrification)：粘土の各粒子は完全に溶融し，不吸水性の堅固な成品となった状態．

③ 溶融軟化 (viscosity)：温度が高すぎて，その外形を保ち得ない程度に軟化した状態．

以上の3段階に至る温度は，材料により，あるいは同一材料同一かまど内でも位置により異なる．

8.3.2 粘土製品

（1）普通れんが　古くから土木建築用材料として用いられてきたが，鉄筋コンクリートの発達とともに，ならびに関東大震災 (大正 12 年 9 月 1 日) でその耐震性が劣ることおよびそれが誇張されたこともあって，その後は使用量が次第に減り，現在では 2 次材料として使用されるに過ぎない．

普通れんがの原料は主として砂粘土で，その成分はアルミナ 20～30%，けい酸 50～60% である．このうちアルミナは適当な粘性を与え，けい酸は収縮および過度の固結を抑える役割を果たす．

製法の大略は，粘土に適当な可塑性を与える予備処理を経て，所定の形状に塑形し，それを天日または人工的に乾燥した後焼成する．

れんがが，原料粘土の性質，含有不純物の性質と分量，焼成温度の高低，焼成の程度によって白色・赤色・黒色・黄色・緑色・青色などと変化するが，よくみられる赤色のものは，酸化鉄の多い普通の川粘土を用い，比較的低温で焼成されたものである．

れんがの規格寸法は，JIS R 1250 によると，表 8.10 に示すように定められている．

表 8.10　普通れんがの寸法 [JIS R 1250]

[単位：mm]

	長さ	幅	厚さ
寸法	210	100	60
許容差	±6.0	±3.0	±2.5

れんがの強さは JIS R 1250 に規定されているように，1 種 10 N/mm^2 以上，2 種 15 N/mm^2 以上，3 種 20 N/mm^2 以上となっている．実際の市場製品はこの値をはるかに上回り，主要 156 工場製品の平均値として，2 種 33.8 N/mm^2，1 種 21.9 N/mm^2 というデータがある．また，ヤング係数は圧縮強さの 1/4 の応力で約 14150 N/mm^2 である．

なお，セメント・モルタルの目地で積み上げたときのれんが積みの強さは，それぞれのれんがの強さより減少するのが普通で，断面 75×75 cm^2 高さ 3.0 m のれんが積み柱の実験によると，れんが自体の圧縮強さの 20～30% (40～60 kgf/cm^2) に過ぎない．

(2) 特殊れんが

● **耐火れんが**　耐火れんが (fire brick) は, 製鉄・セメント・ガラス・陶器などの焼成炉, その他高熱を受けるもののライニング用である. 耐火れんがの寸法は用途により相違するが, 普通れんがよりやや大きく, JIS の標準形れんがの寸法は 230 × 114 × 65 mm である (JIS R 2101 参照). また, 炉の使用目的により, 種々の耐火れんがに区別される (JIS R 2301〜2305 参照).

● **舗装れんが**　舗装れんが (paving brick) には耐摩耗性, 風化に対する耐久性, および少ない吸水性が要求される. 原料としては沈殿粘土・不純耐火粘土・頁岩などが用いられる. 寸法については規格はないが, だいたい長さ 20〜25 cm, 幅 9.5〜11 cm, 厚さ 7.5〜10 cm 程度である.

● **軽量れんが**　軽量れんが (porous brick) は, 普通れんがの粘土の中へ 30〜50%の粉末燃料 (石灰・コークス・のこ屑など) を混入して焼成し, 有孔性としたもので, 軽量で熱の伝導が悪く, 防音防湿性があり, のこぎり切断やくぎ打ちが容易なので, 強さを必要としない仕切壁などに用いられる.

● **有孔れんが**　有孔れんが (perforated brick) は, 質量軽減のため普通れんがに直径 2 cm 程度の小穴を数個あけたもので, この小穴は構造物の形成に利用されたり, 有孔れんがを煙突の築造の足がかり用として混用したりする.

● **その他のれんが**

● 空洞れんが　空洞れんが (hollow brick) は, 大形の中空れんがで, 強さを要求しない間仕切壁などに使用される. 軽く, 防湿・防音性が大きい.

● 鉄筋れんが　鉄筋れんが (reinforced brick) は, 普通れんがの特殊な位置に小穴をあけたれんがで, 小孔に鉄筋を挿入し, れんが積みの弱点をカバーしようとするものである.

(3) 土　管

土管はだいたい次の 3 種類に分類される.

● **素焼土管**　比較的低温で焼成した多孔質の土管で, よく水を浸透するので, 地下水の排水用などに用いられる.

● **煙道用土管**　耐火粘土を原料とした素焼土管で, 煙突の内側に使用される.

● **陶　管**　沈殿粘土・耐火粘土・頁岩などを原料とし, 食塩その他でうわ薬を施したもので, 一般の排水用, 上下水道の配管として用いられる. 陶管の種別・寸法・公差・試験方法などについては JIS R 1201 (直管), 1202 (異形管) に規定がある.

演習問題

8.1 土木材料としての木材の長所と短所を述べよ．
8.2 含水率が木材の諸性質に及ぼす影響を調べよ．
8.3 木材を乾燥する目的と方法について述べよ．
8.4 岩石を分類し，代表的なものをあげよ．
8.5 岩石はどんな機械的性質について試験すればよいか．
8.6 建設用材料としての粘土製品の代表的なものをあげよ．

参考文献

全　般
- [1] 岡田 清・明石外世樹・小柳 治：最新土木材料学，国民科学社，1987
- [2] 青木楠男：土木材料，オーム社，1972
- [3] 西林新蔵：土木材料学，朝倉書店，1973
- [4] 近藤泰夫・谷本治三郎・岸本 進：土木材料学，コロナ社，1973
- [5] 大浜文彦：土木材料学，朝倉書店，1974
- [6] 建築学大系編集委員会編：建築学大系 13，建築材料学，彰国社，1973
- [7] 土木学会監修：土木用語辞典，コロナ社，技報堂，1971
- [8] 土木学会編：土木工学ハンドブック，技報堂，1964
- [9] 土木学会編：土木工学ハンドブック，技報堂，1974
- [10] 土木材料ハンドブック編集委員会：土木材料ハンドブック，山海堂，1968
- [11] 狩野春一編：改訂建築材料ハンドブック，地人書館
- [12] 日本材料学会編：建築材料と試験法，日本材料学会，1967
- [13] 国分正胤編，土木材料実験，技報堂，1969
- [14] 土木設計便覧編集委員会編：土木設計便覧，丸善，1974
- [15] 60 年版現場のための土木材料ハンドブック，土木施工，臨時増刊，Vol.26, No.5, 1985

金属材料
- [1] 鋼材倶楽部編：鋼材知識，技報堂，1968
- [2] 斉藤弥平：鋳鉄工学，丸善，1965
- [3] 日本鉄鋼協会編：鉄鋼便覧，1967
- [4] 日本鋼構造協会編：鉄鋼の性質と高張力鋼，彰国社，1967
- [5] 軽金属協会編：アルミニウムハンドブック，朝倉書店，1965
- [6] 日本材料学会編：金属の疲労，丸善，1964
- [7] 舟久保熙・西島 敏訳：R. Cazaud 他，La Fatigue des Métaux (金属の疲れ)，丸善，1973
- [8] 日本材料学会編：金属材料，疲れ試験便覧，養賢堂，1968
- [9] 石橋 正：金属の疲労と破壊の防止，養賢堂，1954
- [10] 堀川浩甫：土木材料 I (鋼材)，共立出版，1975
- [11] 土木学会編：新体系土木工学 37，構造用鋼材，技報堂，1981
- [12] 日本橋梁建設協会：デザインデータブック，2011

セメント・混和材料・コンクリート
- [1] F.M. Lea：The Chemistry of Cement and Concrete, Chemical Publishing Co., 1970
- [2] W. Czernin 著・徳根吉郎訳：建設技術者のためのセメント・コンクリート化学，技報堂，1969
- [3] 山田順治：セメントの話，技報堂，1967

- [4] 日本材料学会編：コンクリート用化学混和剤，朝倉書店，1972
- [5] ACI Committee 212：Guide for Use of Admixtures in Concrete, 1971
- [6] G.E. Troxell, H.E. Davis, J.W. Kelly：Composition and Properties of Concrete, McGraw-Hill, 1968
- [7] 岡田 清・六車 煕：新版改訂コンクリート工学ハンドブック，朝倉書店，1981
- [8] 近藤泰夫訳：コンクリートマニュアル，アメリカ開拓局，1974
- [9] 伊藤茂冨：コンクリート工学，森北出版，1972
- [10] 村田二郎・長滝重義・菊川浩治：土木材料 II (コンクリート)，共立出版，1974
- [11] 西沢紀昭・小林一輔：コンクリート工学演習，学献社，1973
- [12] 西林新蔵・千葉静雄編著：人工軽量骨材コンクリート，朝倉書店，1969
- [13] セメント協会：コンクリートブックス各編，他諸出版物，
- [14] コンクリート工学会：コンクリート技士研修テキスト，2012
- [15] 西村新蔵他：コンクリート工学ハンドブック，朝倉書店，2009

歴青材料
- [1] 菅原照雄他編：土木材料 III (アスファルト)，共立出版，1974
- [2] 高橋国一郎他：道路舗装マニュアル，オーム社，1969
- [3] 谷藤正三：歴青舗装の設計と施工，理工図書
- [4] 日本道路協会編：アルファルト舗装要綱，1967
- [5] 日瀝化学工業株式会社：アスファルト舗装講座 I，1972

合成高分子材料
- [1] G.C. Gerrlitsen (Holland)：Kunststoffe, Aug., 1966
- [2] エスロンパイプ技術資料 (積水化学)
- [3] 化学と工業：Vol.23, No.4
- [4] 清水茂夫：レジンコンクリート製品の製造と商品開発，日本プラスチック加工技術協会

規格，示方書
- [1] 日本工業規格，JIS (各)，日本規格協会
- [2] ASTM
- [3] ACI
- [4] AASHTO
- [5] DIN
- [6] CEB-FIP
- [7] 土木学会：コンクリート標準示方書および同解説，土木学会，1986，2007，2012
- [8] 日本建築学会：JASS 5 (標準仕様書，鉄筋コンクリート工事)，1975
- [9] 日本材料学会編 ： 工業材料試験便覧，日本材料学会

木材・石材・粘土製品
- [1] 三木幸蔵：わかりやすい岩石と岩盤の知識，鹿島出版会，1978
- [2] 三木幸蔵・古谷正和：土木技術者のための岩石・岩盤図鑑，鹿島出版会，1983

演習問題略解

第1章
1.1 まえがきおよび第1章リード文 (p.1) 参照
1.2 1.3.2 項参照
1.3 1.3.4 項参照

第2章
2.1 図 2.1 参照
2.2 2.1.2 項 (4) 参照
2.3 2.1.3 項 (2) 参照
2.4 2.1.5 項 (2) 参照
2.5 2.2.2 項 (2) 参照
2.6 2.1.7(1), (2), および図 2.18, 2.19, 2.21 参照
2.7 2.1.3 項 (2) の耐候性鋼材参照
2.8 防せいには最も一般的な塗装の他, メッキのような被覆, 耐候性材料の使用, 環境改善, 電気防食などによる方法がある.

第3章
3.1 表 3.4, 図 3.3 参照
3.2 3.1.2 項 (6) 参照
3.3 3.1.3 項参照
3.4 解表 1 参照
3.5 3.2.2 項 (4) 参照
3.6 (1) 規定されているセメントである.

解表 1　遅延材の作用と用途

効　果		混和剤
ワーカビリティー		AE剤, 減水剤, 高性能減水剤, フライアッシュ
凝　結	急結性	急結剤
	促進性	促進剤
	遅延性	遅延剤
強　度	初期強度	促進剤, 促進減水剤
	長期強度	ポゾラン
	高強度	高強度用減水剤
耐久性	凍結融解に対する抵抗性	AE剤, AE減水剤
	化学抵抗性	ポゾラン
	菌虫抵抗性	殺菌殺虫剤
水密性		防水剤, ポゾラン, 膨張性セメント混和剤, 高強度用減水剤
膨張性	充てん性	ガス発生剤
	沈下補償	鉄粉系膨張剤
	乾燥収縮	石こう系膨張材, 膨張性セメント混和材
	ケミカルプレストレス	膨張性セメント混和材
着　色		着色剤
コンクリート中の鋼材の防せい		防せい剤

第4章

4.1 (1) コンクリートの強度および耐久性に悪影響を与えないために，清浄で，シルト，粘土，石灰，軟らかい石片，有機物，塩類などの有害量を含有しないこと．
(2) セメントペーストの効果を十分発揮させるために，セメントペーストの強度以上の強度をもつこと．
(3) コンクリートが気象作用に対して耐久的であるために，物理的に安定であること，すなわち水分の吸収または温度変化により崩壊したり，コンクリートに害を与えるような体積変化を起こしたりすることのないこと．
(4) 骨材とセメントの反応，可溶性材料の溶出，風化による酸化，セメントの水和作用を妨げるような反応などを起こさないように化学的に安定であること．
(5) セメントペーストとよく付着するような表面組織をもつこと．
(6) コンクリートの単位水量を少なくするため，また骨材の下面にできる水隙を少なくするため，偏平または細長い片の有害量を含有していないこと．
(7) 水密なコンクリートをつくるために密度の大きいこと，すりへり抵抗の大きいコンクリートをつくるために堅硬であること，衝撃抵抗の大きいコンクリートをつくるために強じんであること．
(8) コンクリートの単位水量を少なくするために適当な粒度をもつこと，および均等質なコンクリートをつくるために粒度が均一であること，などである．

4.2 4.3.2 項参照

4.3 骨材の粒形・粒度・実積率・微細粒・骨材の含水状態など．

4.4 吸水率 $= \dfrac{850 - 835}{835} \times 100 = 180\%$

表面水率 $= \dfrac{806 - 767 - 767 \times 0.0180}{767 + 767 \times 0.0180} \times 100$
$= 3.22\%$

[別解] 湿潤状態の砂の含水率 (絶乾状態に対して)
$= \dfrac{806 - 767}{767} \times 100 = 5.08$

表面水率 (表乾状態に対して)
$= \dfrac{5.08 - 1.80}{1.0180} = 3.22\%$

4.5 4.4.3 項参照

4.6 A砂：B砂 $= m : n$ とする．
$(1.55 \times m) + (3.01 \times n) = 2.80$
$m + n = 1$
これより，$m = 0.144$, $n = 0.856$

第5章

5.1 5.1 節参照
5.2 5.2.1 項参照
5.3 5.2.2 項 (1) 参照
5.4 5.2.3 項参照
5.5 5.2.3 項 (2) 参照
5.6 5.3.1 項参照
5.7 5.3.2 項 (2) 参照
5.8 5.3.3 項 (5) 参照
5.9 5.3.3 項 (5) 参照
5.10 5.3.6 項 (1) 参照
5.11 5.3.7 項 (2) 参照
5.12 5.3.7 項 (3) 参照
5.13 5.4.1 項参照
5.14 5.4.4 項 (4) 参照
5.15 5.4.4 項 (3) 参照
5.16 5.5.2 項参照

第6章

6.1 6.1 節参照
6.2 6.2 節参照
6.3 表 6.3 参照
6.4 6.4.2 項参照
6.5 6.5.1 項参照

第7章

7.1 7.1.3 項参照
7.2 7.1 節参照
7.3 7.5.3 項 (1) 参照
7.4 7.6.2 項参照
7.5 7.5.3 項参照
7.6 7.6.2 項 (1) 参照

第8章

8.1 長所：① 軽量で運搬取扱い容易，② 単位質量あたり強度が大，③ 衝撃・振動・音をよく吸収，③ 熱・電流・音響の伝導率小，④ 熱膨張係数比較的小，⑤ 改造・撤去が容易，⑥ 特有の美観

短所：① 耐久性・耐火性が劣る，② 含水量で物理的性質変化，③ 狂いを生じやすい，④ 材質・強さの不均一，⑤ 寸法に制限がある

8.2 8.1.3 項参照

8.3 8.1.6 項 (3) 参照

8.4 8.2.2 項参照

8.5 8.2.4 項 (2) 参照

8.6 8.3.2 項参照

索　引

英数字

0.2%耐力　4
AE剤　71
AISI　11
ASR　80
ASTM　11
BS　11
Davis-Granville の法則　123
EN　11
EVA　181
EVA遮水シート　185
FRP　196, 198
ISO　11
JIS　10
PC鋼線　28
PC鋼棒　28
PCより線　28
SBRラテックス　194
S-N 線図　7
VBコンシステンシーメーター　103
VF試験　104
Whitneyの法則　124

あ行

アイゾット　7
亜鉛　47
アクリル　188
アクリルゴム　176
アクリル繊維　188
アスファルト　158
アスファルト混合物　164
アスファルト乳剤　167
圧縮強度　106
圧送性　140
アニオン系乳剤　168
アノード反応　133
アルカリシリカ反応　79, 80

アルミナセメント　67
アルミニウム　45
アルミニウム合金　45
アルミネート相　57
安山岩　217
安定剤　168
安定性　62
安定性試験　79
異形棒鋼　27
異常凝固　59
板目　211
引火点　9, 161, 206
上降伏点　3
打込み　109
海砂　88
ウレタンゴム　176
永久変形　4
エコセメント　64
エチレン酢酸ビニル共重合体　181
エチレンプロピレンゴム　175
エトリンガイト　57
エポキシ樹脂　192, 193
エーライト　57
エラストマー　172
エントレインドエア　71, 128
塩分　88
オイルタール　166
黄銅　43
応力度　2
応力ひずみ曲線　121
応力腐食割れ　42
遅れ破壊　19, 42
押込み硬さ　8
押抜きせん断　117
オーステナイト　18
おどり場　4
温度ひび割れ　134

か　行

花崗岩　　217
火山岩　　216
火山灰　　220
ガスタール　　166
火成岩　　215, 216
カソード反応　　133
形鋼　　28
硬さ　　7
カチオン系乳剤　　168
カットバックアスファルト　　169
割裂強度試験　　115
カラーセメント　　66
感温性　　161
含水率　　9, 205
含水量　　81
乾燥収縮　　60, 124
寒中コンクリート　　111
管理限界　　152
管理図　　151
偽凝結　　59
木口　　211
キャッピング　　114
キャピラリー水　　59
吸音率　　10
急結剤　　73
吸水率　　221
吸水量　　81
凝灰石　　218
強化プラスチック複合管　　200
凝結　　58
凝結時間　　61
凝結特性　　140
強熱減量　　54
橋梁用高性能鋼　　25
橋梁用伸縮継手　　179
切欠きぜい性　　7
キルド鋼塊　　16
空気量　　109, 140, 145, 154
空隙率　　82, 221
グースアスファルト　　165
組合せ応力　　119
クリープ　　8, 123

クリープ係数　　124
クリンカー　　52
クロロプレンゴム　　175
形成層　　204
けい藻土　　219
頁岩　　219
結合水　　59
ゲル水　　59
減水剤　　71
玄武岩　　217
鋼　　12, 14
硬化　　58
硬化コンクリート　　97, 106
合金鋼　　22, 33
硬材　　203
硬質塩化ビニル管　　182
硬質塩化ビニル卵形管　　184
公称応力　　2, 6
公称ひずみ　　2
合成イソプレンゴム　　174
合成高分子　　171
合成高分子化合物　　171
合成ゴム　　172
合成樹脂　　181
合成繊維　　187
高性能減水剤　　72
構造用鋼材　　23
高張力鋼　　23
合板　　214
降伏　　3
広葉樹　　203
高流動コンクリート　　155
高力ボルト　　38
高炉　　12
高炉スラグ　　64, 75
高炉スラグ細骨材　　94
高炉スラグ粗骨材　　94
高炉セメント　　64
コークス炉タール　　166
骨材　　77
骨材粒度　　150
ゴム入りアスファルト　　170
コールタール　　166
コールドジョイント　　109

コンクリート　97
コンクリート目地シール材　179
混合セメント　64
コンシステンシー　99, 102
混和剤　70
混和材　70
混和材料　70, 101

さ 行

細骨材　77
細骨材率　101, 147
再生骨材　95
砕石　90
材料分離　99, 104
材齢　111
砂岩　219
サンドマスチック　165
支圧強度　119
ジオテキスタイル　189
時効　21
自己収縮　60, 125
沈みひび割れ　131
下降伏点　3
湿潤養生　110
実積率　82
シート系被覆防水材　180
絞り　39
締固め係数試験　104
遮音率　10
シャルピー　7
シャルピー衝撃試験　40
秋材　204
収縮　124
収縮ひび割れ　132
自由水　59
充てん性　99, 140
樹脂入りアスファルト　170
樹脂カプセルアンカー　194
樹心　204
ジュラルミン　45
春材　204
衝撃硬さ　8
衝撃値　41

衝撃強さ　6, 40
焼準　21
焼鈍　20
暑中コンクリート　111
シリカセメント　65
シリコーン　179
シリコーンゴム　176
真応力　6
人工軽量骨材　91
心材　204
じん性　6, 7, 223
深成岩　216
伸度　161
振動締固め　99, 109
針入度　161
針入度指数　161
針葉樹　203
水酸化カルシウム　59
水素ぜい性　42
水中不分離性コンクリート　155
水密性　126
水和　57
水和熱　60
水和物　57
スチレンブタジエンゴム　175
スティフネス　162
ステンレス鋼　33
ストランド　30
ストレートアスファルト　159
スラグ　13
スランプ　100, 140, 145, 154
スランプ試験　102
スランプフロー試験　103
すりへり　130
すりへり硬さ　223
すりへり抵抗　223
成型シーリング　179
ぜい性　162
静弾性係数　121
青銅　44
赤熱ぜい性　18
石油アスファルト　159, 160
石理　215
石灰岩　219

設計基準強度　140
節理　215
セミキルド鋼塊　16
セミブローンアスファルト　159, 164
セメンタイト　18
セメントバチルス　62
セメントペースト　97
遷移温度　41
繊維強化複合材料　196
繊維強化ポリウレタン発泡体　201
繊維補強コンクリート　156
せん断強度　117
せん断弾性係数　6, 122
銑鉄　12, 13
閃緑岩　217
造岩鉱物　215
早強ポルトランドセメント　63
早材　204
層理　215
造粒型　92
促進剤　72
粗骨材　77
粗骨材最大寸法　83, 140
塑性　2
塑性変形　4
粗粒率　85

た 行

耐火性　138
耐久性　79, 128, 221
耐候性鋼材　25
堆積岩　215, 217
耐熱性　222
耐ラメラティア鋼　26
大理石　220
耐硫酸塩ポルトランドセメント　64
耐力　4
ダクタイル鋳鉄　37
試し練り　140
多硫化ゴム　177
タール乳剤　167
単位水量　101, 145
単位セメント量　100, 140, 147

単位粗骨材容積　148
単位容積質量　9, 82
炭酸化　128
弾性　2
弾性係数　5, 121
弾性シーリング　179
弾性余効　4
炭素鋼　22
遅延剤　72
チャート　219
鋳鋼　37
中性化　128
鋳鉄　33
中庸熱ポルトランドセメント　63
超高強度繊維補強コンクリート　156
調質鋼　23
超早強ポルトランドセメント　63
超速硬セメント　67
直接せん断強度　117
沈降収縮　106
低アルカリ形ポルトランドセメント　64
低温ぜい性　7, 19
低サイクル疲労　7
低熱ポルトランドセメント　64
鉄筋の腐食　133
鉄道道床用バラストマット　178
電気伝導率　9
電気炉　14, 15
電気炉酸化スラグ骨材　95
電食　130
天然アスファルト　158
天然ゴム　174
転炉　14, 15
凍結融解作用　128
銅鋼　43
透水係数　127
銅スラグ細骨材　95
動弾性係数　122
特性値　140, 151
トバーモライトゲル　57
塗膜系被覆防水材　180

な 行

ナイロン　187, 188

ナイロン繊維　188
軟化点　9, 161
軟材　203
軟質塩化ビニル止水板　185
ニッケル・クロム鋼　33
ニッケル系高耐候性鋼　25
ニッケル鋼　33
ニッケル合金　46
ニトリルゴム　175
乳化剤　168
熱可塑性樹脂　181
熱硬化性樹脂　182
熱伝導率　9, 138
熱膨張係数　9, 138
練置き　109
練返し　109
練混ぜ　109
燃焼点　9, 161
粘度　161, 162
粘土　224
粘板岩　219
年輪　204
伸び　39

は　行

配合　139
配合強度　140, 143
配合設計　139
ハイパロン　176
パイプクーリング　137
白色ポルトランドセメント　66
発火点　9
発生炉タール　166
発泡剤　74
パテンティング　21
パーライト　18
晩材　204
半深成岩　216
ピアノ線　30
ビカー針　62
引抜き試験　118
比重　9, 61, 80, 205, 221
ひずみ　2

ひずみ硬化　4
ひずみ時効　21
非造粒型　92
引掻き硬さ　8
ビッカース硬さ　8
ピッチ　166
引張強度　115
比抵抗　9
ビニロン　188
ビニロン繊維　188
比熱　9, 138
ひび割れ　130
標準砂　62
表面水　150
表面水量　81
ビーライト　57
疲労　7
疲労強度　41, 120
疲労限度　7
品質検査　152
フィニッシャビリティー　99
風化　59
フェライト　17
フェライト相　57
フェロニッケルスラグ細骨材　94
吹付けコンクリート　155
腐食　42, 133
不織布　189
ブタジエンゴム　174
付着　117
付着強度　117
ブチルゴム　175
普通ポルトランドセメント　62
ふっ素ゴム　176
不動態被膜　133
不飽和ポリエステル樹脂　193
フライアッシュ　74
フライアッシュセメント　65
プラスチシティー　99
プラスチック収縮ひび割れ　131
プラスチックひび割れ　130
ブリーディング　101, 105
ブリネル硬さ　8
ふるい分け試験　85

ブルーイング　21
プレウエッティング　93
プレクーリング　136
フレッシュコンクリート　97, 99
プレパックドコンクリート　156
プレハブパラレルワイヤストランド　32
ブローンアスファルト　159
粉末度　61
ベニヤ　214
片岩　220
辺材　204
変成岩　215, 220
変態　16
片麻岩　220
片理　215
ポアソン数　6
ポアソン比　5, 122
防火法　210
防水剤　73
防せい剤　74
防虫法　210
膨張材　75
膨張セメント　68, 133
防腐法　209
保証応力　4
舗装タール　166
ポゾラン　74
ポゾラン反応　66
ポリウレタン　179
ポリエステル　188
ポリエステル繊維　188
ポリエチレン　186
ポリクロロプレン　172
ポリサルファイド　179
ポリブタジエン　172
ポリプロピレン繊維　189
ポリマー　171
ポリマーエマルジョン　193
ポリマー改質アスファルト　164
ポリマーグリッド　186
ポリマーコンクリート　197
ポリマーセメントコンクリート　156, 197
ポリマーセメントモルタル　197, 199, 201
ポルトランドセメント　50
ポンプ圧送性　99

ま行

曲げ強度　116
正目　211
マスコンクリート　126
マルテンサイト　21
水セメント比　107, 108, 140, 145
モルタル　97
モールの破壊包絡線　117

や行

焼入れ　21
焼なまし　20
焼ならし　21
焼戻し　21
ヤング係数　3, 5, 121
有害物　86
有機不純物　88
遊離石灰　62
溶剤抽出アスファルト　160
養生　110
溶融スラグ骨材　95

ら行

リムド鋼塊　16
リモルジング試験　104
粒形　84
粒度　85
流動化剤　73
粒度曲線　85
リラクセーション　8
レイタンス　106
歴青　158
歴青材料　158
歴青乳剤　167
レジンコンクリート　156, 197, 198
レジンモルタル　197, 202
れんが　225
ロータリーキルン　52
ロックウェル硬さ　8

わ行

ワイヤロープ　30
ワーカビリティー　99, 100, 102, 140
割増し係数　143

著者略歴

西村　昭（にしむら・あきら）
- 1950 年　京都大学工学部土木工学科卒業
- 1950 年　京都大学工学部助手
- 1952 年　神戸大学工学部講師
- 1956 年　神戸大学工学部助教授
- 1961 年　工学博士
- 1965 年　神戸大学工学部教授
- 1990 年　死去

- 1975 年　土木学会田中賞（論文賞）

藤井　学（ふじい・まなぶ）
- 1960 年　京都大学工学部土木工学科卒業
- 1962 年　京都大学工学修士
- 1962 年　京都大学工学部助手
- 1964 年　神戸大学工学部講師
- 1965 年　神戸大学工学部助教授
- 1972 年　京都大学　工学博士
- 1987 年　京都大学工学部教授
- 1997 年　死去

- 1970 年　日本材料学会論文賞
- 1973 年　セメント協会論文賞

湊　俊（みなと・たかし）
- 1956 年　神戸大学工学部土木工学科卒業
- 1957 年　積水化学工業株式会社入社
- 1972 年　神戸大学工学部非常勤講師
- 1975 年　積水化学工業株式会社商品開発センター部長
- 1982 年　積水化学工業株式会社化学品事業本部部長
- 1991 年　積水化学工業株式会社ケミカル建設材料開発プロジェクト部長
- 1994 年　三光株式会社嘱託

森川　英典（もりかわ・ひでのり）
- 1982 年　神戸大学工学部土木工学科卒業
- 1984 年　神戸大学大学院工学研究科修士課程修了
- 1984 年　川崎重工業株式会社入社　技術研究所強度研究室研究員
- 1989 年　神戸大学工学部助手
- 1995 年　博士（工学）
- 1995 年　カリフォルニア大学アーバイン校客員研究員
- 1996 年　神戸大学工学部助教授
- 2005 年　神戸大学工学部教授
- 2007 年　神戸大学大学院工学研究科教授

- 1995 年　土木学会論文奨励賞

加賀山　泰一（かがやま・たいいち）
- 1983 年　神戸大学工学部土木工学科卒業
- 1985 年　神戸大学大学院工学研究科土木工学専攻修了
- 1985 年　阪神高速道路公団入社
- 2005 年　山口大学　博士（工学）
- 2012 年　阪神高速道路株式会社技術部技術企画課長

編集担当	二宮　惇（森北出版）
編集責任	石田昇司（森北出版）
組　　版	アベリー
印　　刷	ワコープラネット
製　　本	ブックアート

© 西村　昭・藤井　学・湊　俊・*2014*
　森川英典・加賀山泰一

最新 土木材料（第 3 版）

【本書の無断転載を禁ず】

1975 年 11 月 20 日　第 1 版第 1 刷発行
1987 年 2 月 16 日　第 1 版第 13 刷発行
1988 年 4 月 5 日　第 2 版第 1 刷発行
2013 年 9 月 30 日　第 2 版第 20 刷発行
2014 年 3 月 28 日　第 3 版第 1 刷発行
2017 年 2 月 10 日　第 3 版第 2 刷発行

著　　者	西村昭・藤井学・湊俊・森川英典・加賀山泰一
発行者	森北博巳
発行所	森北出版株式会社

東京都千代田区富士見 1-4-11（〒 102-0071）
電話 03-3265-8341／FAX 03-3264-8709
http://www.morikita.co.jp/
日本書籍出版協会・自然科学書協会　会員
JCOPY ＜（社）出版者著作権管理機構　委託出版物＞

落丁・乱丁本はお取替えいたします．

Printed in Japan ／ ISBN978-4-627-43083-9